教育部　财政部中等职业学校教师素质提高计划成果
通信技术专业师资培训包开发项目(LBZD037)

通　信　机　务

Tongxin Jiwu

教育部　财政部　组编
曾　翎　主编
傅德月　万　红　执行主编

中国铁道出版社

2012年·北　京

内 容 简 介

本书为教育部、财政部实施的中等职业学校教师素质提高计划成果，是通信技术专业师资培训包开发项目(LBZD037)的专业核心课程教材之一。本书依据中等职业学校通信技术专业基本情况调查结果、通信企业岗位技能要求调查结果和中等职业学校通信技术专业教师能力标准要求，设置了四个方面的专业核心培训内容：移动通信基站系统维护、通信交换系统维护、通信传输系统维护及通信动力系统维护。通过每个项目不同任务的培训，提高中等职业学校通信技术专业教师的通信系统运行维护专业技能，使之具备指导学生实践、实训的能力。

本书是通信技术专业教师培训指导用书，旨在帮助专业教师学习和更新专业知识和技能，提升教师专业教学能力和水平。

图书在版编目(CIP)数据

通信机务/教育部，财政部组编. —北京：中国铁道出版社，2012.4

教育部 财政部中等职业学校教师素质提高计划成果 通信技术专业师资培训包开发项目. LBZD037

ISBN 978-7-113-14209-4

Ⅰ. ①通… Ⅱ. ①教…②财… Ⅲ. ①通信技术-中等专业学校-师资培训-教材 Ⅳ. ①TN91

中国版本图书馆 CIP 数据核字(2012)第 051066 号

书　　名:**通信机务**

作　　者:教育部　财政部　组编

责任编辑:金　锋　**编辑部电话**:010-51873125　**电子信箱**:jinfeng88428@163.com

编辑助理:吕继函

封面设计:崔丽芳

责任校对:王　杰

责任印制:李　佳

出版发行:中国铁道出版社(100054，北京市西城区右安门西街 8 号)

网　　址:http://www.tdpress.com

印　　刷:北京市昌平开拓印刷厂

版　　次:2012 年 4 月第 1 版　2012 年 4 月第 1 次印刷

开　　本:787 mm×1 092 mm　1/16　印张:17　字数:420 千

印　　数:1～2 000 册

书　　号:ISBN 978-7-113-14209-4

定　　价:40.00 元

版权所有　侵权必究

凡购买铁道版图书，如有印制质量问题，请与本社读者服务部联系调换。电话:(010)51873170(发行部)

打击盗版举报电话:市电(010)63549504，路电(021)73187

教育部　财政部中等职业学校教师素质提高计划成果
系列丛书

编写委员会

主　任　鲁　昕
副主任　葛道凯　赵　路　王继平　孙光奇
成　员　郭春鸣　胡成玉　张禹钦　包华影　王继平（同济大学）
　　　　刘宏杰　王　征　王克杰　李新发

专家指导委员会

主　任　刘来泉
副主任　王宪成　石伟平
成　员　翟海魂　史国栋　周耕夫　俞启定　姜大源
　　　　邓泽民　杨铭铎　周志刚　夏金星　沈　希
　　　　徐肇杰　卢双盈　曹　晔　陈吉红　和　震
　　　　韩亚兰

教育部　财政部中等职业学校教师素质提高计划成果
系列丛书

通信技术专业师资培训包开发项目
(LBZD037)

项目牵头单位　电子科技大学
项 目 负 责 人　曾　翎

出版说明

根据2005年全国职业教育工作会议精神和《国务院关于大力发展职业教育的决定》（国发［2005］35号），教育部、财政部2006年12月印发了《关于实施中等职业学校教师素质提高计划的意见》（教职成［2006］13号），决定“十一五”期间中央财政投入5亿元用于实施中等职业学校师资队伍建设相关项目。其中，安排4 000万元，支持39个培训工作基础好、相关学科优势明显的全国重点建设职教师资培养培训基地牵头，联合有关高等学校、职业学校、行业企业，共同开发中等职业学校重点专业师资培训方案、课程和教材(以下简称“培训包项目”)。

经过四年多的努力，培训包项目取得了丰富成果。一是开发了中等职业学校70个专业的教师培训包，内容包括专业教师的教学能力标准、培训方案、专业核心课程教材、专业教学法教材和培训质量评价指标体系5方面成果。二是开发了中等职业学校校长资格培训、提高培训和高级研修3个校长培训包，内容包括校长岗位职责和能力标准、培训方案、培训教材、培训质量评价指标体系4方面成果。三是取得了7项职教师资公共基础研究成果，内容包括中等职业学校德育课教师、职业指导和心理健康教育教师培训方案、培训教材，教师培训项目体系、教师资格制度、教师培训教育类公共课程、职业教育教学法和现代教育技术、教师培训网站建设等课程教材、政策研究、制度设计和信息平台等。上述成果，共整理汇编出300多本正式出版物。

培训包项目的实施具有如下特点：一是系统设计框架。项目成果涵盖了从标准、方案到教材、评价的一整套内容，成果之间紧密衔接。同时，针对职教师资队伍建设的基础性问题，设计了专门的公共基础研究课题。二是坚持调研先行。项目承担单位进行了3 000多次调研，深度访谈2 000多次，发放问卷200多万份，调研范围覆盖了70多个行业和全国所有省（区、市），收集了大量翔实的一手数据和材料，为提高成果的科学性奠定了坚实基础。三是多方广泛参与。在39个项目牵头单位组织下，另有110多所国内外高等学校和科研机构、260多个行业企业、36个政府管理部门、277所职业院校参加了开发工作，参与研发人员2 100多人，形成了政府、学校、行业、企业和科研机构共同参与的研发模式。四是突出职教特色。项目成果打破学科体系，根据职业学校教学特点，结合产业发展实际，将行动导向、工作过程系统化、任务驱动等理念应用到项目开发中，体现了职教师资培训内容和方式方法的特殊性。五是研究实践并进。几年来，项目承担单位在职业学校进行了1 000多次成果试验。阶段性成果形成后，在中等职业学校专业骨干教师国家级培训、省级培训、企业实践等活动中先行试用，不断总结经验、修改完善，提高了项目成果的针对性、应用性。六是严格过程管理。两部成立了专家指导委员会和项目管理办公室，在项目实施过程中先后组织研讨、培训和推进会近30次，来自职业教育办学、研究和管理一线的数十位领导、专家和实践工作者对成果进行了严格把关，确保了项目开发的正确方向。

作为“十一五”期间教育部、财政部实施的中等职业学校教师素质提高计划的重要内容，培训包项目的实施及所取得的成果，对于进一步完善职业教育师资培训培训体系，推动职教师资培训工作的科学化、规范化具有基础性和开创性意义。这一系列成果，既是职教师资培养培训机构开展教师培训活动的专门教材，也是职业学校教师在职自学的重要读物，同时也将为各级职业教育管理部门加强和改进职教教师管理和培训工作提供有益借鉴。希望各级教育行政部门、职教师资培训机构和职业学校要充分利用好这些成果。

为了高质量完成项目开发任务，全体项目承担单位和项目开发人员付出了巨大努力，中等职业学校教师素质提高计划专家指导委员会、项目管理办公室及相关方面的专家和同志投入了大量心血，承担出版任务的11家出版社开展了富有成效的工作。在此，我们一并表示衷心的感谢！

编写委员会
2011年10月

前　言

依据中等职业学校通信技术专业教师技能标准的要求，本教材体系采用任务驱动式、项目课程体系，突出了职业教育“以能力为本位”的教育思想。在教材内容的筛选方面，应用职业分析方法，将典型工作任务纳入教材，在与国家职业资格标准和企业实际工作岗位要求有机结合的基础上，改编为教学活动中所需的教学材料和行动指南，通过这些教学活动切实提升通信技术专业教师的实践技能以胜任职教教学工作，也为教师获取国家职业资格证书提供帮助。教材采用了项目课程体系，任务驱动教学的结构设计，符合现代职业教育行动导向的教学指导思想，将专业能力培养渗透到教学活动中。同时，本书也为专业教师学会编写项目课程教学、任务驱动教学的教材提供了大量参考实例。

本书涵盖了通信系统运行维护中的主要工作岗位，包括移动通信基站系统维护、通信交换系统维护、通信传输系统维护和通信动力系统维护四个方向。为帮助教师全面掌握其中的基本技能，本书选择了岗位工作中的典型任务，采用任务驱动式教材结构设计，引导教师在任务实施过程中提升自己的实践能力。各项目的每个任务由任务描述、任务分析、相关知识、评价及教学策略讨论等环节构成。

本书由曾翎主编，傅德月、万红任执行主编，段景山、杨忠孝任执行副主编，在编写教材的过程中得到了教育部职业教育与成人教育司姜大源教授、邓泽民教授、东南大学职业技术教育学院徐肇杰教授、南京信息职业技术学院华永平教授等的帮助和指导，在此表示衷心感谢。

本书项目 1 移动通信基站系统维护由陈小东主笔，董莉、李海涛、马康波参与编写；项目 2 通信交换系统维护由甘忠平主笔，李珂、陈俊秀、李玲参与编写；项目 3 通信传输系统维护由刁碧主笔，张超参与编写；项目 4 通信动力系统维护由马康波主笔，罗晓蓉、李义平参与编写。段景山、杨忠孝对各项目内容进行了大量整合、修订、优化和审定，此外还有大量中职骨干教师为本书提供了参考案例，在此一并表示感谢。

本书适合作为中等职业学校通信技术专业教师培训教材，也可作为中等职业学校通信技术专业学生用参考书。由于编者水平有限，书中难免有不妥与疏漏，恳请读者不吝赐教、指正。

编　者
2011 年 5 月

目　录

项目1 移动通信基站系统维护

随着移动通信业务的高速发展，移动通信基站的数量也不断增加，特别是自运营商启动3G网络运营之后，移动通信基站的数量更是迅速增加。不断增长的基站数量及不同于2G时代的3G基站的技术变化，都给基站维护带来了新的要求。

移动通信基站维护是移动网络维护的重要组成部分。一般所指的基站，主要包含了基站主设备及天馈系统、传输设备和电源设备等三方面的内容。移动基站的维护，主要是针对基站系统在基站主设备及天馈系统、传输设备和电源设备方面容易出现的问题，进行预防性的工作和故障排除工作。

移动通信基站维护岗位的工作特点与基站所处的环境有很大的关系。首先，移动基站被安装在专用的运营商机房内或租赁民房或直接安装在室外等，数量众多，地理范围分布广。在有些特殊地区，基站所处的环境相对比较恶劣，这就要求基站维护人员具有乐观的精神和健康的身体，同时在维护工作中体现出良好的计划性。其次，基站是移动通信无线网的重要部分，与基站控制器等上级设备连接，进行信息沟通，其天馈系统安装在室外，所处环境恶劣，容易出现各种问题。所以，这又要求维护人员具备扎实的理论基础和熟练的实践技能并能将理论与实践有机地结合起来。再次，基站维护工作涉及带电、屋顶和铁塔上等各种复杂的作业环境，这又要求维护人员具有较强的安全意识和扎实的安全知识。

依据基站系统的结构和基站维护的内容，本项目在内容组织上分为两个方向。方向一主要描述基站维护，包含任务1基站主设备维护、任务2基站传输设备维护、任务3基站动力系统日常维护；方向二主要描述了天馈系统维护，包含任务4天馈系统维护、任务5天馈系统故障排除和任务6天馈系统的优化。

根据中等职业技术教育通信技术专业教师教学能力标准的要求，上岗层级教师须熟练掌握故障检修工作流程，掌握常用仪器仪表的使用方法，具备初步排除故障的能力；提高层级教师须具备发现故障并排除常见故障的能力；骨干层级教师须具备发现并能排除综合型及特殊类故障的能力。为满足各层级参训教师的需要，建议上岗层级教师选择任务2基站传输设备维护和任务4天馈系统维护；提高层级教师重点选择任务1基站主设备维护和任务5天馈系统故障排除；骨干层级教师重点选择任务3基站动力系统日常维护和任务6天馈系统的优化。

任务1 基站主设备维护

基站作为移动通信网的网络末梢，其维护质量的好坏直接关系到公司网络质量的优劣，以及客户使用的切身感受。通过对本任务的认真学习，维护人员应能掌握基站维护的基础知识，并按照相关规程的要求完成日常的基础维护工作。

任务描述

移动基站维护工作的基本任务是，保证设备的完好，设备的电气性能、机械性能、维护技术

指标及各项服务指标符合标准;保证良好的通信质量,迅速准确地排除各种通信故障以保证通信畅通。

本任务从基站维护的岗位职责和内容入手,以 RBS2202 室内型宏基站为例,在完成基站日常维护检测和常见故障处理任务的过程中,熟悉基站日常检测内容和规范,重点掌握故障维修中更换单板和模块的方法。在任务完成的过程中,一是要注重结合学习基站主设备的结构和工作原理,二是要注重 G 网常见故障的分析及处理方法的体验和总结。

本任务内容属于基站维护从业技术人员的基本技能,上岗层级的中等职业学校通信技术教师应将其作为基本专业技能来掌握。

任务分析

简单而言,基站系统的维护分为日常维护和突发性维护。日常维护是指定期进行的维护,通过周期性维护,我们可以了解设备运行情况,以便及时解决问题;突发性维护是指由于设备故障、网络调整等带来的维护任务,如用户申告故障、设备损坏、线路故障时需进行的维护。

一、日常检测与维护的内容和方法

(一)基站维护岗位对日常维护的技能要求

(1)熟悉基站维护职责。

(2)熟悉检测项目和检测方法。

(3)对发现的问题须详细记录相关故障发生的具体物理位置和故障现象,以便及时维护和排除隐患。

(二)基站主设备日常维护检测内容

基站系统的维护和检测包括基站的日常巡视检修和故障处理。系统运行中,基站控制器维护人员通过打印、记录、告警显示等方式,发现有关基站设备方面的一些故障问题,除立即采取适当措施进行处理外,还应将基站设备方面的相应问题和处理经过及时通报基站维护人员,进行进一步检查和维护处理工作。移动基站主设备外观如图 1-1 所示。

图 1-1　移动基站主设备

1. 检查单板/模块

操作指导:在远端,通过装有 OMT 软件的设备面板图可以基本判断出单板/模块的状态是否正常;在近端,一般通过指示灯来判断单板/模块状态是否正常。单板运行情况的检查须通过本地终端或集中操作维护终端来查看告警信息、观察设备指示灯状态,发现问题及时处理以确保基站设备运行状态正常且无业务告警影响。

2. 检查温控设备

操作指导:温控设备即指风扇,通过目视或告警查询来判断基带框、载频模块风扇运转是否正常。除风扇堵转外,风扇监控板温度超标、风扇转速控制失效都会有相应告警产生。

3. 检查机房环境、温度、湿度状况

操作指导:查看机房环境告警,包括供电系统、火灾、烟尘等的告警,以及机房的防盗门、窗

等设施是否完好；观测机房内温度计指示和机房内湿度计指示，温度在15～30 ℃为正常；湿度在40%～65%为正常。

4. 检查驻波比

操作指导：可通过查看告警和现场测试等方式来检查驻波比。查看告警，是否有驻波比告警产生；测试天馈驻波比，测试得到的驻波比值接近1，不大于1.5。

5. 检查接地与防雷

操作指导：检查天馈避雷器及馈线接地、地线接头及接地。检查中继电缆的连接与防雷、电源避雷器及保护地线的接地。用地阻仪测量接地电阻。

预期结果：避雷器外观正常，各接地处接触良好。接地电阻小于5 Ω或满足当地工程规范。

6. 检查天馈连接

操作指导：当基站覆盖范围没有明显变化时，一般通过目视的方式来检查接头处、接地夹处的外观；当基站覆盖范围明显变小时，参考"任务4　天馈系统维护"中检查射频连接的相关操作。

预期结果：外观良好，无驻波告警产生。

7. 检查天线牢固程度及定向天线方位角和倾角

操作指导：检查天线是否紧固，如果需要，用扳手加固。测量天线方位角和倾角，如果需要，对角度进行调整。

预期结果：天线紧固，方位角和倾角的角度符合工程文件。

8. 清洁机柜

机柜已做了防尘设计，但由于环境原因（如沙漠地区），还是有可能进入一定量灰尘的。

操作指导：通过吸尘器、酒精、毛巾等工具清洁机柜的防尘网、进风口，以及机柜其他部分。防尘网是通过束网条粘到机柜前门内侧的，需要清洁时，取下并拍打或是吸尘即可除去防尘网上的灰尘。清洁过程中避免误动开关或接触单板/电源。

预期结果：机房内设备外壳、设备内部、地板、桌面等所有项目都应干净、整洁、无明显尘土附着，此时防尘状况好，其中一项不合格为防尘状况差。

二、突发性维护——常见故障处理过程和方法

不管是哪种故障，维护人员都应该遵循故障处理过程：故障信息收集、故障原因分析、故障定位和故障排除

（一）G网主设备常见故障处理过程

第一步：故障信息收集

任何一个故障的处理都是从维护人员获得故障信息开始，这些故障信息主要来自日常维护或巡检过程中发现的异常、OMC客户端的告警和通知、单板指示灯的状态和客户的故障申告。

维护人员要注意收集各种相关的原始信息，在接听、了解客户的故障申告时，尽可能多方面、多角度地了解相关信息。

第二步：故障原因分析

故障信息获取后，维护人员对故障原因进行分析，判断导致故障的各种原因的概率大小，并作为故障排除顺序的参考。

移动基站的故障原因一般分为：传输类故障、天馈类故障、加载类故障、时钟类故障和单板类故障。维护人员根据故障信息，结合自身经验，依据维护手册等对故障原因有大致判断。

第三步：故障定位

故障原因分析后，维护人员运用各种故障处理的方法，排查不可能的故障因素，最终确定故障发生的根本原因。准确而快速的定位有利于提高故障处理的时效，是故障处理过程的重要环节。

第四步：故障排除

故障定位后，进入故障处理的最后阶段——故障排除。维护人员采用适当的步骤排除故障，恢复系统正常运行。

（二）常见基站故障处理

1. 直流电压超限

故障原因分析：产生此故障时，表示基站工作电压超出正常工作范围，其原因大致分为以下几个方面：

（1）基站工作电压大于 29 V，产生告警。

（2）主机柜工作电压低于 25.7 V（旧版软件中为 22.5 V），产生告警。

（3）扩展柜工作电压低于 21.2 V，产生告警。

故障处理：检查基站实际工作电压，根据测量情况采取以下措施：

针对（1）应及时调整整流器输出电压。

针对（2）、（3）此时一般为交流停电，蓄电池供电状态，应利用油机及时恢复交流供电，并检查蓄电池端电压，避免电池过放电情况的发生。

2. 驻波比超限

故障原因分析：产生此故障时，表示从 TRU（Transceiver Unit，收发信单元）输出口至天线处的信号反射功率过大，其原因大致分为以下几个方面：

（1）CDU（Combing and Distribution Unit，合成与分路单元）故障。

（2）天馈系统故障。

（3）TRU 与 CDU 之间发射电缆 TX 跳线松动。

故障处理：根据故障统计情况来看，此故障原因一般由天馈系统引起，采取措施如下：

（1）通过 OMT 检查发射天馈系统驻波比。若驻波比超出告警门限设置，则通过 Site Master 进行断点的定位并采取相应处理措施。

（2）在天馈系统无故障的情况下，当 TRU 均有占用时，通过 OMT 观察连接至同一 CDU 的不同 TRU 反射功率，若所有 TRU 反射功率都比较大则可能为 CDU 故障，更换 CDU。

（3）若只有某一块 TRU 反射功率较大则可能为 TX 跳线松动，重新进行 TX 跳线连接。当某一小区只有一块 TRU 时，可通过互换 TRU 来判断故障单元为 CDU 还是 TRU。

3. 输出功率超限

故障原因分析：产生此故障时，表示 TRU 或 CDU 实际输出功率远低于设计输出功率，其原因大致分为以下几种情况：

（1）当 TRU 故障或 TRU 上 TX 跳线松动时，TRU 实际输出功率将低于设计功率 −2 dB。

(2)当 CDU 故障或发射馈线松动时,CDU 实际输出功率将低于设计功率－7 dB。

故障处理:

(1)通过 OMT 检查 TRU 上各时隙实际输出功率。若低于设计输出功率－2 dB 时,则可能为 TRU 故障或 TRU-CDU 连接跳线松动,更换 TRU 或重新进行跳线连接。当 TRU 温度过高或饱和时也将产生此告警。

(2)TRU 无故障时,通过 OMT 检查 CDU 上各时隙实际输出功率。若低于设计输出功率－7 dB 时,则可能为 CDU 故障或 CDU 至天线发射馈线松动,更换 CDU 或检查发射馈线连接状况。

4. CDU 监测/通信丢失

故障分析:产生此故障时,表示 TRU 与 CDU 之间不能进行正常通信,其原因大致分为以下几种情况:

(1)TRU 故障。

(2)CDU 故障。

(3)CDU Bus 故障。

故障处理:

(1)通过 OMT 检查各 TRU 状态。若某一块 TRU 状态为 Faulty,则表示该 TRU 故障,对其复位,若故障消失则为软件故障,否则,更换该 TRU。

(2)TRU 正常时,对 CDU 重新加电,若故障消失,则为软件故障,否则为该 CDU 故障,更换 CDU。

(3)通过步骤(1)、(2)后,故障仍未消失,则更换 CDU Bus。

5. 分集接收丢失

故障原因分析:产生此故障时,表示 TRU 的 Rx_A、Rx_B 口接收信号强度差的绝对值长时间(大于 50 min)大于 12 dB,其原因大致为以下几种情况:

(1)天馈系统故障。

(2)CDU 故障。

(3)TRU 故障。

(4)TRU 与 CDU 之间接收信号线 Rx_A、Rx_B 松动。

故障处理:

(1)通过 OMT 对各块 TRU 的分集接收信号进行监测。若几块位于不同小区的 TRU 均存在分集接收丢失,则小区间馈线可能为鸳鸯线,检查各小区馈线。

(2)若同一小区内所有 TRU 均产生分集接收丢失,则可能为 CDU 故障或天馈系统故障。通过 Site Master 检查天馈系统连接状况,若驻波比超标,则处理天馈系统连接,否则为 CDU 故障。

(3)当同一小区内一块 TRU 产生分集接收丢失时,则可能为 TRU 故障或连接电缆 Rx_A、Rx_B 松动。

6. TRU、ECU(Energy Control Unit,能源环境控制单元)通信丢失

故障原因分析:产生此故障时,表示 TRU、ECU 与 DXU(Distribution Switch Unit,分配交换单元)无法建立正常通信。此时 TRU 无法承载业务,同时 ECU 无法对风扇进行控制,其原因大致为以下几种情况:

(1)IDB 文件中 TRU 定义多于实际配置 TRU 数。

(2)背板上拔码开关设置错误。

(3)Local Bus 故障。

(4)TRU、ECU 故障。

故障处理:

(1)通过 OMT 检查 IDB 内 TRU 配置与实际配置是否相符。若不符,则修改 IDB 配置。

(2)对 TRU、ECU 进行复位,观察其状态,若故障则更换。

(3)检查背板拔码开关设置,若错误则修改其设置状态。

(4)若 TRU、ECU、IDB 和拔码开关均正常,则更换 Local Bus。

7. 驻波比/输出功率监测丢失

故障原因分析:产生此故障时,表示 TRU 不能收到从 CDU 处采样得到的发射信号或反射信号功率,其原因大致为以下几种:

(1)TRU 板插槽上发射信号或反射信号接头故障。

(2)TRU-CDU 之间连接跳线 Pfwd 或 Pref 故障。

故障处理:

(1)通过 OMT 找出故障连接跳线,检查相关 TRU 板插槽,若故障(一般为针故障),则进行处理,否则为连接跳线故障。

(2)检查 Pfwd、Pref 连接状况,重新进行连接或更换。

相关知识

进行基站主设备维护,必须对基站维护的岗位职责和内容及基站主设备的结构和工作原理有深入的认识。

一、熟悉基站维护职责和内容

基站维护的基本岗位职责:严格遵守各项规章制度和操作规程;熟悉基站设备的性能原理;认真执行维护作业计划,负责基站的巡视和基站设备的维护和抢修;及时处理基站设备的故障,做好记录和汇报;参加质量分析活动。

基站维护工作的具体内容如下:

(1)基站设备的巡查和检修工作。

(2)基站设备故障的检修工作,填写故障报告报送有关部门。

(3)配合收集网络优化工作所需数据,参与网络优化的实施工作。

(4)基站设备改进的实施工作。

(5)制定维护作业计划并实施工作。

(6)基站系统资料的收集、汇总管理工作。

(7)基站系统中备件的维护管理工作。

(8)基站专用仪表和测试车辆等的维护管理工作。

二、基站系统类型

基站类型很多,下面以 GSM 爱立信基站设备为例进行说明。

GSM 基站系统是指系统中的基站设备,包括射频设备和控制设备,用来提供移动台与移

动业务交换中心 MSC 之间的连接。BSS 与移动台之间通过空中接口通信，与 MSC 之间通过 2 M 中继通信。BSS 主要包括以下几个部分：基站控制器 BSC(Base Station Controller)，顾名思义是用来控制 BSS 的，其直接与 MSC 通信，一个 BSC 可能控制单个或多个 BTS。基站收发信台 BTS(Base Transceiver Station)是为小区提供空中接口的射频设备，是 GSM 网络中与移动台通信的部分，其包括天线部分。

爱立信基站有以下几种类型：

(1)宏蜂窝基站：RBS2202、RBS2206、RBS2207。

(2)一体化基站：RBS2101、RBS2112、RBS2302＋MAXITE。

(3)微蜂窝：RBS2301、RBS2302、RBS2308。

爱立信第二代产品为 RBS2000 系列，主要有以下类型：

(1)RBS2202：应用最广泛的室内基站，最大配置为 6TRUs/机架，TRU 与天线连接的纽带——合路器使用 CDU_A/CDU_C/CDU_C＋和 CDU_D。

(2)RBS2206：室内宏基站，最大配置为 6DTRUs/机架，1 个 DTRU 包含两个收发信单元，合路器采用 CDU_F、CDU_G。

(3)RBS2102：室外基站，最大配置为 6TRUs/机架。

(4)RBS2301/2302：微蜂窝基站，配置为 2TRUs/机架。

(5)RBS2308：微蜂窝基站，配置为 4TRUs/机架，通过扩展支持 12 个 TRU，支持 EDGE。

(6)RBS2111：RBS 2111 是一款 6 载波主远端室外型 RBS，由主单元(MU)及 1～3 台位于天线附近的室外远端无线设备(RRU-N)构成，每个 RRU-N 内含两个 TRX，每台 RRU-N 利用光纤与主单元相连。RRU 可以放置在天线近端，直接通过跳线上天线，省去馈线损耗，保证基站高功率发射。RBS2111 覆盖面广，安装实施极其简单，最多可支持三个扇区，每个扇区两个载波。

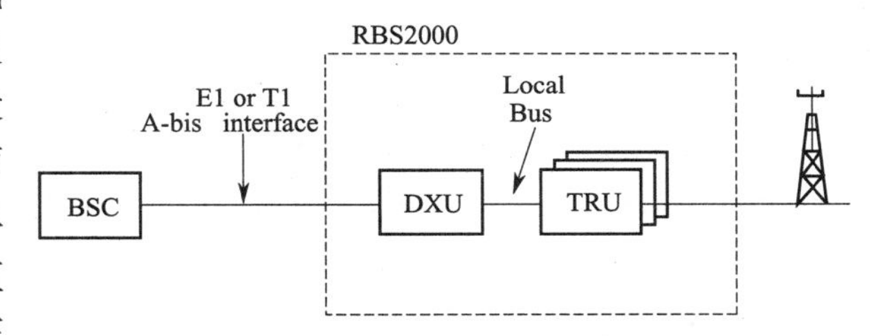

图 1-2 RBS2000 基站子系统结构

RBS2000 基站子系统结构如图 1-2 所示。

三、RBS2202 室内型宏基站

RBS2202 是爱立信 GSM 系列产品中的室内型宏基站，其用来提供移动台与系统的无线接口，主要由天馈系统、无线收发信机和数字信号处理单元构成。RBS2202 系列基站主要硬件组成为 DXU、TRU、CDU、ECU，其硬件连接如图 1-3 所示。

(一)DXU(分配交换单元)

DXU 是基站的中心控制单元，负责对基站设备的管理和维护功能，同时提供与传输 OMT 和外部告警的接口功能，其实物图如图 1-4 所示。

根据 DXU 所提供的不同传输接口类型，DXU 分为以下三种型号：

DXU_01：支持 E1(2 Mbit/s)传输的接口。

DXU_03：支持 T1(1.544 Mbit/s)传输的接口。

DXU_11：支持 E1/T1 传输的接口，传输模式的选择通过 DXU 面板上的拨动开关来实现。

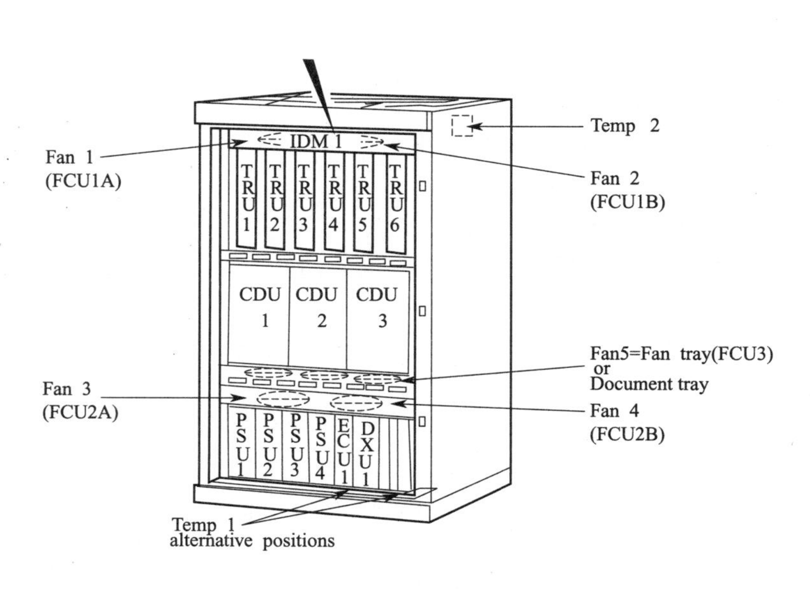

图 1-3 RBS2202 移动基站主设备硬件单元

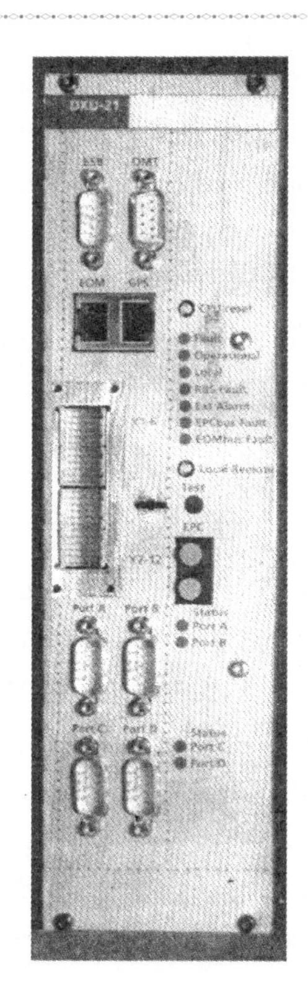

图 1-4 DXU 分配交换单元

DXU 的配置数据通过 LAPD 链由 BSC 进行，无需一个独立的时隙及专门的硬件设备。DXU 共分为下面四个功能块：

脉冲调制(PCM)，即 DIP：抽取 A-bis 接口的时隙信息并通过Local Bus 送至 TRU 单元。

中央处理单元(CPU)：支持 RU 软件安装，支持 OMT 接口与提取时隙信息，可操作与维护，具备内外部告警的功能。

中央定时单元(CTU)：为 TRU 单元提供稳定的参考信号，与 PCM 同步。

高级数据链路处理(HDLC)：读出控制信息并分配至 DXU、TRU 等单元。

(二)TRU(收发信单元)

TRU 基站上的信号处理单元，实现对信号的发射和接收，同时进行信号的处理，如编码、交织和加密等功能，其实物图如图 1-5 所示。具体功能如下：

(1)接收和发射(移动台无线信号处理)。

(2)一个 TRU 可同时处理 8 个移动用户信号。

(3)循环测试发射机及接收机。

(4)有一个发射天线接口和两个接收天线接口，可以实现分集接收。

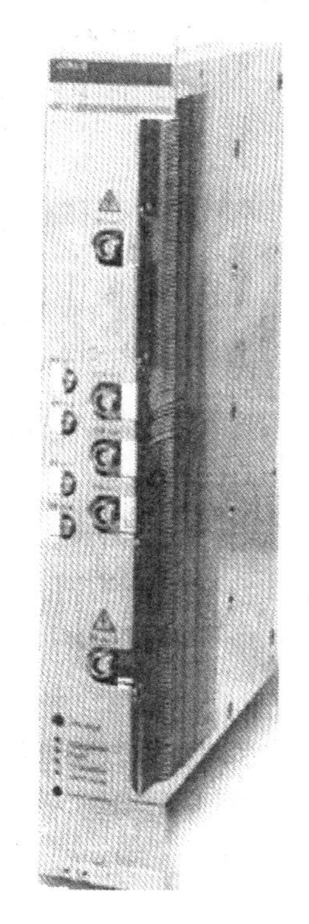

图 1-5 TRU 收发信单元

(三)CDU(合成分配单元)

CDU 是 TRU 和天线系统的接口，允许几个 TRU 连接到同一天

线。它合成几部发信机来的发射信号和分配接收信号到所有的接收机，在发射前和接收后所有的信号都必须经过滤波器的滤波。还包括一对测量单元，为了计算电压驻波比（VSWR），其必须保证能对前向和反向的功率进行测量，其实物图如图 1-6 所示。

图 1-6　CDU 合成与分路单元

CDU 的具体功能为发信机的功率合成、收信信号的前置放大和分配、天线系统的管理支持、RF 的滤波、天线低噪放大器的功率供给和监视、用于防止 RF 的反射功率对 CDU 安全造成威胁的 RF 内部环形器。

其型号如下：CDU_A：不采用合成技术，提供低容量配置，大范围覆盖方式。

CDU_C、CDU_C＋：采用 HCOMB（混合型宽带功率合成器），提供中等容量配置，小范围覆盖方式。

CDU_D：采用 FCOMB（滤波型窄带功率合成器），提供大容量配置，小范围覆盖方式。

其中，HCOMB 只能进行两路信号的合成，损耗大约为 3 dB；FCOMB 可以进行多至 12 路信号的合成。

（四）ECU（能源环境控制单元）

ECU 控制及监看供电及环境设备的状态（如 PSU、BFU、电池、ACCU、风扇、发热器、冷却器等），还可调节机柜内的环境条件以保证设备系统的正常运行，其所包含模块及各模块功能如下：

（1）PSU：可将输入的交流电源整流，转换成直流电源供给设备内部分配系统。

（2）BFU：电池的电流熔断器，连接到电池内部的＋24 V 直流线上，同时提供＋24 V 直流电到 ECU。

（3）IDM：无线机柜内分配内部＋24 V 直流电到各个单元的一块面板。

（4）ACCU：交流供电连接单元，内有 ECU 可控制的供电继电器。

四、RBS2202 基站总线类型

RBS2202 基站内部具有四种形式的总线，即 Local Bus、Timing Bus、X-Bus 和 CDU Bus。通过四种总线结构将各个独立的基站模块有机地组合起来，从而实现了基站设备的各种功能。总线连接如图 1-7 所示。

Local Bus 即本地总线，主要是将 DXU 与 ECU、TRU 连接起来，实现 DXU 和 ECU、TRU 之间的通信连接。DXU 通过 Local Bus 搜集从 ECU、TRU 来的各种告警信息并控制其运行状态，从而实现 BSC 和 TRU 之间话务和信令信息的交换。

Timing Bus 即定时总线，主要是将 DXU 所产生的同步信息传送到各个 TRU 单元，从而 TRU 根据此基准频率信号进行信号的调制和解调，保持全网空中信号的协调一致。

X-Bus 即跳频总线，是当基站上各个 TRU 的工作频率保持不变时，对于同一个话务接续连接，通过 X-Bus 按照一定规律将其下一个发射信号传送到其他的 TRU 上进行发射，从而实现了基带跳频的功能。

CDU Bus 即 CDU 总线，其连接 CDU 单元至各个 TRU 单元，帮助实现 O&M 功能。该总线在 CDU 单元和 TRU 单元之间传送告警和 RU 单元的特殊信息。

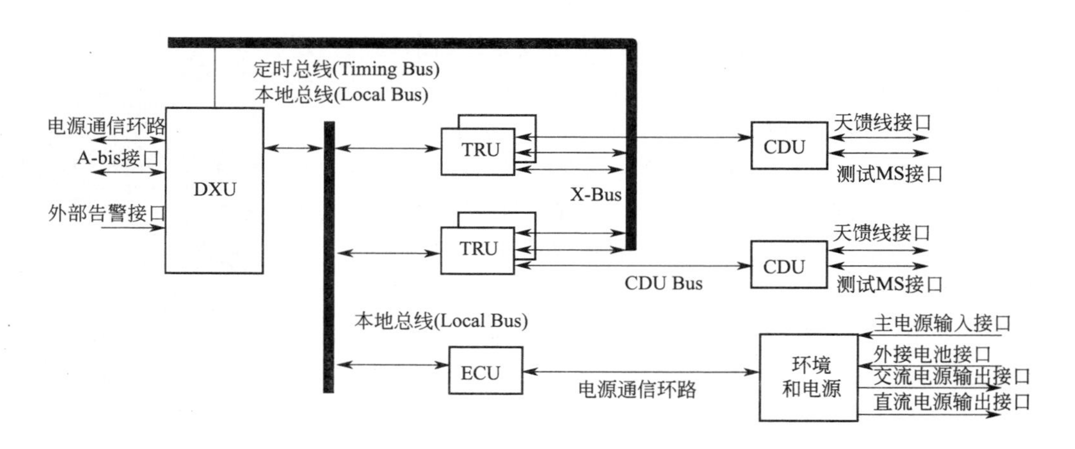

图 1-7　RBS2202 基站总线

五、RBS2202 基站软件管理模型

在基站的软件管理模型中，共分为三个管理层次：CF，IS、CON、DP、TF、TRXC 和 Tx、Rx、TS。其中处于最上层的功能块为 CF；第二层功能块为 IS、CON、DP、TF 和 TRXC；第三层功能块为 Tx、Rx 和 TS。其各层连接如图 1-8 所示。

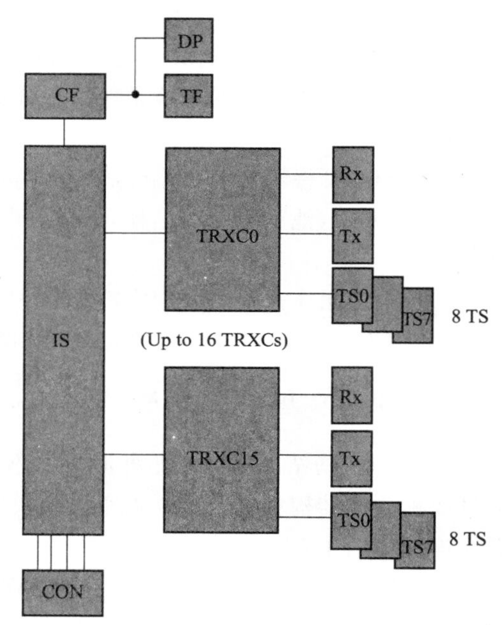

图 1-8　RBS2202 基站软件管理模型

CF 功能块主要是完成基站的控制和维护，并且实现对下级各功能模块的管理。

IS 功能块主要是将 A-bis 接口上的 64 K 时隙交换到其所属的 TRU 上，IS 交换接点的连接为基站工作时动态分配的。经过 IS 内部交换以后，从 BSC 发出的信令和话务信息被送到了 TRU，经过编码和调制后再发送到了 MS，从 MS 来的信令和话务信息经基站解调和译码后又经 IS 的交换被送到了 BSC。

DP 的功能主要是对传输线路进行监测，及时发现并向 CF 报告传输的质量故障和运行状态。

TF 的功能主要是从 2 M 传输的 TS0 提取同步信息，并根据这个同步信号产生一个稳定可靠的内部时钟信号，从而保持全网基站的同步，同时 TRU 根据这个同步信号，进行变频处理后产生指定的工作频率。

CON 的功能主要是完成对 DXU、TRU 信令即 CF、TRXC 信令的压缩和解压缩功能，通过信令压缩方式可有效地节约传输资源。

TRXC 的功能主要是完成对整个 TRU 功能的管理，包括信号的基带编码、交织和加密等功能，同时还负责对 Tx、Rx 和 TS 的管理。

Tx 主要负责信号的射频调制及功率放大等功能，Rx 负责信号的射频接收、解调等功能。

TS 是基本的信道单元，对应每一个物理信道。

六、RBS IDB数据

IDB是一个文件，存储于DXU、TRU、CDU的刷新存储器中，其中DXU存储的IDB中包含机架当前配置的各单元信息、基站小区配置及RU模式等，而IDB中的有关无线方面的参数存在于TRU、CDU中。

RU(Replaceable Unit)，即可替换单元，有主要的可替换单元、次要的可替换单元和被动的可替换单元三种分类。"RU工作模式"中的RU，是指能与BSC直接通信的RU单元，包含DXU、TRU等。正常情况下，RU有以下两种模式：

(1)Local模式，表示RU单元与RSC之间的通信还没有准备好。

(2)Remote模式，表示RU单元与RSC之间的通信已准备好。

IDB包含一份用于描述BTS硬件的信息清单。如当IDB结构改变时(如新的功能时，将会增加新的信息元素)，DB-STRUCTURE-REVISION(也称为IDB格式)将被更新。每个软件都支持一定的IDB格式，当功能改变执行后，新的软件将自动更换IDB为新的格式，因而不必再重新进行一次人工格式下载。

(一)OMT操作软件

OMT软件是爱立信设计的处理GSM设备故障、配置等操作和维护的终端软件，其原理如图1-9所示。它通过一条串行电缆从OMT PC机连接到RBS上的一个端口，目前使用的最新版本是R23_3。OMT软件的功能包括：读基站原来的软件版本；配置IDB；查故障；查MO；查业务信道；查RF信号。Remote OMT，就是远端操作和维护终端，与OMT有相同的功能，通过BSC利用普通站点的传输与RBS进行通信，可以减少基站到场次数，实现更快的配置站点和更简易的监视站点。

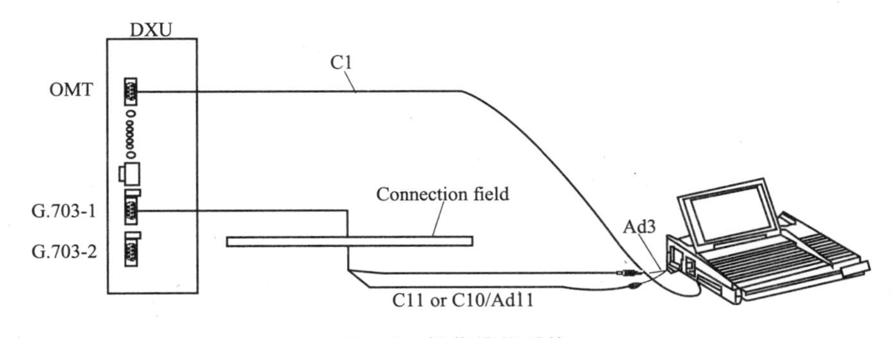

图1-9 操作维护系统

在GSM的CME20系统中，RBS的硬件结构与BSC没有绝对地区分开，RBS模型表现为一组MO(Managed Object)。MO分为两个子类，一个称为SO(Service Object)，另一个为AO(Application Object)，SO属于MO的硬件部分，AO则不属于任何的硬件，但可以处理基站的一些功能。BSC通过A-bis的操作维护接口管理RBS的O&M总线。BSC把RBS的设备看作是MO。因此，BSC对RBS操作与维护是建立在RBS被视为MO的逻辑软硬件模块下的基础上的。

OMT的主界面是一个"View"窗口，如图1-10所示，在这个界面可以显示RBS的系统、机柜、硬件和MO的操作，在"View"旁边是"Display"显示窗口，可以显示"View"所选模块的各种信息。

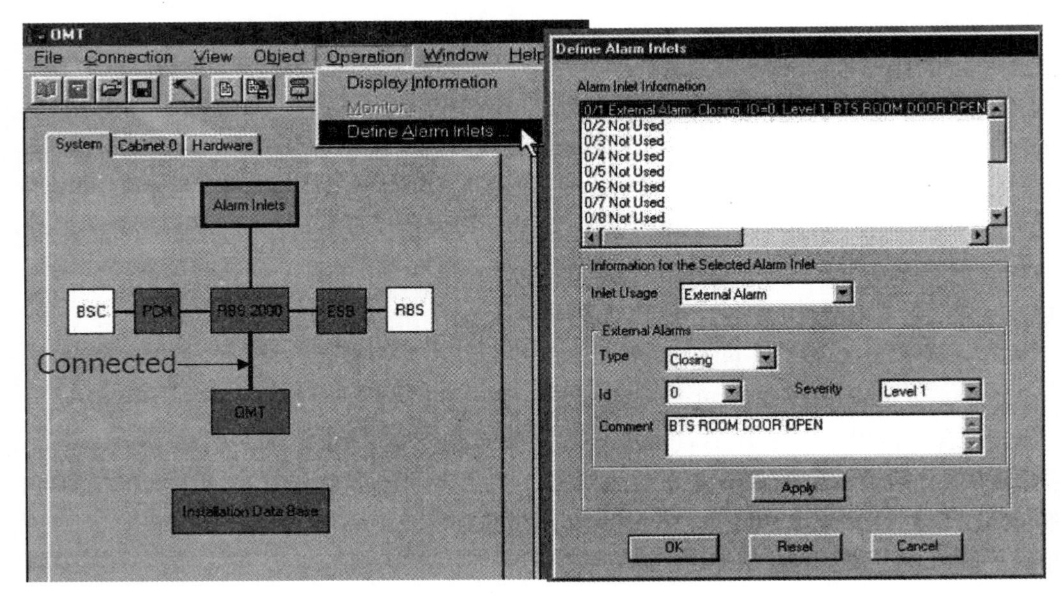

图 1-10 OMT 主界面

(二)OMT 的主菜单及相应功能

OMT 的主菜单及其相应功能的介绍如下：

(1)文件(File)菜单：IDB 的读取、安装、打开、保存、创建，以及 OMT 退出。

(2)连接(Connection)菜单：PC 与 DXU 的连接、断连。

(3)视图(View)菜单：系统、机柜、硬件，以及 MO 的查看。

(4)目标(Object)菜单：不同模块的选择。

(5)操作(Operation)菜单：对所选模块做相应地操作处理。

(6)窗口(Window)菜单：选择显示不同的窗口。

(7)帮助(Help)菜单：提供 OMT 在线帮助。

选择模块：在“Object”菜单选择不同的模块，这时所选的模块颜色会变深，相应地操作都是对所选的模块进行的。

技能训练

为能够更细致、更熟练地完成移动基站日常维护活动，维修人员可先进行以下单项技能的训练。

1. 对设备及连接情况的识别

根据现场图和相关知识中介绍的系统组成和连接情况，达到对机柜、设备、单板的以下要求程度：

(1)能准确指出指定对象的名称并简述其功能。

(2)能根据对象名称，在现场找到相应对象。

2. 单板/模块工作状态检查

日常巡检的主要工作之一是通过单板或模块的指示状态，判断设备工作状态并记录，从而为故障维护提供必要信息。

下面以爱立信 RBS2202 基站 DXU 单板为例，训练对单板/模块工作状态的检查。

(1)观察并记录单板指示灯状态(如图 1-11 所示)。

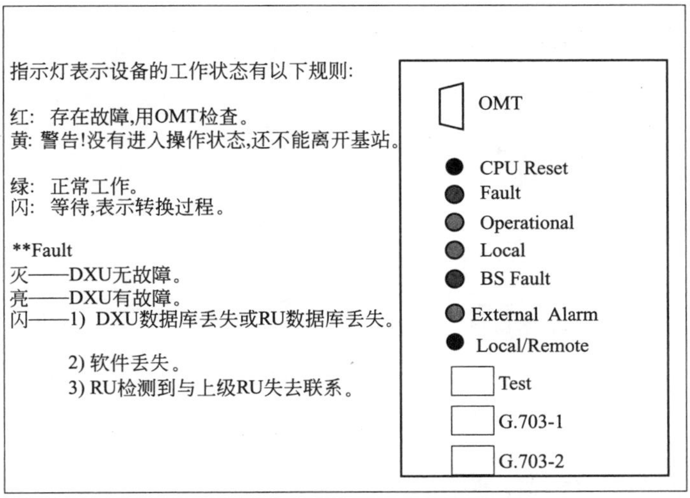

指示灯表示设备的工作状态有以下规则:

红: 存在故障,用OMT检查。
黄: 警告!没有进入操作状态,还不能离开基站。

绿: 正常工作。
闪: 等待,表示转换过程。

**Fault
灭——DXU无故障。
亮——DXU有故障。
闪——1) DXU数据库丢失或RU数据库丢失。
2) 软件丢失。
3) RU检测到与上级RU失去联系。

OMT
CPU Reset
Fault
Operational
Local
BS Fault
External Alarm
Local/Remote
Test
G.703-1
G.703-2

图 1-11　DXU 单板指示灯

(2)对照指示灯查阅所指示状态是否工作正常,DXU 各指示灯的意义见表 1-1。

表 1-1　DXU 各个指示灯的意义

指示灯	状 态 含 义
Operational	闪(或与 Fault 灯交替闪)表示 FLASH 的更新过程,版本不同时出现,若版本相同时,只做比较,时间不长,上述指示灯不闪
	亮表示:解闭成功(表示 DXU 单元进入 Operational 状态)
Local	亮为本地状态
	灭为 BSC 控制的状态
	闪为交接状态
BS Fault	亮表示 DXU 管理的所有设备中出现故障,此信息由设备管理总线提供
	闪表示设有 Install IDB

3. 维护时所用的软件的操作训练——安装 IDB

目标:本地模式下完成 IDB 数据制作,包括一个 RBS2202 机柜、2/2/2 的配置(即配置 3 个扇区且每个扇区配置两个载波)、采用 CDU_A、24 V 供电方式,IDB 数据制作过程如下:

步骤一:用串口线一端连接 DXU 上 OMT 口;另一端连笔记本电脑串口;然后运行 OMT 软件。如图 1-12 所示。

步骤二:选择接口连接类型是 E1 类型或 T1 类型,如图 1-13 所示。

步骤三:设定机组类型、供电类型,如图 1-14 所示。

步骤四:进一步选择主设备类型、天线区间设置等,如图 1-15 所示。

步骤五:上述设置完成后,可以看到 RBS2000 能够识别 PCM、ESB 模块,如图 1-16 所示。

步骤六:定义上级 RU,如图 1-17 所示。

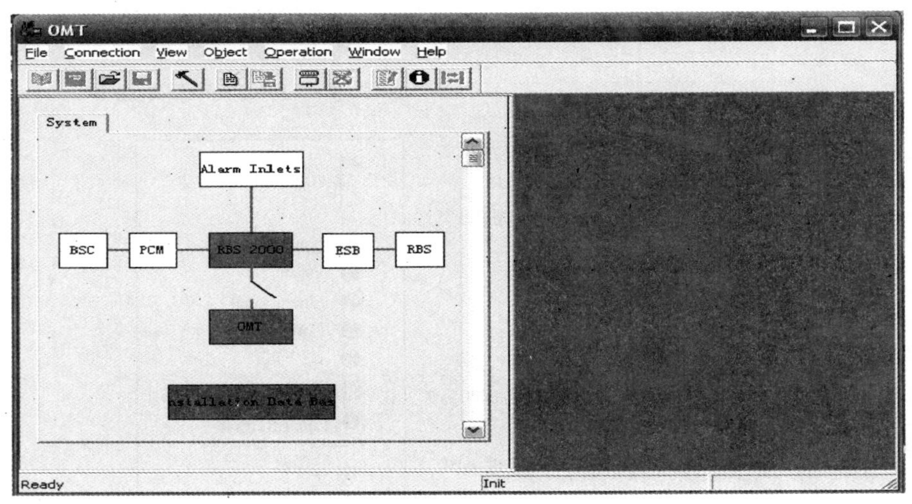

图 1-12 OMT 软件界面

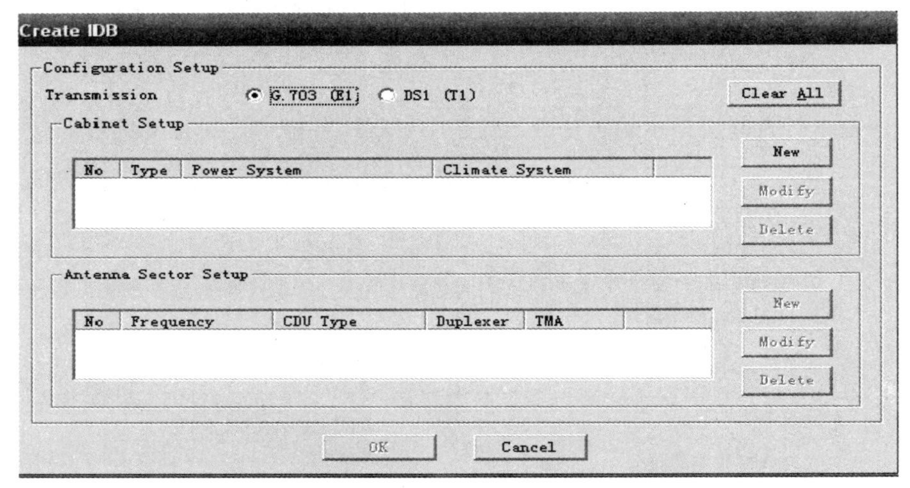

图 1-13 选择连接类型

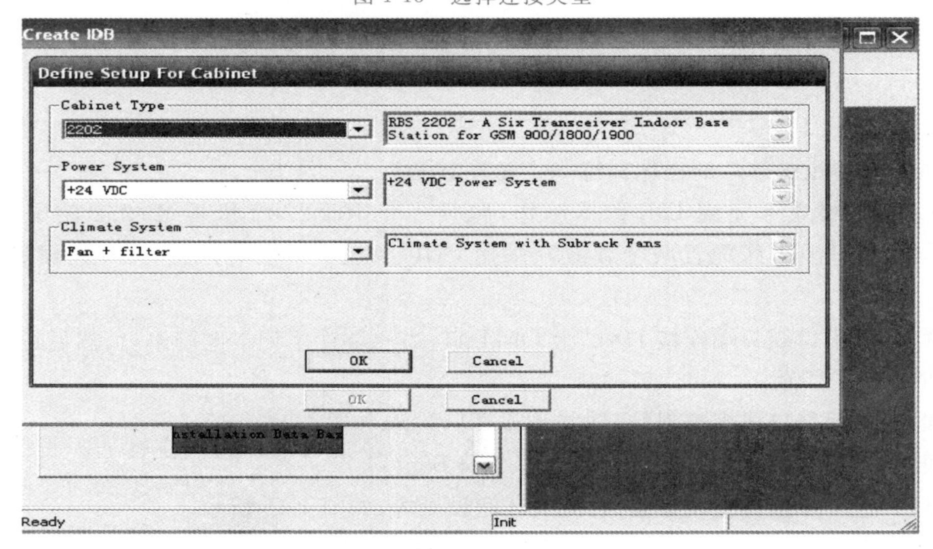

图 1-14 设定机组类型和供电类型

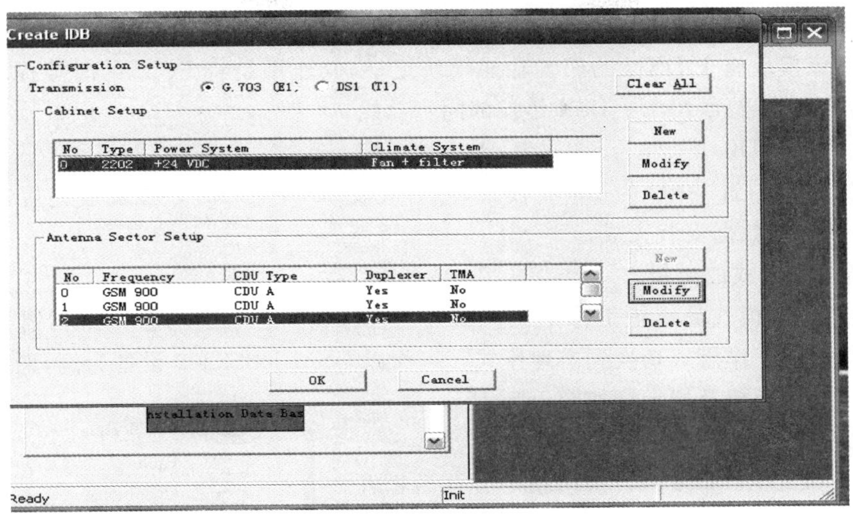

图 1-15 主设备类型和天线区间的设置等

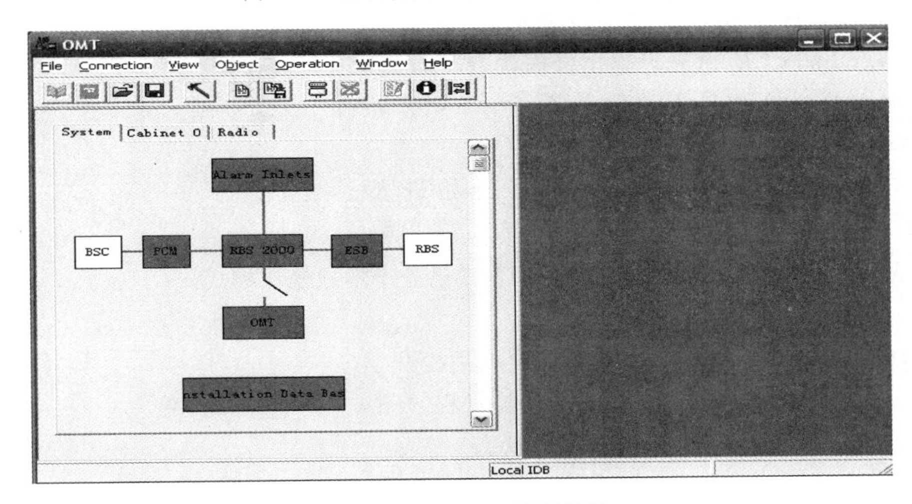

图 1-16 RBS2000 识别情况

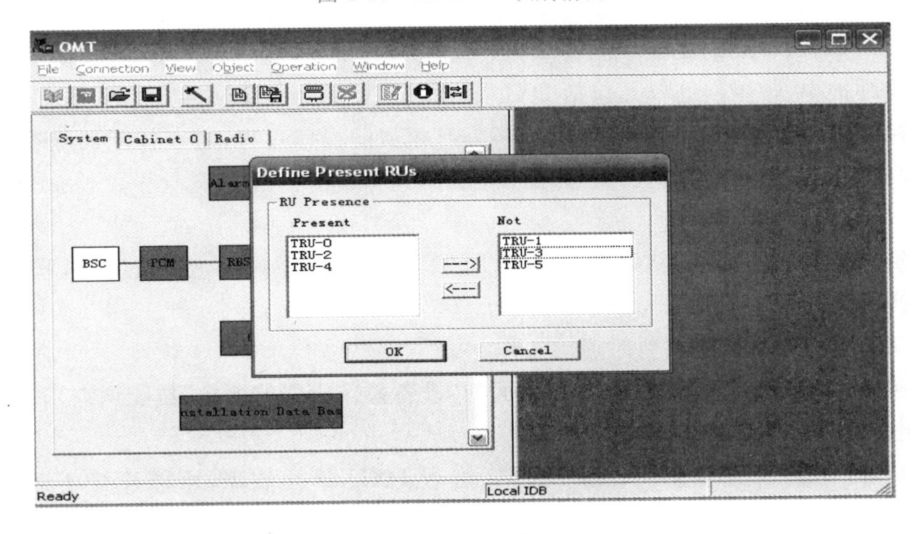

图 1-17 定义上级 RU

注:OMT 软件可配置 RBS2000 系列,RBS2202 属于 RBS2000 系列之一。PCM 指脉冲编码调制模块,该模块属于 DXU 的四大功能模块之一,其作用是将 PCM 的时隙提取并通过本地总线送给收发信单元 TRU。ESB 是外部同步总线。

步骤七:安装 IDB。

构造完 IDB 后,置 DXU 为 Local 模式,然后安装 IDB,待 IDB 数据安装完后,置 DXU 为 Remote 模式,IDB 数据安装完成。

4. 设备操作模式的更换

切换设备工作模式是维护工作中比较重要的操作,特别是在发现故障后,需要更换模块时,需要先将设备工作模式切换到本地模式。下面以 GSM RBS2202 设备为例,训练设备模式更换操作,其操作面板及指示灯如图 1-18 所示。

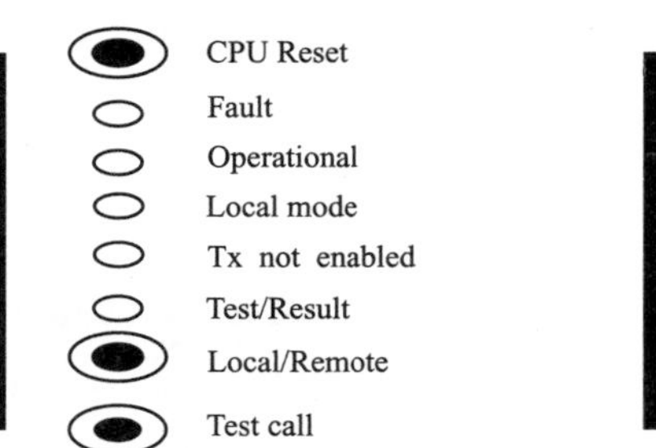

图 1-18 GSM RBS2202 操作面板及指示灯

(1)转换到 Local 模式的过程

①按压 Local/Remote 的转换按钮一会儿后松开,以避免错误操作。

②Local 模式灯开始闪,表示正处于转换过程。

③Operational 灯灭,表示已退出操作状态。

④此时将有一个故障汇报信息通过 A-bis 送至 BSC,在 BSC 中将有一个告警发生。

⑤BSC 到 TRU 的通信链断,TRU 开始进入 Local 模式。

⑥Local、Operational 两灯都亮,意即 TRU 已处于本地操作模式。

(2)转换到 Remote 模式的过程

①按压 Local/Remote 的转换按钮一会儿后松开。

②Local 模式灯开始闪,表示正处于转换过程。

③Operational 灯灭,表示已退出操作状态。

④BSC 到 TRU 的通信链开始建立,TRU 立即进入 Remote 模式。

⑤Local 灯灭,Operational 灯亮,意即 TRU 已处于 BSC 的操作模式。

5. DXU、TRU 单元的更换

突发性维护中,常更换的单元包括 DXU 单元、DXU 背板、TRU 单元、TRU 背板、风扇单元和风扇控制单元(FCU)。这些单元的更换具有相似的操作过程,需在技能训练过程中发现并总结,以提高操作的熟练程度。

(1)DXU 单元的更换

当检测中确定需要更换 DXU 单元时,进行 DXU 单元更换操作,操作过程如下:

1)更换前的准备

①通知调度中心基站将要暂时退出工作。

②切换 DXU 进入本地工作模式(见前面的“设备操作模式的更换”技能训练)。

③把电脑连接到 DXU 的 OMT 接口。

启动 OMT 软件并连接 OMT 至 DXU。由于 DXU 单元故障,可能连接不成功。如果 OMT 不能与 DXU 单元连接,可用安装时放在机架内的 IDB 备份软盘,但要确认软盘中的 IDB 数据库内容是正确的。

2)更换 DXU 单元

①拆离 DXU 单元的所有连接电缆。

②更换 DXU 单元并把所有的连接电缆接上。

③连接 OMT 至 DXU 单元并向 DXU 单元安装正确的 IDB 数据。

有三条途径可供选择:当能够读取原来的 DXU 单元的 IDB 时,可采用读取的 IDB 来向新的 DXU 单元安装;可采用放于机架内的软盘中的 IDB 安装,但要确认软盘中的 IDB 是正确的;重新建立一个新的 IDB 数据库(见前面的“安装 IDB”技能训练)。

④按住 DXU 单元上的 Local/Remote 按钮,待 DXU 单元进入 Operational 状态(即 Operational 绿色指示灯固定亮)。

3)使新安装的 DXU 进入操作状态

①检查所有的 DXU 是否处于 Remote 状态,如果不是,应按 Local/Remote 按钮,使其切换进入 Remote 工作状态。

②进行下列检查:

a. DXU 单元上的 BS Fault 指示灯是否灭灯。

b. DXU 单元上的 Operational 状态指示灯是否亮灯。

c. TRU 单元上发射机的 Tx not enabled 指示灯是否灭灯。

注意:由于 TRU 单元没有配置,可能使 TRU 单元不能进入服务状态,这时 TRU 单元上的 Tx not enabled 指示灯不能灭灯。

(2)DXU 单元的背板更换

1)更换前的准备

①通知调度中心基站将要暂时退出工作。

②切换 DXU 进入本地工作模式——即 Local 黄色指示灯固定亮灯。

③机架电源隔离。

把机架顶 B 连接区的 4 个 AC 电源插头移开,使机架与主 AC 电源隔离。

④把到 BFU 的通信电缆移开。

⑤断开 BFU 单元的+24 V 直流电源。

2)更换 DXU 单元背板

①松开 DXU 机箱上面的风扇单元盖板。

②移开风扇单元的支架。

③取出风扇单元并移开它的所有连接电缆。

④取出 PSU、ECU 和 DXU 单元。

⑤移开 DXU 单元背板的所有连接电缆。

⑥松开固定 DXU 机箱的螺丝钉。

⑦取出 DXU 机箱。

⑧松开把印刷电路板固定在背板上的螺丝钉。

⑨装入一块新的印刷电路板。

⑩确认新更换的背板上的 DIP 开关与原来的设置一样。

⑪最后按相反的过程装回各部件。

3)进入操作状态

①连接主 AC 电源的电缆到机架顶的连接区域。

②装回 BFU 单元并连接好通信电缆。

③检查 DXU 单元上的 Operational 绿色状态指示灯是否为固定亮着，BS Fault 状态指示灯是否灭灯。

④使新 DXU 单元进入 Remote 工作模式。

(3)TRU 单元的更换

1)更换前的准备

①通知调度中心基站将要暂时退出工作。

②使 TRU 进入本地工作模式，具体可参考 DXU 的工作状态切换训练。

③移开 TRU 单元的所有连接电缆。

④更换 TRU 并连接上所有的电缆。

⑤待 Operational 绿色状态指示灯为固定亮着。如果新的 TRU 内贮存的软件版本为老版本，DXU 单元将会自动向 TRU 单元加载正确的软件版本。在软件的加载过程中 Operational 绿色状态指示灯一直闪亮着，这个过程可能要用时 2 min 左右。

2)进入操作状态

按压 TRU 单元上的 Local/Remote 按钮，Local 模式指示灯闪烁，等到 Local 模式指示灯灭灯时，表示新的 TRU 单元进入 Remote 模式。

(4)TRU 单元的背板的更换

1)更换前的准备

①通知调度中心基站将要暂时退出工作。

②使 DXU 单元进入本地工作模式。

③隔离电源，把机架顶 B 连接区的 4 个 AC 电源插头移开使机架与主 AC 电源隔离。

④把到 BFU 的通信电缆移开。

⑤断开 BFU 单元的＋24 V 直流电源。

2)更换 TRU 单元背板

①松开在 TRU 机箱上面的把 IDM 单元固定在机架上的四个螺丝钉。

②轻轻地将 IDM 单元从机架上拉向接近风扇的方向。

③移开固定风扇的支架。

④移开风扇单元。

⑤拆开从 TRU 背板到 IDM 单元的所有电缆。

⑥临时把 IDM 单元放回。

⑦移开 CDU 单元的所有电缆并移开 CDU 单元。

⑧松开固定 TRU 机箱 CDU 机箱的螺丝钉并移开 CDU 机箱。

⑨拆出所有的 TRU 单元。

⑩松开固定 TRU 机箱的螺丝钉。

⑪移开连接到 TRU 背板顶的所有 Local BUS 电缆。

⑫取出 TRU 机箱。由于连接至 CDU 和 IDM 的电缆与接口一起固定在 TRU 背板后面，所以取出 TRU 机箱时它们也一起被取出。

⑬松开后盖板的 12 个螺丝钉并取出后盖板。

⑭松开固定印刷电路板的 12 个螺丝钉。

⑮更换新的印刷电路板。

⑯确认新更换的背板上的 DIP 开关与原来的设置一样。

⑰最后按相反的过程装回各部件。

3)进入操作状态

①连接主 AC 电源的电缆到机架顶的连接区域。

②装回 BFU 单元并连接好通信电缆。

③检查 DXU 单元上的 Operational 绿色状态指示灯是否为固定亮着,BS Fault 状态指示灯是否灭灯。

④使 DXU 进入远程工作模式。

(5)风扇单元的更换

警告:由于在整个操作过程中,IDM 单元的背板的+24 V 连接板是一直无掩蔽的,所以在操作过中要把戒指和手表等金属的东西脱掉(以风扇 3、4 为例)。

①松开将风扇前面板固定在机架上的 4 个螺丝钉(每边两个)。

②把连接风扇电缆从接口向上拔出,该电缆连接到背板后面的 FCU2。

③移开风扇单元的支架。

④将风扇单元从机架中取出。

⑤按相反的过程装入新的风扇单元。

(6)风扇机箱的更换

①松开将机箱固定在机架上的 4 个螺丝钉(每边两个)。

②轻轻地将机箱取出,注意不要把电源的接口从 P1 拔出。

③把电缆从 FCU 上面的 P1 拔出(仅为更换机箱时才要)。

④把坏的风扇单元从机箱中取出,注意不要把坏风扇单元的从它的连接器中拔出,这个连接器在 FCU 上(仅为更换风扇时才要)。

⑤按相反的过程装入新的机箱。

(7)FCU 的更换

警告:在更换风扇控制单元时风扇将停止转动,各 RU 单元的温度将很快升高,所以在更换风扇控制单元时不能使风扇停止转动超过 1 min。在整个操作过程中,DC 电源一直是连接到 FCU 上,所以操作时必须非常小心。由于在整个操作过程中,IDM 单元的背板的+24 V 连接板是一直裸露的,所以在操作过中要把戒指和手表等金属的东西脱掉(以 FCU 为例)。

①拆下 IDM 单元的前面板,以便接近 FCU。

②拆下 FCU 固定在 IDM 盖板上的 4 个镙钉帽。

③更换 IDM 盖扳上的 FCU。

④把坏的 FCU 控制电缆接头拆出并接至新更换的 FCU。

⑤把电源接头和风扇连接接头从坏的 FCU 拆出接至新的 FCU。

⑥装回 IDM 单元的前盖板。

任务完成

本任务为单人独立操作或两人一组组织完成,进入移动基站机房现场(或实验室),完成现场工作状态的日常检测,填写维护日志。

教师可先在“现场”中预设故障,由学生在日常检测中发现故障并排除故障。

注意:现场设备昂贵,教师应跟随进入现场,注意及时调整和制止学生可能做出的有损设备的动作。

评 价

通过对下面所列评分表的各项内容的考核，综合学生学习讨论过程中的表现，评定出学生的成绩，具体内容见表1-2和表1-3。

表 1-2 任务完成质量评价表

评价内容	自我评价	教师评价	其他评价
能否完成基站日常检测项目			
是否了解基站主设备结构和工作原理			
对常见故障能否进行原因分析和故障处理			
能否更换单板和模块			
合计			

表 1-3 项目指标体系

项目指标 / 成员	过程考核(50%)			成果考核(20%)		教师考核(30%)		
	工作计划提交(10%)	工作任务分析(20%)	操作正确(20%)	项目完成情况(15%)	技术报告(5%)	成果讲解能力(10%)	小组协作能力(10%)	创新能力(10%)

教学策略讨论

本任务按照行动导向方式教学，请就表1-4中各环节内容，展开教学讨论。

表 1-4 教学讨论内容

学习任务及要求	学习基站维护职责和日常检测项目；掌握基站主设备结构和原理；熟悉单板指示灯	
阶段	学生活动	教师
咨询、准备	学生小组讨论学习：全班同学分成项目小组，每个项目小组再分成三个小组，小组同学结合相关课程内容进行学习	负责设置维护项目；准备相关资料，同时，列出本项任务需要同学们掌握的重要专业知识点，并对必要的知识点进行必要的讲解
计划	根据老师布置的任务，准备相关知识的查找、学习，拟定维护方案，确定步骤和方法	检查学生维护方案和步骤是否合理有效；准备需要的设备；宣布维护规范
实施	不同小组根据布置的不同故障排除方法进行学习讨论。 各小组经过自主学习讨论后形成维护报告，写出操作步骤和相应项目的维护规范	组织学生实际操作、测试；各组互相参观和讨论，并在小组讨论过程中，随时准备解答学生一切可能的问题。同时，教师注意观察各小组的讨论情况，注意收集问题
展示和评价	小组长或另外的成员陈述各组故障和排除的内容和步骤，并出示故障排除报告；演示故障排除过程；说明本组工作需要注意的地方；陈述过程中，其他组成员可提问	教师及时对问题进行补充说明或引申

请将讨论记录于下：

(1)讨论记录：____

____

____

(2)讨论心得记录：____

____

____

____

任务2 基站传输设备维护

任务描述

通信运营商基站维护(代维)人员，在日常基站维护工作中，应按照公司技术要求及规范完成维护工作，保障基站传输系统为基站主设备提供稳定的业务传输通道。具体任务如下：

(1)完成日常基站传输设备的巡检工作，保障设备处于正常工作状态。

(2)处理基站传输系统中设备、线路、业务的各类故障。

任务分析

一、基站传输设备巡检任务分析

日常巡检工作的目的是保证设备处于正常工作状态，提前发现可能引起业务中断的原因。移动基站传输系统的巡检主要涉及传输系统本身的状态观察、指标测试和传输系统外部环境、设备的状态检查。各运营商均制定有日常巡检表，可按照日常巡检表进行巡检操作，同时，也可将基站传输系统的巡检工作划分为对设备、线路、外部设施三个部分进行。基站传输系统日常维护工作内容如下：

(1)机房巡查：地面清洁、设备无尘、排列正规、布线整齐、仪表正常、工具就位、资料齐全。

(2)机顶、机框内部及机表清洁：机顶、机表、设备、光配线架(ODF)、数字配线架(DDF)无尘，建议每年清洁2～4次。

(3)风扇检查及清洁：风扇无尘，建议每年清洁2～4次。

(4)光配线架(ODF)和数字配线架(DDF)：进入机房的光缆和尾纤应采取保护措施，与电缆适当分开敷设以防挤压，并在ODF架上标明纤芯号和实际开放使用的系统号及电路方向。

(5)光衰减器：通常装在接收端。光纤连接器应接触良好，不得随意插拔，严禁采用人为松开光纤连接器或轴向偏离等手段介入衰减。连接器经维护操作后，应经验证其衰减值正常后方可投入使用。

(6)机柜、设备单板指示灯观察：观察到指示灯应显示设备正常工作、无告警及其他异常。

(7)光接头清洁：清洗光纤接头时，应使用无尘纸蘸无水酒精小心单向地擦拭，不能使用普通的工业酒精、医用酒精或水。

(8)设备收、发光功率测试：测试设备收发光功率应符合设备制造厂商给定的正常工作范围。

日常巡检工作不仅为系统长期稳定工作提供支持，同时也为维护人员熟悉和掌握系统各方面情况且快速有效地完成故障修复打下基础。日常巡检过程中维护人员应掌握的系统情况如下：

(1)光缆线路情况：包括光缆的长度、芯数、接头、跳纤及光纤的衰耗值、备纤等的情况。

(2)设备情况：主要包括设备的型号、配置情况、机盘功能、接口情况、面板上各种告警灯和指示灯的显示情况及组网情况；光端机的各种测试指标情况，如：收发光功率、灵敏度等；设备供电电源情况；ODF、DDF、VDF 及网管系统的应用情况。

(3)仪表、工具情况：基站光传输系统常用维护仪表有光功率计、误码仪等。要熟练掌握这些仪表的功能及使用方法。

二、基站传输系统故障处理任务

在日常巡检过程中，可能会发现传输系统出现这样或那样的故障信息，这就要求维护人员能进行故障的修复处理。传输系统故障涉及到设备、线路、数据配置及其他影响因素(如接地不好、电压异常等)的问题，而且对处理时限有严格要求，所以故障的抢修是对维护人员技术水平要求最高的一项工作。维护人员应既能掌握传输系统的基本原理又能够把握实际应用的传输系统网络结构，同时还要能够按规范流程快速及时地排除故障。

在对故障的处理中，传输设备方面要求掌握传输设备的工作原理、指标的测试操作、硬件的更换操作；线路方面要求掌握线路的检查方法和 E1 电缆接头制作方法；业务类故障处理要求掌握故障定位原则和方法及排除方法。

(一)常见传输设备故障种类

常用传输设备的故障种类有如下几种：

(1)光缆线路故障，包括光缆线路中断、光缆线路总衰耗过大等。

(2)尾纤故障，包括尾纤断、尾纤弯曲半径过小、法兰盘接头有灰尘及尾纤头脏等。

(3)单盘故障，包括线路板、2 M 板、时钟板、交叉板、主控板等器件损坏及由于环境、温湿度等影响板子正常工作等。

(4)电缆故障，包括 2 M 电缆中断、DDF 架侧 2 M 接口输入/输出端口脱落或松动而造成的接触不良及 VDF 卡线松动等。

(5)电源系统故障，包括交流停电、设备直流掉电及熔断器故障等。

(6)网管系统故障，包括网管与设备之间的网线故障或系统异常而造成的 ECC 通道中断、死机等。

(二)故障定位原则

故障定位一般应遵循“先外部，后传输；先单站，后单板；先线路，后支路；先高级，后低级”的原则。

先外部，后传输：在定位故障时，应首先排除外部的可能因素，如是否断纤、交换侧是否故障等。

先单站，后单板：在定位故障时，首先要尽可能准确地定位出是哪一个站，然后再定位出是该站的哪一块板。

先线路，后支路：线路板的故障常常会引起支路板的异常告警，因此在进行故障定位时，应遵循“先线路，后支路”的原则。

先高级，后低级：进行告警级别分析，首先处理高级别的告警，如危急告警、主要告警，这些告警已经严重影响通信，所以必须马上处理；然后再处理低级别的告警，如次要告警和一般告警。

(三)故障处理步骤

处理故障时，应该遵循一“查看”、二“询问”、三“思考”、四“动手”的思路。

查看：到达现场后首先查看出现故障的现象，即查看设备的哪一部分出现故障，有何种告警产生，严重程度如何，造成多大危害等，要透过现象看本质。

询问：观察完现象后，应询问各阶段现场人员，是何种原因造成了此故障，比如是否有人修改了数据、删除了文件、更换了电路板、停电或雷击、误操作等。

思考：根据现场查看的现象和询问的结果，结合自己的知识作思考、分析，判断何种原因可能引起该种故障，作出较为正确的判断。

动手：根据前面三个步骤找出故障点，通过修改数据、更换电路板及芯片等手段解决、排除故障。

(四)故障处理的常用方法

1. 观察分析法

当系统发生故障时，在设备和网管上将出现相应的告警信息。通过观察设备上的告警灯运行情况，可以及时发现故障。故障发生时，网管上会记录非常丰富的告警事件和性能数据信息，通过分析这些信息，并结合 SDH 帧结构中的开销字节和 SDH 告警原理机制，可以初步判断故障类型和故障点的位置。

通过网管采集告警和性能信息时，必须保证网络中各网元的当前运行时间设置和网管的时间一致。如果时间设置上有偏差会导致对网元告警、性能信息采集的错误和不及时。

2. 测试法

通过观察分析法不能解决的问题，如组网、业务及故障信息相当复杂的情况和无明显告警和性能信息上报的特殊故障情况，可以利用网管提供的维护功能进行测试，判断故障点和故障类型。下面以环回为例进行说明。

环回操作是定位故障点最有效和常用的方法，要求维护人员熟练掌握。环回不需要对告警和性能做太深入的分析，缺点是会影响业务。

进行环回操作前，首先必须确定需要环回的通道、时隙，环回的单板，环回的方向。对于同时出问题的业务，一般都具有一定的相关性，因此对环回通道进行选择时应该坚持从多个有故障的网元中选择一个网元，从所选择网元的多个有故障的业务通道中选择一个业务通道，对所选择的业务通道逐个方向分析的原则。

进行环回操作时，先将故障业务通道的业务流程进行分解，画出业务路由图，将业务的源和宿，经过的网元，所占用的通道和时隙号罗列出来，然后逐段环回，定位故障网元。故障定位到网元后通过线路侧和支路侧环回基本定位出可能存在故障的单板，最后结合其他处理办法，确认故障单板予以更换排除故障。

3. 拔插法

最初发现某种电路板故障时，可以通过插拔一下电路板和外部接口插头的方法，排除因接触不良或处理机异常的故障。在插拔过程中，应严格遵循单板插拔的操作规范。插拔单板时，若不按规范执行，还可能导致板件损坏等其他问题的发生。

4. 替换法

当用拔插法不能解决故障时，可以考虑替换法。替换法就是使用一个工作正常的物件去替换一个被怀疑工作不正常的物件，从而达到定位故障、排除故障的目的。这里的物件，可以是一段线缆、一块单板或一个设备。

替换法适用于排除传输外部设备的问题，如光纤、中继电缆、交换机、供电设备等；或故障定位到单站后，用于排除单站内单板的问题。如某站光板有告警，怀疑收发光纤接反，则可将收、发两根光纤互换。若互换后，光板告警消失，就说明确实光纤接反。

如支路板某个 2 M 有“CV 性能超值”或者“2 M 信号丢失”的告警，怀疑是交换机或中继线的问题，则可与其他正常通道互换一下。若互换后告警发生了转移，则说明是外部中继电缆或交换机的问题，若互换后故障现象不变，则可能是传输的问题。

利用替换法还可以解决其他(如电源、接地)等问题。

替换法的优点在于方法简单，对维护人员要求不高，是比较实用的方法，但要求有一定数量和相应型号的备件。

5. 配置数据分析法

在某些特殊情况下，如外界环境的突然改变或误操作，均可能会导致设备的配置数据遭到破坏或改变，导致业务中断等故障的发生。此时，故障定位到网元单站后，可通过查询、分析设备当前的配置数据来进行确认；对于网管误操作，还可以通过查看网管的用户操作日志来进行确认。

显然，“配置数据分析法”也适用于故障定位到网元后对故障的进一步分析，可以查清真正的故障原因。但该方法定位故障的时间相对较长，且对维护人员的要求非常高。一般只有对设备非常熟悉且经验非常丰富的维护人员才能使用。

6. 更改配置法

更改配置法更改的配置内容可以包括时隙配置、板位配置、单板参数配置等。因此更改配置法适用于故障定位到单个站点后，排除由于配置错误导致的故障。更改配置法最典型的应用是排除指针问题。

例如：怀疑支路板的某些通道或某一块支路板有问题，可以更改时隙配置将业务下载到另外的通道或另一块支路板，若怀疑某个槽位有问题，可通过更改板位配置进行排除；若怀疑某一个 VC4 有问题可以将时隙调整到另一个 VC4。

在升级扩容改造中，若怀疑新的配置有错，可以重新下发原配置以定位是否是配置问题。

当通过更改时隙配置不能将故障确切地定位到是哪块单板的问题(线路板、交叉板、支路板还是后背板问题)时，需进一步通过替换法进行故障定位。因此该方法适用于没有备板的情况下，初步定位故障类型，并使用其他业务通道或板位暂时恢复业务。

应用更改配置法在定位指针调整问题时，可以通过更改时钟的抽取方向及时钟源进行定位。

由于更改配置法操作起来比较复杂，对维护人员的要求较高。因此，除了在没有备板的情况下用于临时恢复业务或用于定位指针调整问题，一般情况不推荐使用。此外在使用该方法前，应备份原有配置，同时对所进行的步骤予以详细记录，以便于故障定位。

相关知识

基站传输系统整体结构知识、硬件设备知识及故障处理知识是完成基站传输系统维护任务人员的必备知识。

一、认识基站传输系统设备

基站传输系统由连接 BSC 与 BTS 间的传输设备及线路组成。在所维护的基站机房中可以以 DDF 与 ODF 作为分界线，DDF 与 ODF 间的部分作为传输系统维护的目标。基站传输设备如图 1-19～图 1-23 所示。

二、基站传输设备结构与原理

移动基站传输设备主要使用 SDH 传输网元，设备结构如图 1-24 所示。图中各模块功能

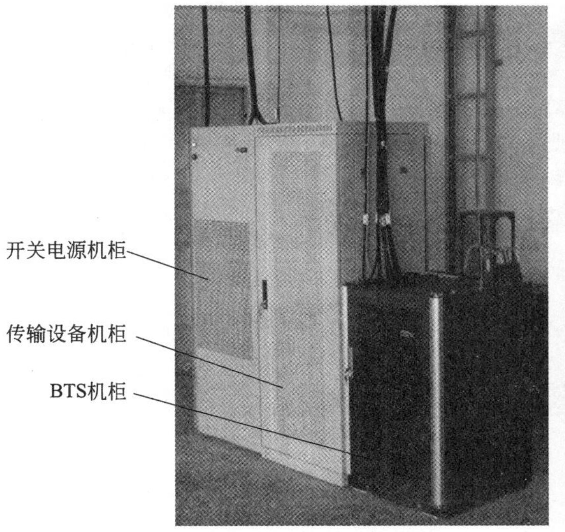

(a) 传输设备外观

(b) 传输设备机架

图 1-19 传输设备外观和机架

图 1-20 传输设备前面板(ZXMP S320)

图 1-21 传输设备后面板(OptiX 155/622H)

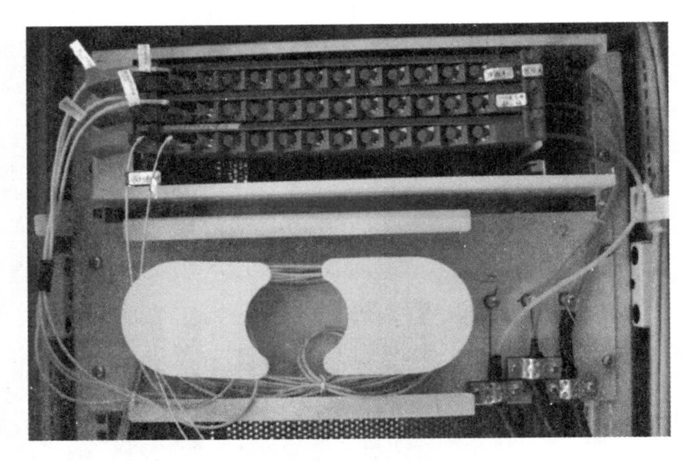

图 1-22 基站 ODF

图 1-23 基站 DDF

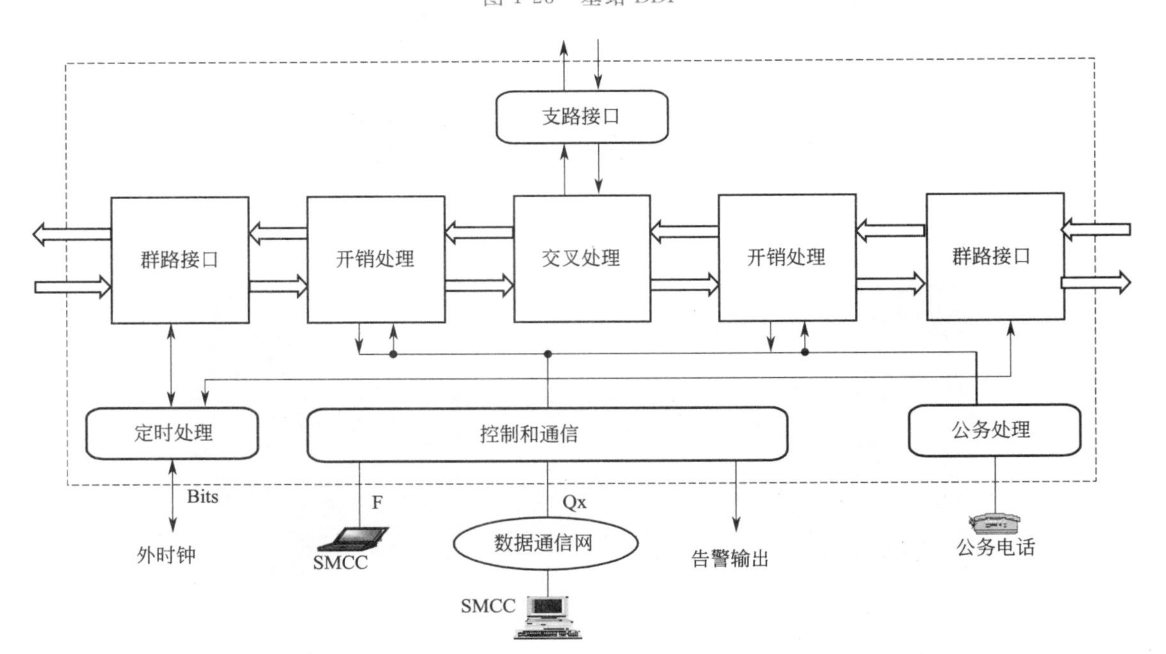

图 1-24 移动基站传输设备结构

如下所述：

1. E1电接口单元

E1支路电接口板支持ITU-T G.703中定义的E1异步映射方式，将E1异步映射进VC-12虚容器。提供75 Ω非平衡和120 Ω平衡两种接口，接口特性满足ITU-T G.703建议中的各项指标要求。

2. 线路单元

线路单元实现设备的线路接口，包括STM-1、STM-4、STM-16三种线路接口速率模块。线路单元完成接口的电光和光电转换、接收数据和时钟恢复、发送数据成帧及包括DCC(Data Communication Channel，数据通信通道)在内的SOH(Section Overhead，段开销)处理。

DCC是SDH帧开销的D1～D12字节，用于传输OAM(Operation Administration Maintenace，操作、管理、维护)功能的数据信息，即下发的命令、查询告警数据等。这样D1～D12字节提供了所有SDH网元都可接入的通用数据通信通路，作为ECC(Embeded Control Channel，嵌入式控制通路)的物理层，在网元之间传输操作、管理、维护信息，构成SDH管理网，即SMN(SDH Management Network)的传送通路。

3. 交叉单元

光传输设备具有强大的交叉连接功能，支持低阶通道的交叉连接，配置非常灵活。通过对交叉矩阵的配置，可以实现线路和线路，线路和支路，支路和支路之间的通道分配、保护倒换、支路环回等功能。这也使得光传输设备具有强大的组网能力，支持点到点、链形、环形、枢纽形、网孔形等各种网络拓扑。光传输设备以多种方式保证上述传输网络的可靠性和生存性，支持完备的路径保护。

4. 时钟单元

设备时钟单元的同步定时功能是完全参照ITU-T G.783、ITU-T G.813而实现的。设备一般都具有2 048 kHz或2 048 kbit/s的ITU-T G.703标准输入、输出接口，所有接口均能满足75 Ω连接应用。为了配合同步网建设，同步输出接口可以将任意线路定时直接导出，给网络节点时钟提供上游定时信息。设备的时钟单元具有3种工作模式：

跟踪模式：正常工作模式。网元可跟踪来自所有线路、支路及两路外定时源。

保持模式：丢失定时基准后，网元利用定时基准丢失前存储下来的频率信息作为其定时基准来工作。满足ITU-T G.813相关相位标准。

自由振荡模式：网元利用其内部晶体振荡器的固有频率进行工作。

5. 主控单元

设备主控单元的控制及通信功能有：与本网元内的各个单元进行信息交换，实现单元的数据配置，收集性能、告警数据；通过DCC通道与各个网元通信，从而实现对全网络的管理；提供标准网管接口。

6. 公务单元

参照ITU-T G.783建议，设备的公务单元提供：设备运行维护的公务电话；数据终端(RS-232C接口设备)的接入；对E1、E2、F2、K1、K2等开销字节进行处理，可与本地公务电话、F2字节进行交换处理，实现了对开销字节的提取和插入、交换和广播功能，支持点对点、点对多点的设备连接。

技能训练

为了更高质量地完成日常巡检和维护工作，维护人员应在以下方面做相应的技能训练：

1. 清理风扇防尘网

定期清洗风扇盒防尘网。条件较好的机房每月清洗一次,机房温度、防尘度不好的机房每两周清洗一次。

防尘网清洗方法:将风扇盒关电后,拉出防尘网,用干毛刷或干抹布除尘。在防尘网清理完毕并安装正常后,注意一定要打开风扇子架的电源。平时应使风扇处于打开状态(风扇子架的电源指示灯亮)。

2. 光功率测试

基站传输系统维护工作中的光功率测试,包括设备发送光功率和接收光功率的测试。测试工作应遵照以下 3 点:确定本次测试的测试点;将光功率计设置到合适的测试波长及计量单位;根据测试图连接设备及线路,完成测试并记录测试结果。

3. 光、电设备电源测试

使用万用表在设备电源模块接入处测试电压。

操作步骤:将万用表拨至“V100”挡位,先在电源头柜上测试电压,再在设备上电源模块接入处进行测试(两路输入均需进行测试)。

检查结果:设备标准电压为－48 V,允许范围在－38.4～－57.6 V。测试电压应在允许范围内。

4. 2 M线接头制作(如图 1-25 所示)

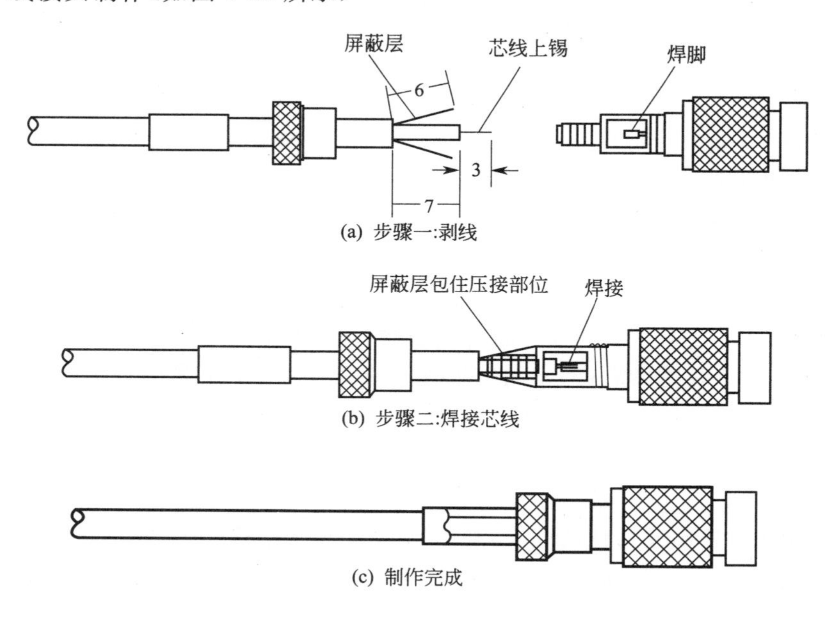

图 1-25　2 M线接头制作步骤

5. 单板拔插

单板拔出的正确方法:先完全拧松单板拉手条上下两端的锁定螺钉,然后向外扳动拉手条上的扳手至单板完全拔出。

单板插入的正确方法:插入单板时,先将单板的上下边沿对准子架的上下导槽,沿上下导槽慢慢推进,直至单板刚好嵌入母板。子架插头要对准单板插座,子架防误插导销对准单板的防误插导孔,然后再稍用力推单板的拉手条,直至单板基本插入。

若感觉到单板插入有阻碍时不要强行插单板,应调整单板位置后再试。观察到插头与插

座的位置完全配合时，再将拉手条的上下扳手向里扣，至单板完全插入，并旋紧锁定螺钉。

注意事项：

(1)任何时候接触单板都要戴防静电手套，不能用手触摸印刷电路板。

(2)一旦发生断针，应查看是否为地线针。若是地线针，可用尖嘴钳或镊子拔掉；若是信号针，则应尽量修复或换板位。

(3)注意单板的防潮、防静电，取出的单板应放入专用的防静电袋内。

(4)拔插单板应先确定是否允许带电拔插，不允许带电拔插的单板须先关闭设备电源后再完成拔插操作。

6. 光路(线路)、支路环回操作(如图1-26和图1-27所示)

软件环回：通过网管设置环回。

硬件环回：人工用尾纤、自环电缆对光口、电口进行环回操作。

内环回：执行环回后的信号流向本SDH网元内部。

外环回：执行环回后的信号流向本SDH网元外部。

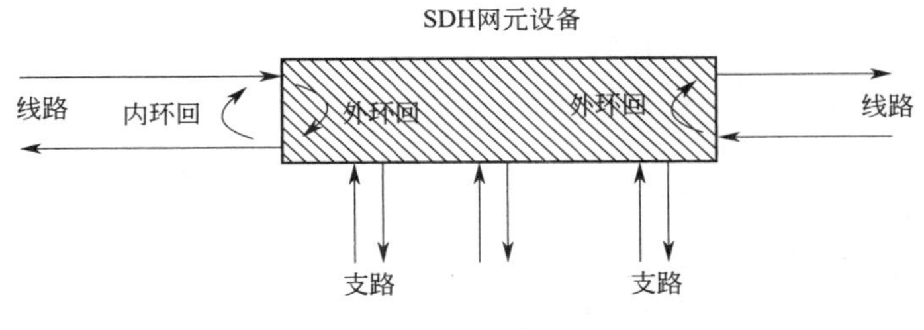

图1-26 线路环回

基站传输设备线路(光路)硬件环回操作，可在ODF架(光纤配线架)或设备光接口处完成。应注意信号流的方向符合文中对内、外环回的描述。

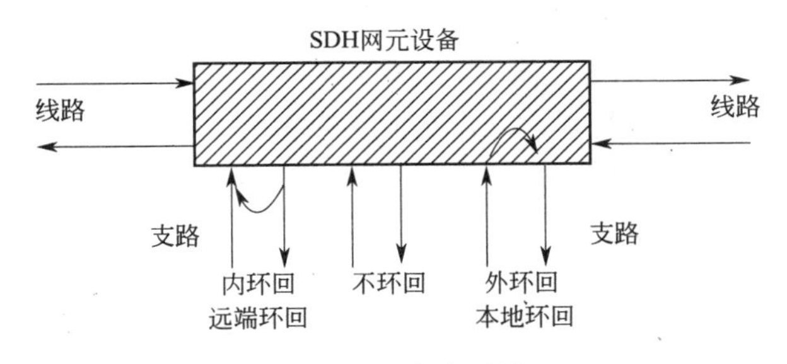

图1-27 支路环回

基站传输设备支路硬件环回操作，一般在DDF架(数字配线架)处完成。应注意信号流的方向符合文中对内、外环回的描述。

任务完成

本任务建议2～4人一组，进入移动基站机房现场，完成传输设备的日常巡检工作并填写维护日志。

在故障处理方面，教师可提供以下案例供学员分析，或按以下案例预设障碍，让学员在巡检中发现故障并进行处理。

典型故障处理案例有：

1. 环回法定位法兰盘故障引起线路误码的案例

(1)系统概述

某基站传输系统是由8个OptiX 155/622设备组成的622 M双向复用段环,ID号依次为1~8,1号站为中心站,该站另外还通过13槽位SL1光板带出9号站(也是OptiX 155/622设备),9号站又带出4个OptiX 155/622H设备,ID号依次为10~13,所有业务都开到1号站。

(2)故障现象

某日9~13号站话音质量变差,有时出现断线。1号站13槽位SL1有MS-REI告警,对端光板9号站的11槽位SL1上有B1-OVER、B2-OVER、B2-SD告警,10~13号站支路板有BIPSD告警。

(3)原因分析

从故障现象分析,应该是由于传输侧误码引起的。由于光路误码和支路误码同时存在,从业务路由可以看出支路误码是因为光路误码产生的,于是可以初步定位故障在1号站和9号站这一段光路上。从查询上来的告警可以看出,问题可能存在于1号站发9号站这一段光路,9号站发1号站这一段光路应该没问题。可能的原因有以下几点:

①1号站13槽位光板发送有问题。

②9号站11槽位光板接收有问题。

③线路问题。

为了进一步定位故障,可用环回法逐步定位故障,找出原因。具体步骤详见“处理过程”。

(4)处理过程

对1号站13槽位光板做内环回,“MS-REI”告警消失,表明1号站没问题。

对9号站11槽位光板做内环回,本站B1-OVER、B2-OVER、B2-SD告警消失、10~13号站支路板BIPSD告警也消失,于是可以确定是1号站到9号站的线路问题。

用光功测量1号站收光功率,正常,测量9号站收光功率,过低,可以判断线路误码是由收光功率过低引起的。

在9号站ODF上做本地环回,本站B1-OVER、B2-OVER、B2-SD告警不消失,测量收光功率,过低,于是定位为9号站ODF到设备光板侧的线路问题。

更换ODF到设备的这一段尾纤,问题依然存在,更换连接这一段尾纤的法兰盘,问题解决。

2. 温度过高产生误码的案例

(1)系统概述

某地基站传输系统采用华为OptiX 155/622 SDH光传输系统,组网方式为两纤单向通道保护环,如图1-28所示,业务分配为集中型,即各站均只与1号站有业务。

(2)故障现象

在设备运行中,1号站到3号站的部分业务出现异常,1号站与3号站的部分PD1板上报LP-REI告警,并有LPBBE、LPES性能事件,用误码仪测试告警通道有误码,2、4号站与1号站的业务正常。

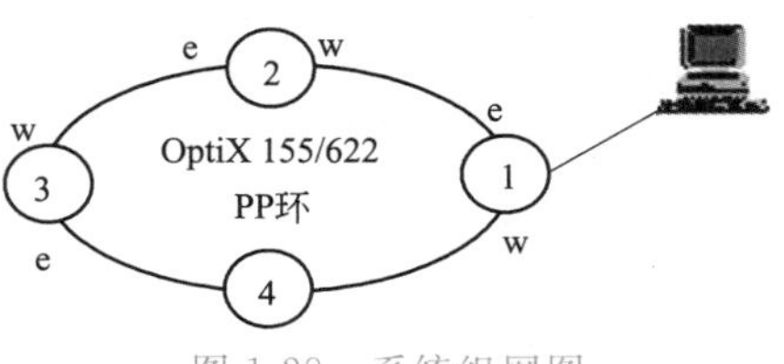

图1-28 系统组网图

(3)故障分析及排除

将3号站相应通道做远端环回,则1号站告警及性能事件依旧。

再将3号站东向光板做外环回,则1号站告警和性能事件均消失,基本排除了1号站和4号站故障的可能性。

将3号站西向光板做内环回，3号站的PD1板仍告警，由此可以基本定位故障出在3号站。

携备板赶往3号站，发现第2板位的PD1板有告警，而且单板温度很高，检查发现子架风扇的防尘网严重堵塞，清洗防尘网后，继续观察发现告警及性能事件消失，设备恢复正常。

本次故障的原因是3号站机房环境较差，而且维护人员对风扇的清洗不及时导致子架温度过高，使支路板性能劣化，从而产生误码。

(4)结论和建议

对于温度问题我们一定要重视，日常维护中要经常清洗风扇并定期从网管上查看设备环境温度，PUM板的温度告警门限设置要在0～40℃，这样设备温度过高网管会上报告警，从而及时采取降温措施。

评　价

本任务的巡检和故障处理完成后，可采用自我评价和教师考核方式对掌握情况进行评估。

1. 基站传输系统维护评价

主要检查日常维护工作的项目和熟练程度(见表1-5)。

表1-5　日常维护操作评价表格

评价内容	自我评价	教师评价	其他评价
日常巡检项目			
指示灯观察			
收发光功率测试			
内外环回操作			
2 M接头制作			
合　计			

2. 综合能力评价

主要检查学员对基站传输系统维护相关配套知识的掌握情况(见表1-6)。

表1-6　日常维护配套能力表格

评价内容	自我评价	教师评价	其他评价
传输设备系统结构			
故障处理的思路与原则			
故障处理的综合技能运用			
测试仪器使用能力			
合　计			

教学策略讨论

本任务内容涉及两个方面：日常巡检、故障处理。教师可根据教学目标及学生已有知识调整教学策略。教学策略的选择可从教学顺序、教学方法两个方面考虑。

1. 教学内容的安排顺序

基站传输系统整体结构是日常巡检和故障处理的基础，应作为先期的准备知识予以补充。具体应注意BSC与BTS之间的传输系统整体结构知识和基站内设备、线路的结构知识。可以从信号流经的节点设备、线路、接口帮助学生厘清三者间的关系。

日常巡检部分相关内容可帮助学生先梳理出巡检的几个大类再细化出具体巡检项目。巡检大类可分为：机房环境及设备工作条件类，设备状态观察类。

故障处理部分相关内容应先帮助学生掌握故障处理的基本原则与思路后再进行具体案例的分析处理。另外，鉴于故障处理涉及的传输设备及网络的诸多原理，可对必需的理论在运用时做针对性补充。

2. 教学方法策略

日常巡检部分的教学目标为掌握日常巡检项目，包含巡检内容及巡检操作两个方面。巡检内容可采用模拟教学法、分组讨论、现场操作等方法。

故障处理部分的教学目标为能定位并排除故障。应综合运用理论讲授、模拟教学、分组讨论等方法，请将论讨记录于下：

(1)讨论记录：____

____

____

____

(2)讨论心得记录：____

____

____

____

____

任务3 基站动力系统日常维护

任务描述

小王是A市某县移动分公司聘用为移动基站的动力维护人员，小王的主要工作就是负责移动基站动力系统的维护，主要内容包括移动基站的配电箱、高频开关电源系统、蓄电池组、空调及基站接地和防雷系统的维护。根据《通信电源、空调维护规程》的规定，小王已经按照要求对移动基站的高频开关电源系统、蓄电池组、空调及基站接地和防雷系统的进行了维护(具体维护方法请参考“项目4 通信动力系统维护”的相关内容)，现在小王的主要任务是对移动基站的配电箱进行维护。

任务分析

移动基站设备种类少、功率小，所以移动基站多数直接引入220/380 V的低压交流，通过配电箱将220/380 V的低压交流送到高频开关电源系统，由高频开关电源系统转换为－48 V或＋24 V直流对通信设备供电，而移动基站的空调等交流负荷则由配电箱直接供电。移动基

站电源系统方框图如图 1-29 所示。

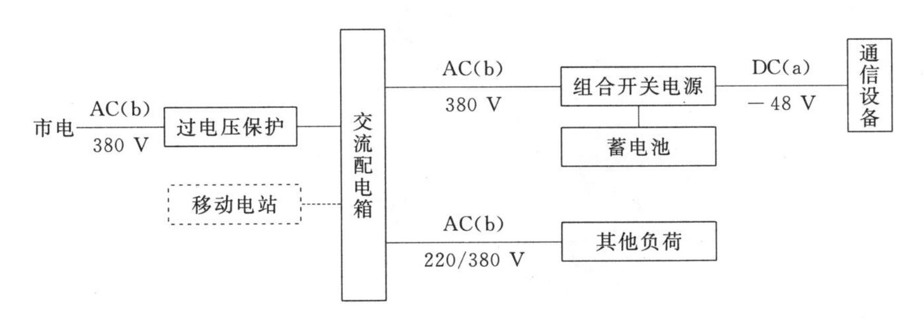

图 1-29 移动基站电源系统方框图

小王的主要任务就是对移动基站的配电箱进行检查、测试等维护。维护人员佩戴电工操作证，来到移动基站后穿戴好已经检验过的低压防护用具(绝缘鞋、手套等)就开始着手完成对交流配电箱的维护工作，具体的工作过程如下：

(1)检查交流配电箱面板指示灯是否正常。

(2)用数字万用表测量配电箱输入交流电压，同时用钳形电流表测量输入交流电流，并和配电箱面板仪表显示值核对，判断显示是否准确。

(3)用数字万用表测量配电箱内部零线对地线电压，该电压值应不大于 5 V，否则查明原因。

(4)用改刀或扳手检查配电箱内各导线连接处是否松动，如果松动，则将其拧紧。

(5)检查配电箱内各开关状态是否正常，否则将异常开关恢复正常。

(6)检查配电箱内部防雷单元状态及防雷空气开关状态是否正常。

(7)清洁配电箱。先用压缩空气进行吹污、吹尘，然后用干的干净抹布擦拭。

(8)室内、外接地设施的巡检。

(9)对室内、外接地装置(包括接地汇集线、馈线接地排、接地线、接地引入线、雷电流专用引下线、接闪器等)进行巡检，观察是否有脱焊、锈蚀等异常情况，用扳手检查各连接处是否松动。如果发现脱焊、松动、严重锈蚀等情况应及时进行修复性处理。

(10)工频接地电阻测试。对基站工频接地电阻进行测试，对测试时的天气情况、使用仪表和有关测试状况应做详细的记录，当接地电阻值与往年相比出现大幅度变化时，应查找原因。

(11)浪涌保护器的例行检查。对浪涌保护器(包括设备本身配置的浪涌保护器)状态进行一次巡视，当发现浪涌保护器的状态显示窗口已显示失效时，应及时更换；对浪涌保护器系统(包括浪涌保护器、熔断器或空气开关及相关连接线、接地线等)进行全面检查，发现异常及时进行修复、处理。

相关知识

交流配电箱结构及各组成部分如图 1-30 所示。

技能训练

工频接地电阻的测试方法及步骤

接地电阻测试仪是测量接地电阻的常用仪表，也是电气安全检查与接地工程竣工验收不

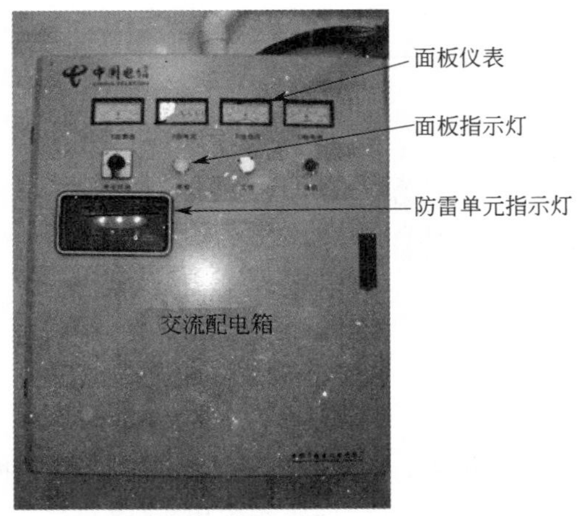

(a) 配电箱面板示意图

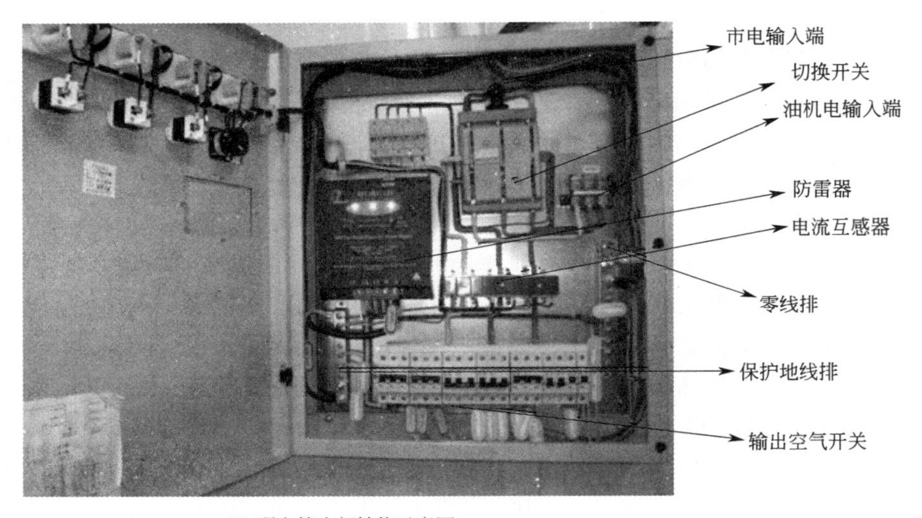

(b) 配电箱内部结构示意图

图 1-30　交流配电箱结构示意图

可缺少的工具，接地电阻测试仪有钳形接地电阻测试仪和手摇式接地电阻测试仪之分，用手摇式接地电阻测试仪测试工频接地电阻的方法、步骤及使用注意事项介绍如下：

1. 机械调零和短路试验

手摇式接地电阻测试仪有三个接线端子和四个接线端子两种，它的附件包括两支接地探测针、三条导线（其中 5 m 长的用于接地板、20 m 长的用于电位探测针、40 m 长的用于电流探测针）。

测试时，水平放置仪表后，做测量前机械调零和短路试验。将接线端子全部短路，慢摇摇把，调整测量标度盘，使指针返回零位，这时指针盘零线、表盘零线大体重合，则说明仪表是好的。

2. 接　　线

参考图 1-31 所示连接好的测量线。

3. 摇测方法

（1）选择合适的倍率。

(2)以 120 r/min 的速度均匀地摇动仪表把，同时旋转刻度盘，使指针指向表盘零位。

(3)读数，接地电阻值为刻度盘读数乘以倍率。

4. 使用接地电阻测试仪的注意事项

(1)两人操作。

(2)被测量电阻与辅助接地极三点所成直线不得与金属管道或邻近的架空线路平行。

(3)测量时被测接地极应与设备断开。

(4)接地电阻测试仪不允许做开路试验。

(5)禁止在有雷电或被测物带电时进行测量。

(6)仪表携带、使用时须小心轻放，避免剧烈震动。

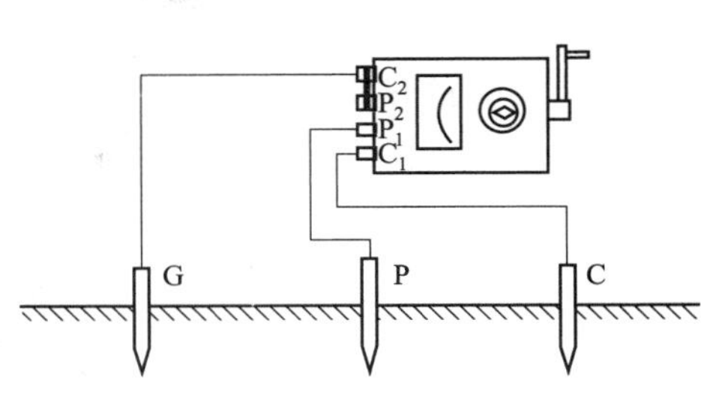

图 1-31　测量接地电阻的连线示意图

任务完成

本任务由单人操作或两人组队完成，进入移动基站机房现场或实训室完成移动基站动力系统日常巡检工作，并完成巡检日志。

评　　价

通过对表 1-7 和表 1-8 中评分表的各项内容的考核，综合学生学习讨论过程中的表现，评定出学生的成绩。

表 1-7　任务完成质量评价体系

评价内容	自我评价	教师评价	其他评价
能否按流程规范完成巡检规定项目			
是否掌握用万用表测试配电箱内部电压的方法			
是否掌握工频接地电阻的测试方法			
其他			
合　计			

表 1-8　项目指标评价体系

项目指标 / 成员	过程考核(50%)			成果考核(20%)		教师考核(30%)		
	工作计划提交(10%)	仪器仪表使用规范(20%)	操作熟练程度(20%)	项目完成情况(15%)	技术报告(5%)	成果讲解能力(10%)	小组协作能力(10%)	创新能力(10%)

教学策略讨论

(1)根据通信行业《通信电源、空调维护规程》规定，应该定期对移动基站动力设备进行维护，维护过程中应该注意哪些问题？

(2)对配电箱的维护培训，应该采用哪种教学方法效果会更好？

(3)如何组织接地电阻测量教学活动？

请将讨论记录于下：

(1)讨论记录：

(2)讨论记录：

(3)讨论记录：

(4)讨论心得记录：

任务4 天馈系统维护

任务描述

通信运营商、通信服务商、代维商等公司对移动基站天馈系统维护岗位的技能要求一般包括天馈系统的安装、固定、防水处理、机械参数调整、指标测量、故障排除等，能够完成日常维护、巡检、维护随工、告警/故障处理、问题整改、优化等工作。

本任务中，通过对移动基站天馈系统维护的学习，学员应该掌握移动基站天馈系统维护方法、步骤、注意事项等；天线维护的主要项目、天线安装参数的测量方法；馈管(线)维护的主要项目、馈管主要物理及电气参数的测量方法；天馈维护中应该注意的事项。

任务分析

天馈维护和巡检主要要求：天线外观、天线前方是否有阻挡物、天线紧固件、天线安装参数、天线和馈管连接、馈管外观、馈管布线、馈管封洞板及馈管接地的检查。

大部分检查项目可以目视检查，天线安装参数需要用罗盘、倾角测量仪测量，天线、馈管电性能需要使用 Site Master 等专用仪器测量。

各项检查的具体检查内容介绍如下：

1. 天线外观检查

检查天线外观是否有变形、破损、进水等异常现象，是否清洁、完好。

2. 天线前方是否有阻挡物检查

如果天馈系统积有大量灰尘、污物，阴雨天气会吸收水分，成为导体，反射信号，影响天线方向图，降低灵敏度，甚至造成驻波告警。因此天馈系统需要定期清洁除尘，如有破损、变形，需要报告相关部门。

3. 天线紧固件检查

检查抱杆、抱箍是否有松动、锈蚀。西北和沿海地区风大更需要注意。

4. 天线安装参数检查

检查天线水平、垂直间距是否符合设计文件要求；全向天线垂直度；天线方位角、下倾角是否正确；同一小区两副天线方位角、下倾角是否一致。由于受风和外力影响，天线的方位角、下倾角有可能发生变化，如果不正确，需要进行调整。天线方位角的允许偏差为±5°，天线俯仰角允许偏差为±0.5°，全向天线水平间距必须大于4 m。

方位角用罗盘测量，下倾角用倾角测量仪，或罗盘上的测角器测量。

5. 天线和馈管连接检查

对天线与跳线连接处射频插头、插座、跳线与主馈管连接头进行防渗水、防老化、防松动检查。风吹日晒可能导致跳线受力松动、防水胶带老化、渗水等情况。小跳线距接头10 cm处应保持笔直；小跳线在支架横档的固定不宜太紧，要留有一定的活动余量。

6. 馈管外观检查

检查馈管是否受损、变形，转弯处是否大于馈管要求的弯曲半径，如果受损或变形，需要测试电压驻波比来确定对性能的影响，以便决定是否更换。

各接头处防水胶带有无老化、开裂，防水胶泥有无漏胶、渗水现象。如存在异常情况，需重新包扎的，一定要把旧的胶泥、胶带去除干净再进行包扎。

7. 馈管布线检查

检查馈管两端标识是否完好，是否正确；天线、馈管、载频连接是否一致。

检查馈管卡子是否完好，有无松动，馈管走线要求每隔0.8 m固定一处。在检查过程中，若发现用其他方式固定的(扎带、铁丝、绳子等)，要上报、整改。

检查走线转弯处是否大于馈管要求的弯曲半径，常用馈管的弯曲半径见表1-9。

表1-9　常用馈管的弯曲半径

馈管种类	最小曲率半径(重复弯曲)(mm)	最小曲率半径(单次弯曲)(mm)
1/2英寸	200	100
7/8英寸	360	120

注：1英寸=25.4 mm。

检查避水弯是否能保证雨水不流向馈窗，避水湾底部比入室口的水平高度至少要低10 cm。

8. 馈管封洞板检查

检查封洞板是否密封良好，防止刮风下雨时有雨水渗入或者异物进入机房。封洞板必须安装在高于机房处馈管接地铜排1 m以上。

9. 馈管接地检查

馈管的接地一般要求首、尾、中间三点接地。馈管接地必须保证一点一孔连接，不能复接，以免雷击时雷电形成回流击毁设备。

相关知识

基站天馈系统分为天线和馈线系统。天线本身性能直接影响整个天馈系统性能并起着决

定性作用;馈线系统在安装时匹配好坏,直接影响天线性能的发挥。

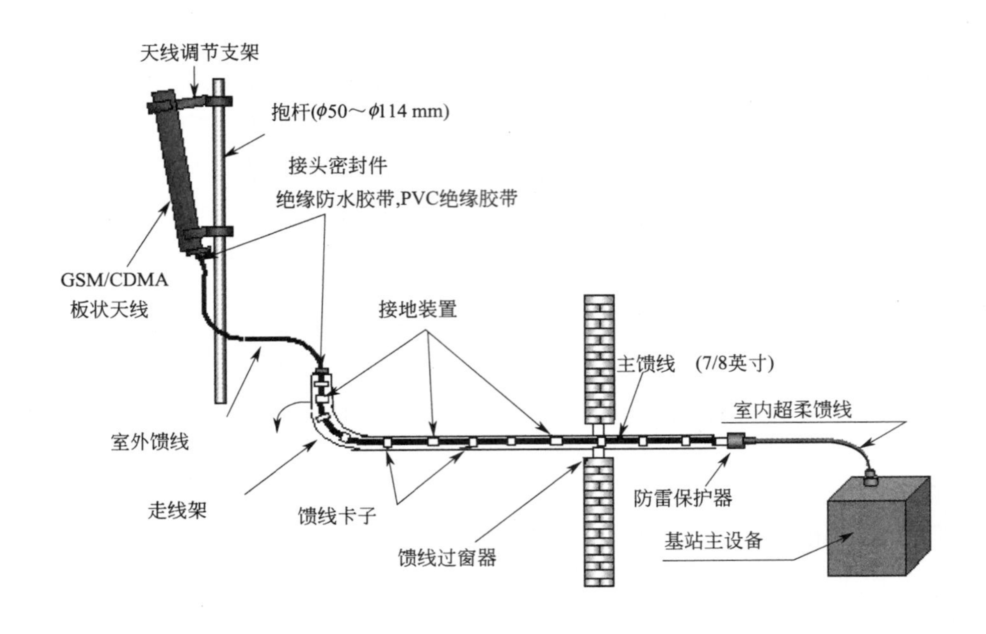

图 1-32 基站天馈系统组成

基站天馈系统示意图如图 1-32 所示,其组成主要包括以下几部分:

天线,用于接收和发送无线信号,常见的有单极化天线、双极化天线和全向天线,外部天线如图 1-33 所示。

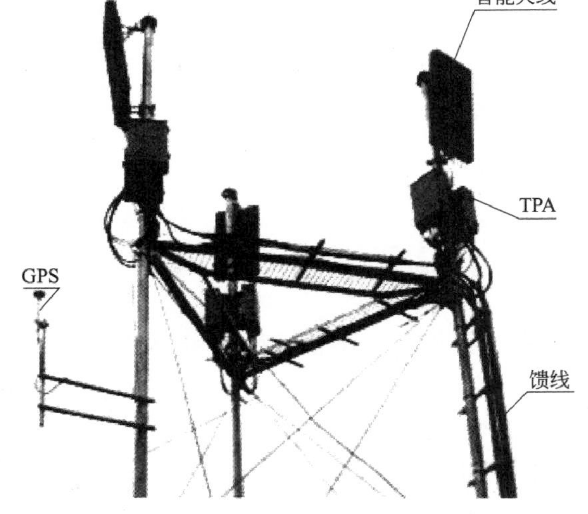

图 1-33 外部天线

TPA(Tower Power Amplifier,塔顶功率放大器),一般都用于微蜂窝作大面积覆盖。

室外跳线,用于天线与 7/8 英寸主馈线之间的连接,常用的跳线采用 1/2 英寸馈线,长度一般为 3 m。

主馈线,目前用于移动基站的馈线主要有 7/8 英寸馈线、5/4 英寸馈线、15/8 英寸馈线。

接头密封件,用于室外跳线两端接头(与天线和主馈线相接)的密封,常用的材料有绝缘防水胶带(3M2228)和 PVC 绝缘胶带(3M33＋)。

室内超柔跳线,用于主馈线(经避雷器)与基站主设备之间的连接,常用的跳线采用 1/2 英寸超柔馈线,长度一般为 2～3 m。

避雷器,主要用于防雷和泄流。当远处落雷产生的过电压沿馈线入侵时,避雷器可将这种过电压脉冲波分流入地,化解雷电流的危害。

其他配件,主要有接地装置(7/8 英寸馈线接地件)、7/8 英寸馈线卡子、走线架、馈线过窗器、防雷保护器(避雷器)、各种尼龙扎带等。

技能训练

为了更高质量地完成工作,需在以下方面做相应的技能训练。

1. 天馈系统安装操作技能

馈管的切割,以及射频插头、插座与馈管的接头制作技能。

假定馈管采用7/8英寸发泡聚四氟乙烯填充的50 Ω同轴馈管,例如安德鲁LDF5-50A,连接器采用DIN female。把馈管一端约150 mm拉直,用工具剥掉大约50 mm的外皮,如图1-34(a)所示,把馈管末端放入专用切割工具槽口内,第一个波纹对准专用工具的定位突起,如图1-34(b)所示。

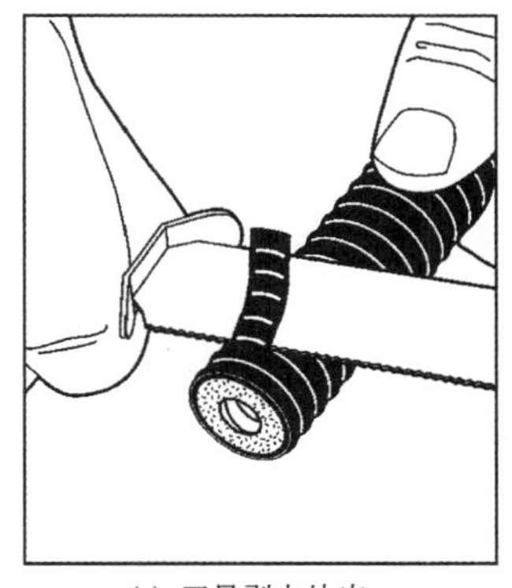

(a) 刀具剥去外皮

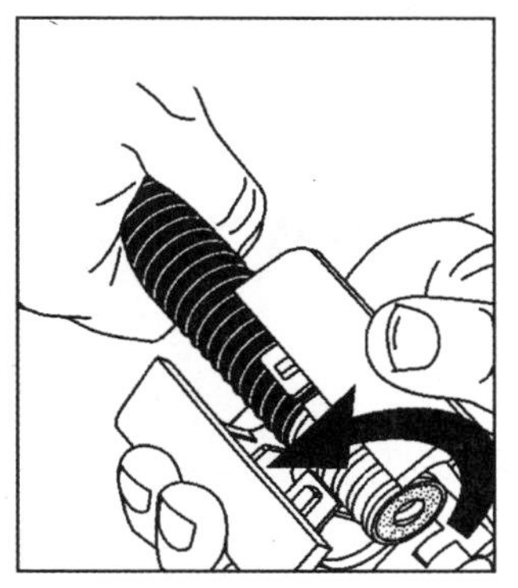

(b) 切割工具槽内装入馈管末端

图1-34 剥除馈管外皮

轻轻合上切割工具,反时针(从馈管末端看)旋转3或4圈,切割外导体,再压紧继续旋转,直到把末端切掉位置如图1-35所示。注意整个过程要握紧工具,并且动作连续,避免切割不均匀、位置滑动。

剥除外保护皮,如图1-36所示。图中RPC型馈线接插件应剥除外保护皮25 mm,STD型馈线接插件应剥除外保护皮43 mm。其中,"1-11/16"表示一又十六分之一,即约为43 mm。

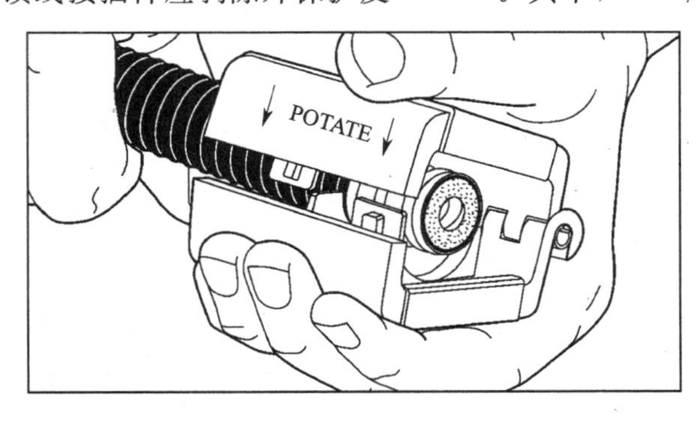

图1-35 切割馈管

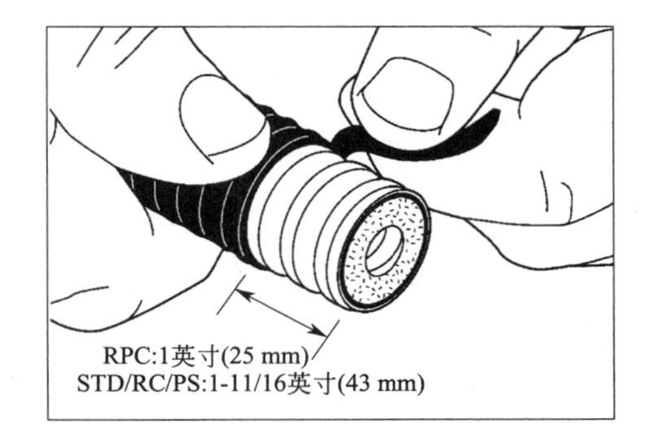

图1-36 剥除外皮

把防水硅胶垫圈套到紧靠有外皮的波纹凹陷处,并涂润滑脂。用刀具去除内外导体的毛刺,并用刷子把铜屑清理干净,如图1-37所示。

把接插件的紧固螺母套在馈管上,再将弹簧圈套到波纹凹陷处,如图1-38所示。

用工具扩口或刀尖把馈管外导体和发泡材料分离、扩口,并用刷子把铜屑清理干净,如图1-39和图1-40所示。

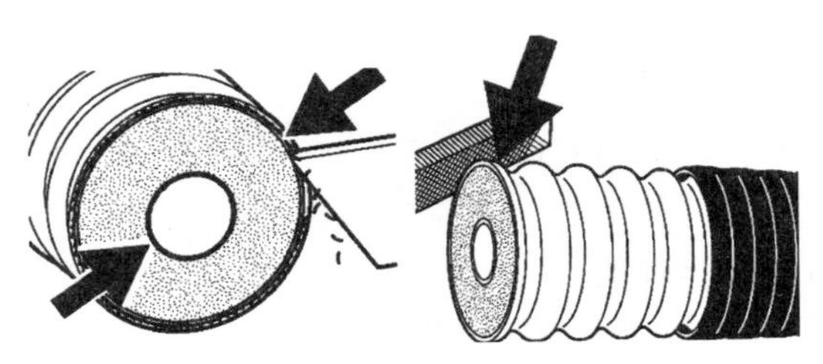

图 1-37　去除毛刺

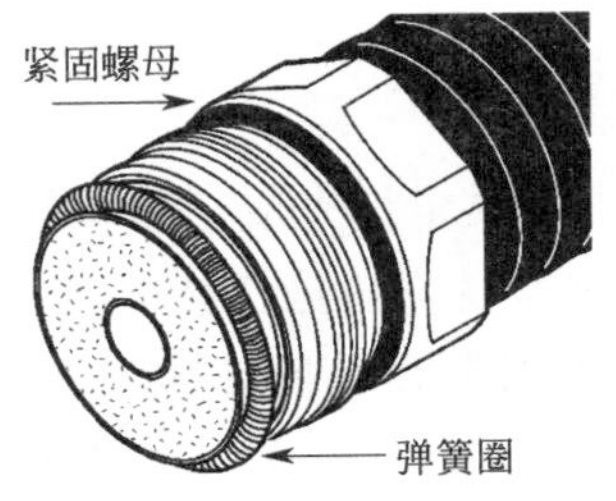

图 1-38　紧固螺母和弹簧圈

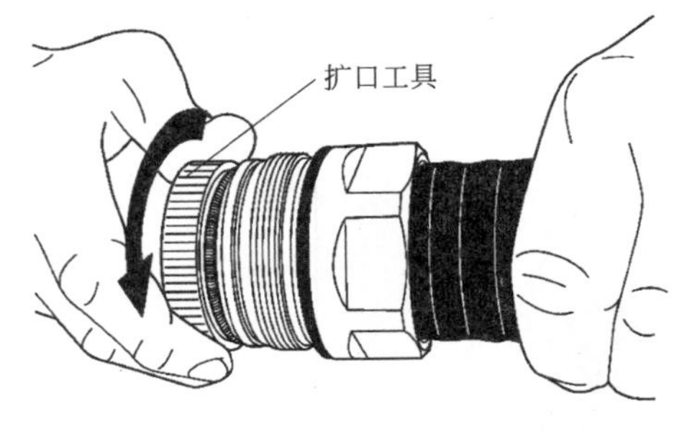

图 1-39　扩口工具扩口

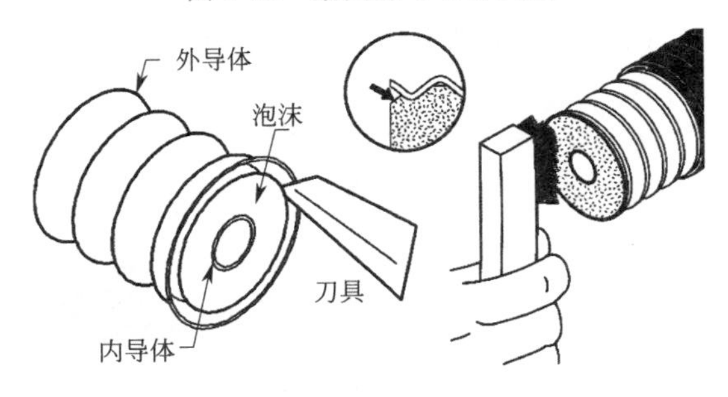

图 1-40　刀具扩口和清理铜屑

将接插件芯线对准内导体，装上接插件，如图 1-41 所示。

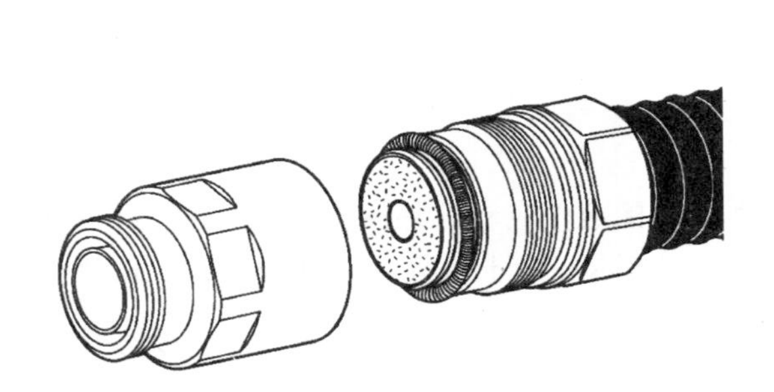

图 1-41　安装接插件

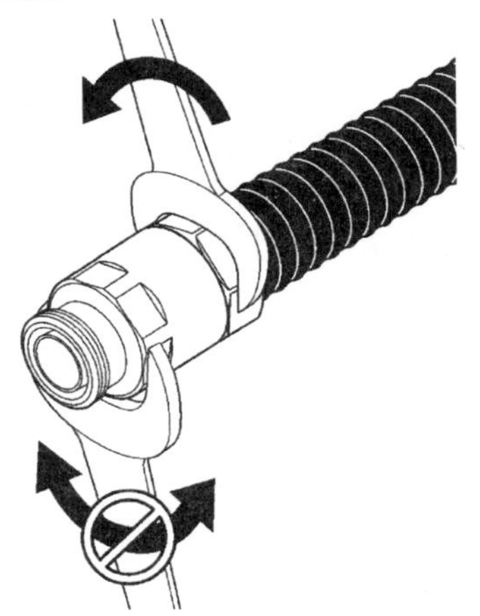

图 1-42　紧固接插件

把接插件紧固螺母拧到接插件上，按照接插件说明手册规定的力矩用扳手拧紧紧固螺母，应当保持接插件不动，只旋转紧固螺母，如图 1-42 所示。

2. 天馈防水密封技能(防水胶带的正确使用)

室外所有天馈接头处必须做防水密封处理，例如接头处、馈管接地卡处。此处以接头处为例：

接头用扳手紧固，如图 1-43 所示。

图 1-43　紧固连接器

清洁外表面，用窄防水胶带(塑料胶带)由下向上缠绕将接头处全部包裹，缠绕时每圈之间重叠 50%，缠三层，然后用手压紧、抚平胶带，如图 1-44 所示。

再缠一层防水胶泥(橡胶胶带)，如图 1-45 所示。先

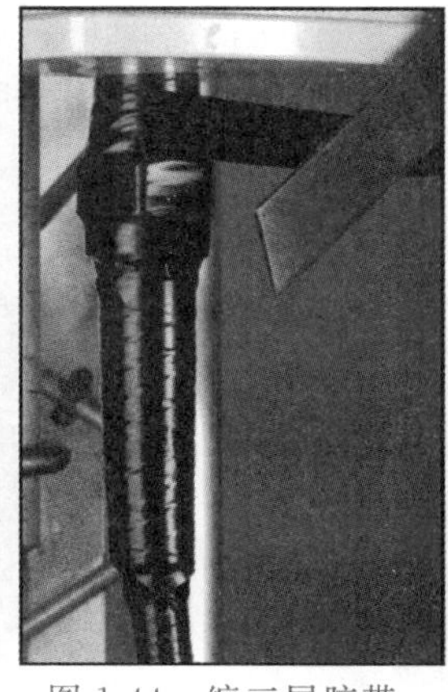

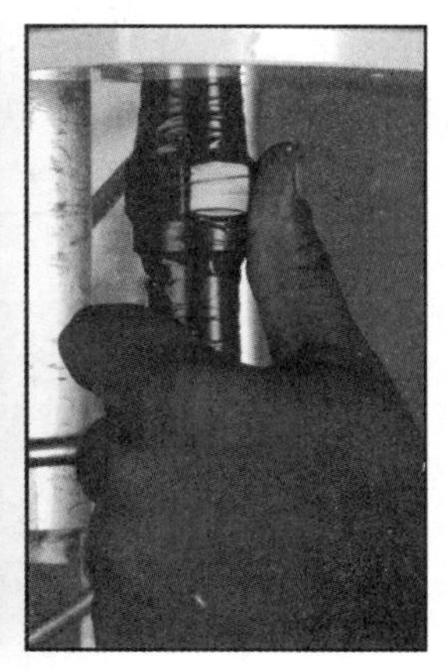

图 1-44　缠三层胶带

展开胶带，剥去离型纸，拉伸胶带至宽度为原来的 1/2～3/4，以一定的拉伸强度用重叠的方式包扎，最后几圈的时候不要拉太紧以利于黏结，用手挤压以便使层间结合紧密、无缝隙，此次应比上步骤所缠胶带两端超出 25 mm。

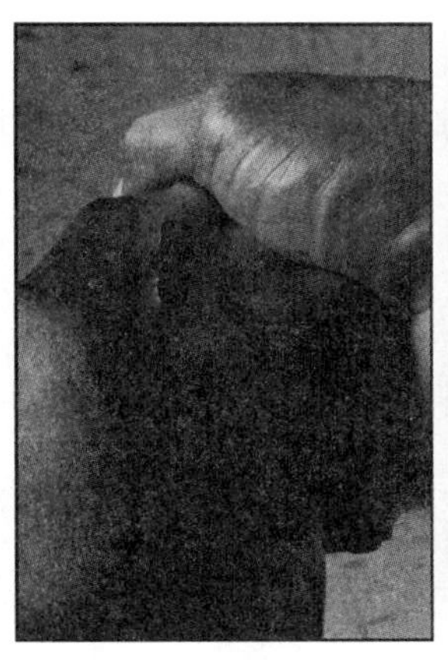

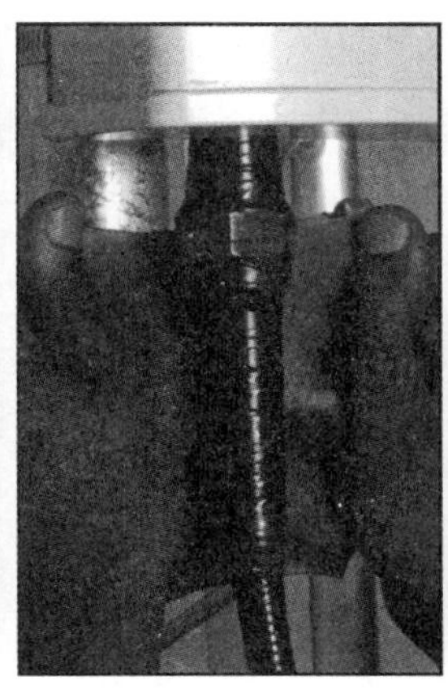

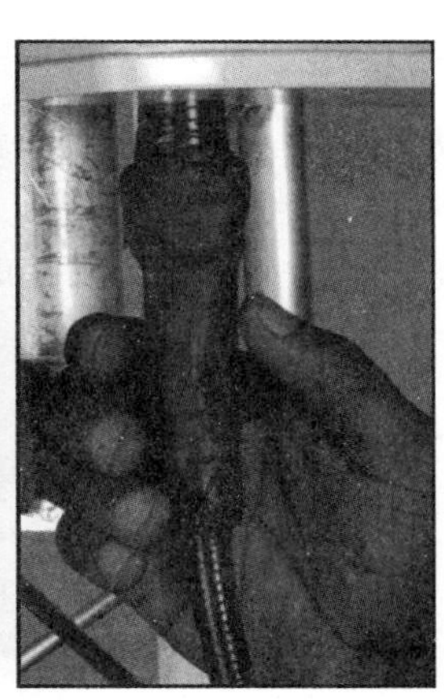

图 1-45　防水胶泥

用防水宽胶带（塑料胶带）由下向上缠，每圈之间重叠 50％，缠两层，两端要超出上步骤中防水胶泥 25 mm，然后用手压紧、抚平胶带如图 1-46 所示。

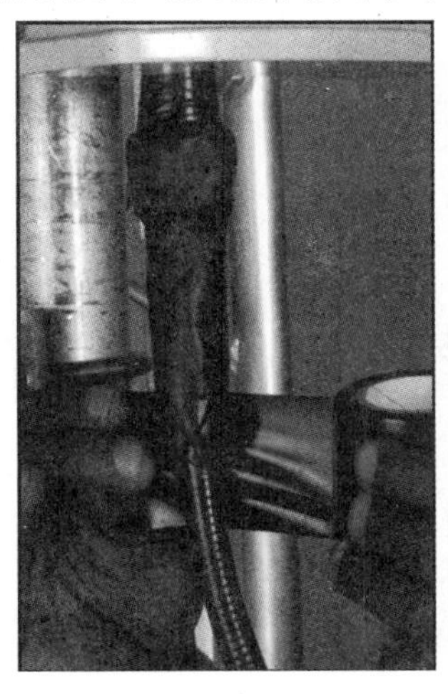

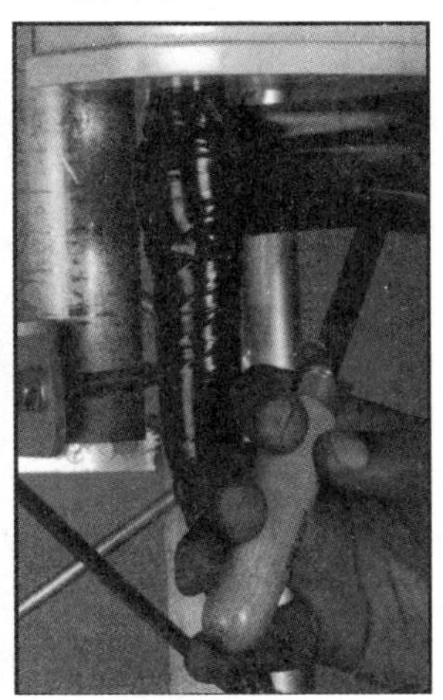

图 1-46　用宽胶带缠好

用窄防水胶带(塑料胶带)由下向上缠,每圈之间重叠50%,缠三层,两端要超出上步骤中防水胶带25 mm,然后用手压紧、抚平胶带过程如图1-47所示。

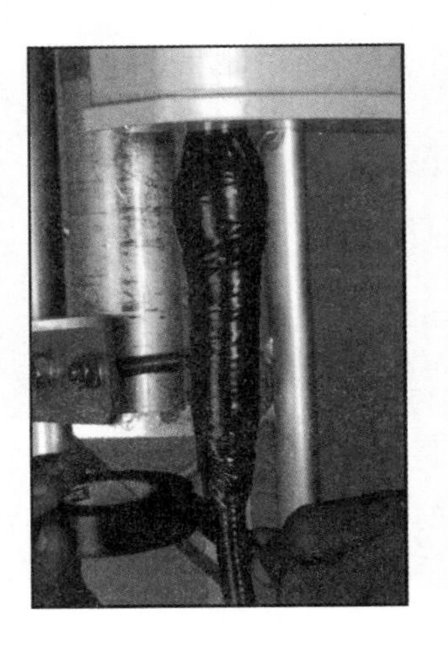

图1-47 最后缠三层窄胶带

注意:为避免雨水顺胶带缝隙渗入,胶带要由下向上缠。此外,还应注意馈管避水弯的作用及馈管最小弯曲半径的要求。

3. 天线的安装,俯仰角、方位角的调节

以图1-48所示天线为例,天线安装,俯仰角、方位角调节的步骤如下所述:

打开包装箱,按照天线安装说明书上的列表清点部件是否齐全。

将顶部安装组件安装到天线顶部安装板上,如图1-49所示。

将底部安装组件安装到天线底部安装板上,先不要拧紧,如图1-50所示。

用绳索系于顶部安装支架上,将天线吊到铁塔平台上,注意确保天线处于垂直状态。为避免碰撞,控制天线姿态,可用另一绳索系于底部安装支架上,由地面人员牵引控制。

将天线下倾支架完全收起,处于0°位置,将天线安装到抱杆上,调整紧固件,以保证天线安装竖直,用倾角测量仪测天线背面、侧面均须为0°,以确保天线安装竖直,没有歪斜。如图1-51所示。

由地面人员用罗盘测量方位角,按照设计文件调节天线方位角,正北方向为0°,角度为顺时针方向与正北方向的夹角。

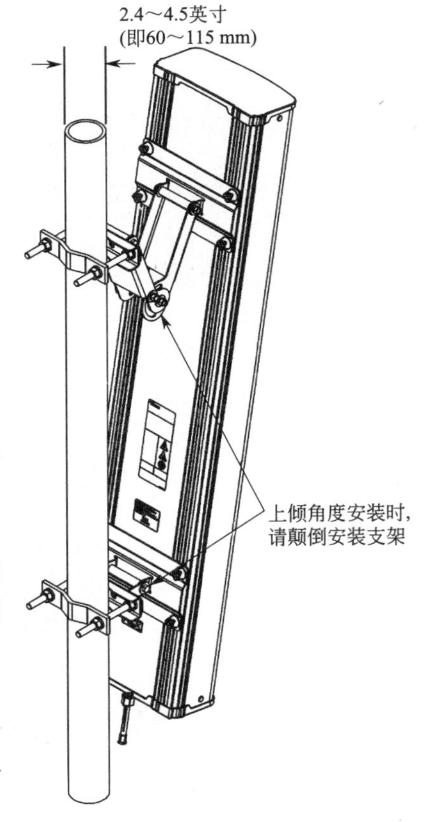

图1-48 天线外观图

用倾角测量仪靠在天线背面平面测倾角,将天线倾角调整到设计文件要求的角度,天线倾角的调节如图1-52所示。

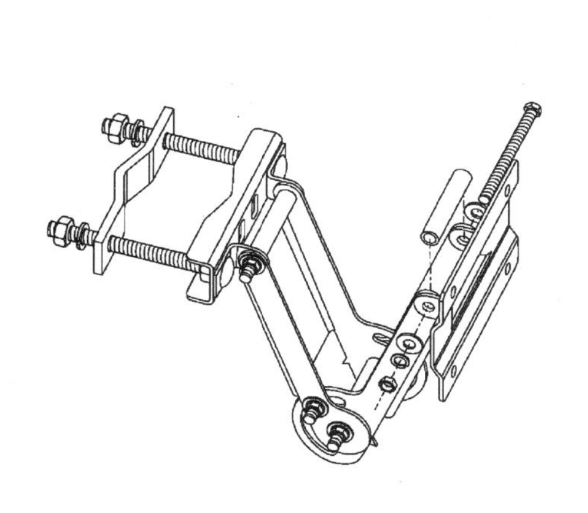

图 1-49　顶部安装组件

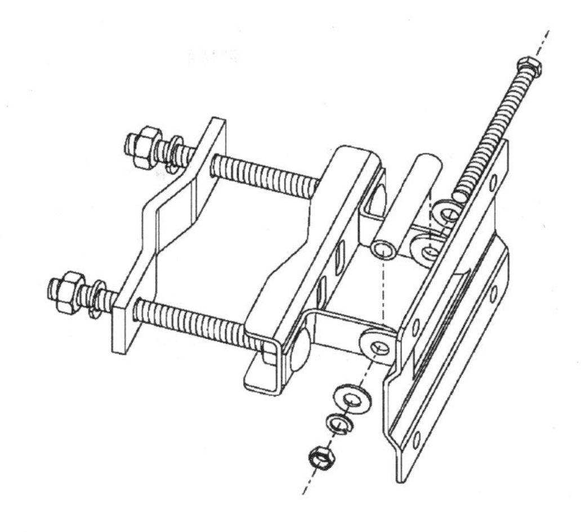

图 1-50　底部安装组件

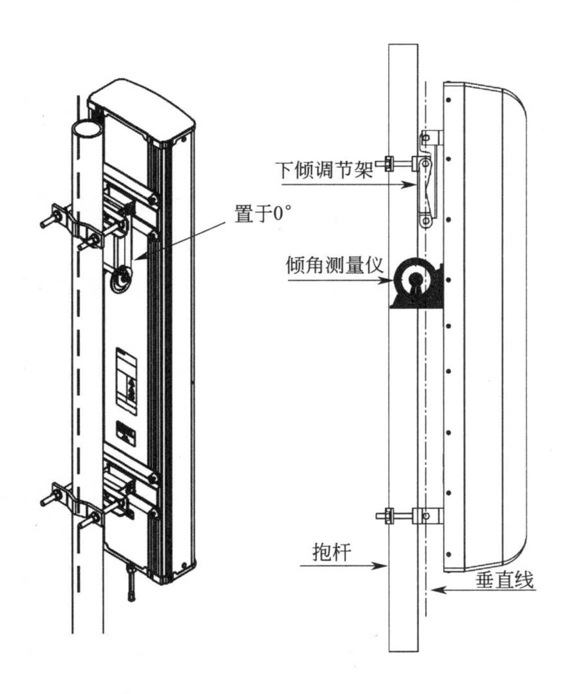

图 1-51　天线安装

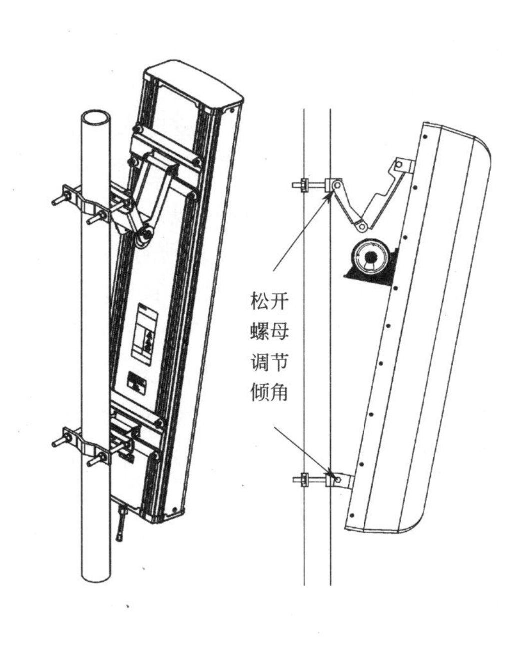

图 1-52　天线倾角调节

按照天线说明书上要求的力矩，用扳手紧固所有螺钉。

任务完成

天馈系统维护工作应遵循《基站维护安全规范》。以《通信维护企业移动通信基站维护规程》为指导，严格按照《天线安装维护技术规范》、《馈线走线技术规范》、《馈线接头制作技术规范》的要求进行维护。

天馈系统维护任务的具体步骤为：

(1)准备工作。召开工前会，明确具体任务和分工。出发前，检查维护基站机房钥匙是否带上；准备好维护测试记录本或维护测试记录表；检查天馈维护常用工具、仪器是否带上，如：天馈线测量仪（Site Master）、罗盘、倾角测量仪、防水胶带、扳手、斜口钳、扎带等。

(2)核对基站名称、位置(可用 GPS 测量位置)。

(3)如需进入基站机房，需要和监控机房联系，并严格地填写基站进出登记。

(4)按照维护测试记录表的要求，依次实施各维护项目并做记录。

(5)对天线外观进行检查。检查天线外观是否有变形、破损、进水等异常现象，是否清洁、完好；检查天线前方是否有阻挡物。

(6)天线紧固件检查。检查抱杆、抱箍是否有松动、锈蚀。

(7)天线安装参数检查。检查天线水平、垂直间距是否符合设计文件要求；检查全向天线垂直度；检查天线方位角、下倾角是否正确；检查同一小区两副天线方位角、下倾角是否一致，如果不一致，需要进行调整。天线方位角的允许偏差为±5°，天线俯仰角允许偏差为±0.5°。

(8)天线和馈管连接检查。对天线与跳线连接处射频插头、插座、跳线与主馈管连接头进行防渗水、防老化、防松动检查。小跳线距接头 10 cm 处应保持笔直；小跳线在支架横档的固定不宜太紧，要留有一定的活动余量。

(9)馈管外观检查。检查馈管是否受损、变形；转弯处是否大于馈管要求的弯曲半径，如果受损或变形，需要测试电压驻波比来确定对性能的影响，以便决定是否更换。

(10)接头防水检查。各接头处防水胶带有无老化，开裂，防水胶泥有无漏胶、或渗水现象。如存在异常情况，需重新包扎的，一定要把旧的胶泥、胶带去除干净再进行包扎。

(11)馈管布线检查。检查馈管两端标识是否完好、一致，是否正确；天线、馈管、载频连接是否和设计文件一致；检查馈管卡子是否完好，是否有松动。

馈管走线要求每间隔 0.8 m 需用馈线卡固定。在检查过程中，若发现用其他方式固定的(扎带、铁丝、绳子等)，要上报、整改。

检查走线转弯处是否大于馈管要求的弯曲半径。

检查避水弯是否能保证雨水不流向馈窗，避水湾底部比入室口的水平高度至少要低 10 cm。

(12)馈管封洞板检查。检查封洞板是否密封良好，防止刮风下雨时有雨水渗入或者异物进入机房。封洞板必须安装在高于机房处馈管接地铜排 1 m 以上。

(13)馈管接地检查。馈管的接地一般要求首、尾、中间三点接地。接地必须保证一点一孔连接，不能复接，以免雷击时雷电形成回流击毁设备。

(14)天馈驻波检查。如果需要测量天馈驻波比，必须暂停基站相应载频的运行，且需要获得主管部门的批准和机房的配合。一般是从机顶跳线口测量驻波比。

(15)对所有维护项目进行记录，根据需要对不合要求的地方拍照，提出整改建议并作出维护报告。

注意：维护工作必须遵守基站维护安全规范；登高作业需要有登高证、上岗证，以及登高作业必须的安全措施和装备。登高作业必须注意安全，不得开玩笑、嬉戏。

评　价

通过对表 1-10 和表 1-11 中各项内容的考核，综合学生学习讨论过程中的表现，评定出学生的成绩。

表 1-10　任务完成质量评价表

评价内容	自我评价	教师评价	其他评价
能否完成巡检规定项目			
能否按照图纸、设计文件核对天馈各种安装参数			
能否发现天馈异常情况			
能否按照要求格式提交巡检报告			
其他			
合　计			

表 1-11　能力评价体系

评价内容		自我评价	教师评价	其他评价
知识	天馈系统的组成			
	馈管的安装步骤和注意事项			
	馈管卡子的安装和距离要求			
	馈管防水密封的方法			
	馈管接地的方法			
	馈管避水弯的作用			
	馈管最小弯曲半径要求			
	驻波比的概念			
专业能力	馈管安装			
	馈管防水密封			
	天线的安装			
	天线俯仰角的调整			
通用能力	组织能力			
	沟通能力			
	解决问题能力			
	自我管理能力			
	创新能力			
态度	维护过程是否遵守安全规范			
	是否认真观察及记录			
	是否爱惜仪器工具			
	是否耐心、细致			
合　计				

教学策略讨论

就表 1-12 所列的教学活动建议内容进行讨论。

表 1-12 教学讨论内容

学习任务及要求	掌握天线维护的主要项目，天线安装参数的测量方法；掌握馈管（线）维护的主要项目，馈管主要物理、电气参数的测量方法；天馈维护中应该注意的事项	
阶段	学生活动	教　　师
咨询、准备	3～4 名学生形成一个小组，小组同学结合相关课程内容进行学习，拟定维护计划、维护方案（要包含要求的各个维护项目），制作维护记录表。熟练地掌握天馈系统维护的方法、步骤、注意事项等	负责提出天馈运营维护中各个具体项目（根据当地运营商实际情况和实验室设备情况）；准备相关资料，同时，列出本项任务需要同学们掌握的重要专业知识点，并对必要的知识点进行必要的讲解
计划	学生根据老师布置的任务，准备相关知识的查找、学习，拟定维护方案、确定步骤和方法	检查学生维护方案和步骤是否合理有效；准备需要的仪器、设备；宣布天馈系统运营维护的规范和安全规范
实施	小组同学利用天馈实训室设备进行各项运营维护任务的操作。 各小组经过自主学习讨论后形成维护报告，写出操作步骤和相应项目的维护规范	组织学生实际操作、测试；各组互相参观和讨论，并在小组讨论过程中，随时准备解答学生一切可能的问题。同时，教师注意观察各小组的讨论情况，注意收集问题。 教师必须强调安全规范，高空作业人员需要有登高证、上岗证，以及登高作业必须的安全措施和装备
展示和评价	小组长或另外的成员陈述各组维护项目的内容和步骤，并出示维护报告；演示测试和维护过程；说明本组维护项目需要注意的地方	组织和主持展示过程，提问过程；及时对问题进行补充说明或引申

请将讨论记录于下：

（1）讨论记录：______________________________

____

（2）讨论心得记录：______________________________

____

任务 5　天馈系统故障排除

任务描述

通信运营商、通信服务商、代维商等公司对移动基站天馈系统维护岗位的技能要求一般包括天馈系统的安装、固定、防水处理、机械参数调整、指标测量、故障排除等，能够完成日常维护、巡检、维护随工、告警/故障处理、问题整改、优化等工作。

在本任务中，通过对移动基站天馈系统故障排除的学习，学员应该掌握移动基站天馈系统故障的检查方法、步骤、注意事项等。通过对移动基站天馈系统故障排除学习，掌握天线、馈管的常见故障排除方法，达到提高层级的技能要求。

任务分析

天馈系统监控、告警功能相对来说较少，一般常见故障告警有驻波比告警、功率告警等。天馈故障会导致发射功率下降、接收灵敏度变坏，甚至有时会导致基站载频损坏，天馈故障还将导致客户投诉网络覆盖效果差、有盲区、掉话，另外也影响话务统计多项指标导致 KPI 不达标。因此天馈故障必须重视，良好的日常维护会减少天馈故障概率，及时发现天馈故障。

一、天线常见故障

造成天线故障的常见原因介绍如下：

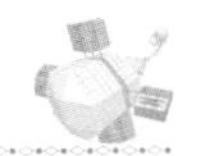

(1)雷电、水和风所造成的破坏。

(2)来自紫外线辐射的破坏。

(3)结冰和长期温度的循环变化所造成的破坏。

(4)大气污染所造成的腐蚀。

(5)由于环境条件使天线防护罩的介质特性发生变化，从而导致天线性能的变化。主要现象是驻波比增大，灵敏度降低。

二、馈管常见故障

造成馈管故障的常见原因介绍如下。

(1)由安装引起的故障，如接地夹过紧而导致外导体变形、接头连接不牢，有松动，电缆的内导体或外导体连接不良等。

(2)由外力作用造成馈管变形甚至破损。

(3)接头处防水处理不好，导致馈管锈蚀甚至进水。

(4)天馈连接错误，造成小区关系紊乱。

(5)馈管、跳线弯曲半径不够，造成变形、插损和驻波增加。

(6)天馈避雷器损坏，主要现象是驻波比增大。

三、采取措施

对于天线损坏的情况，一般需要更换天线。

对于馈管变形、破损轻微，电压驻波比不超标的情况，可以对破损处进行包扎，做防水处理，继续使用。

对于馈管变形、破损严重，电压驻波比大于1.5的情况，必须更换馈管。

对于馈管和射频插头、射频转接头连接处电压驻波比大于1.5的情况，可以重新安装接头处，更换损坏接插件。修复后，如果指标达标，可继续使用。

相关知识

移动通信天馈系统相关术语介绍如下：

1. 工作频段—Frequency Range

天线是有一定带宽的，虽然谐振频率是一个频率点，但是此频率点附近一定范围内天线的性能近似，这个范围就是带宽。

天线的带宽和天线的型式、结构、材料都有关系。一般来说，振子所用管、线越粗，带宽越宽；天线增益越高，带宽越窄。

2. 方向图—Pattern

用垂直平面和水平平面上表示不同方向辐射电磁波功率大小的曲线来表示天线的方向性。

3. 增益—Gain

天线增益是指天线将发射功率往某一指定方向集中辐射的能力。一般把天线的最大辐射方向上的场强与参考天线的场强相比，将功率密度增强的倍数定义为增益。

4. 输入阻抗—Input Impendance

天线可以看作是一个谐振回路，一个谐振回路当然有其阻抗。当天线的阻抗与馈线的阻抗一致时，能达到最佳效果。

5. 驻波比—VSWR

天线驻波比是表示馈线与天线匹配程度的指标。它的产生是由于入射波能量传输到天线输入端后未被全部辐射出去，产生反射波迭加而成的。

反射系数：$Gamma=(VSWR-1)/(VSWR+1)$；

电压驻波比：$VSWR=(1+Gamma)/(1-Gamma)$；

回波损耗：$RL=-20\lg Gamma$。

驻波比对系统传输的影响：一般要求天线的驻波比小于1.5，驻波比越小越好，但工程上没有必要追求过小的驻波比。1.4和1.5的驻波比，在反射系数上仅差3.3%，对RF功率辐射的影响差别较小。

6. 极化方式—Polarization

天线的极化就是指天线辐射时形成的电场强度方向。当电场强度方向垂直于地面时，此电波就称为垂直极化波；当电场强度方向平行于地面时，此电波就称为水平极化波。

7. 波束宽度—Beam Width

在主瓣最大辐射方向两侧，将辐射强度降低3 dB(功率密度降低一半)的两点间的夹角定义为波束宽度(又称波瓣宽度或主瓣宽度或半功率角)。波束宽度越窄，方向性越好，作用距离越远，抗干扰能力越强。

8. 下倾角—Down Tilt

机械下倾：物理向下倾斜天线。虽然采用这种技术也能使同频干扰降低，但由于采用物理下倾，波瓣会产生失真，严重时会在主辐射方向上出现凹陷失真，并且其调整倾角的精度较低。

电子下倾：通过改变共线阵天线振子的相位，垂直分量和水平分量的幅值大小，合成分量场强强度，从而使天线的垂直方向图下倾。由于天线各方向的场强强度同时增大和减小，保证在改变倾角后天线方向图变化不大，使主瓣方向覆盖距离缩短，同时又使整个方向图在服务小区扇区内减小覆盖面积但又不产生干扰。

技能训练

为了更高质量地完成工作，需在以下方面做相应的技能训练。

1. 驻波比测量的方法

用Site Master可以测量驻波比、馈管长度、天线隔离度等指标，其实物如图1-53所示。

第一步：选择测量指标，设置初始参数。

选择测试项目：选择主菜单中OPT选项，按【B1】和【UP/DOWN】键选择要测试的项目为“SWR”，按【ENTER】键确认，按【ESCAPE】键返回主菜单。

图1-53　Site Master

选择测量的频率范围：选择主菜单中“FREQ”，出现下级菜单。按【F1】，用数字键输入扫描起始频率，按【ENTER】键确认；按【F2】，用数字键输入扫描截止频率，按【ENTER】键确认；按【ESCAPE】键返回主菜单。

选择计量单位(若使用缺省值，可以跳过该步骤)：选择主菜单中OPT选项，按【MORE】和【B5】选择计量单位(一般选缺省的METRIC)，按【EN-

TER】键确认，按【ESCAPE】键返回主菜单。

第二步：校准（做任何测量前，必须先做这一步）。

按【START CAL】键激活校准菜单：屏幕会提示：

PERFORM CALIBRATION

CANCEL

CAL A 为 890～915 MHz

CAL B 为 935～960 MHz

用上/下键和【ENTER】键选择 A 或 B：选 A 或 B 都可以；不必管 CAL A 或 CAL B 后面的频率数，校准后其频率自然会等于设定的频率范围，屏幕提示“Connect OPEN，PRESSENTER”。

将开路器接到 TEST PORT，按【ENTER】键，屏幕提示“Connect SHORT，PRESS ENTER”。

将短路器接到 TEST PORT，按【ENTER】键，屏幕提示“Connect LOAD，PRESS ENTER”。

将负载接到 TEST PORT，按【ENTER】键。

稍等一下，系统将会根据测量结果开始计算，自动校准。

第三步：测量驻波比。

通过测试电缆连接要测试的设备：一般是从机顶跳线口测试，也可以从连接 CDU 的超柔电缆口测试。缺省情况下，系统将自动开始测试；如果系统没有自动测试，请按【RUN/HOLD】键开始测试，每按一次，仪器会对所选频段测试一次。

调整测试结果的显示比例：可以通过按【AUTO SCALE】键，自动调整显示比例，也可以通过选择主菜单下 SCALE，手动输入 TOP、BOTTOM 和 LIMIT 值，改变显示比例。

读取测量的最大驻波比（VSWR）数据：按 FREQ 菜单下的【MKRS】键（MAKERS，标记），打开一个 MKRS，选择 EDIT，用上/下键改变该 MKRS 对应频率值，读取需要测量的范围内最大的 VSWR 值；读取最大的 VSWR 值还有另一种方法：按 FREQ 菜单下的【MORE】键，选择 PEAK，该 MKRS 将自动跳转到最大的 VSWR 值所在频率。

2. 用罗盘测量天线方位角

移动基站天线的方向是天线主瓣垂直方向与正北方向，按顺时针方向旋转得到的夹角。即正北方为 0°，正东方为 90°正南方为 180°，正西方为 270°。

地质罗盘是常用的测方位角工具，地质罗盘外观和结构如图 1-54 和图 1-55 所示。

图 1-54　DQY-1 型地质罗盘

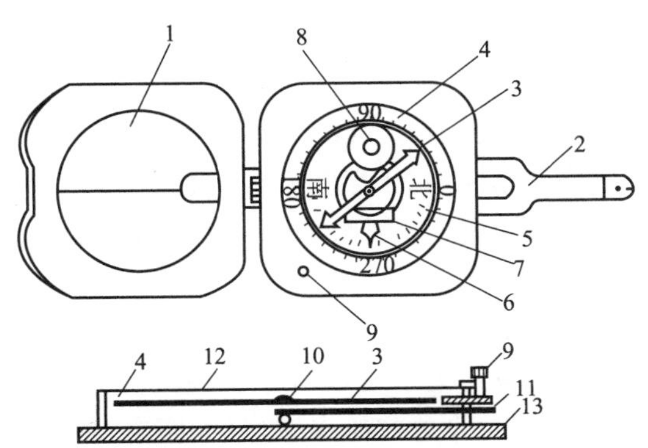

图 1-55　地质罗盘结构

1. 反光镜；2. 瞄准觇板；3. 磁针；4. 水平刻度盘；5. 垂直刻度盘；6. 垂直刻度指示器；7. 垂直水准器；8. 底盘水准器；9. 磁针固定螺旋；10. 顶针；11. 杠杆；12. 玻璃盖；13. 罗盘仪圆盆。

找到需要测方位角的天线，测试者距离铁塔适当距离并且和天线主瓣方向处于同一轴线上，以便瞄准。

右手握紧仪器，手臂贴紧身体，以减少抖动，瞄准觇板指向天线主瓣辐射方向，左手调整长照准器和反光镜，转动罗盘，使天线、瞄准觇板孔和镜子上的细丝三者在同一直线上，同时保持圆水泡居中，读磁针北极所指示的度数，即为该天线的方位角如图 1-56 所示。

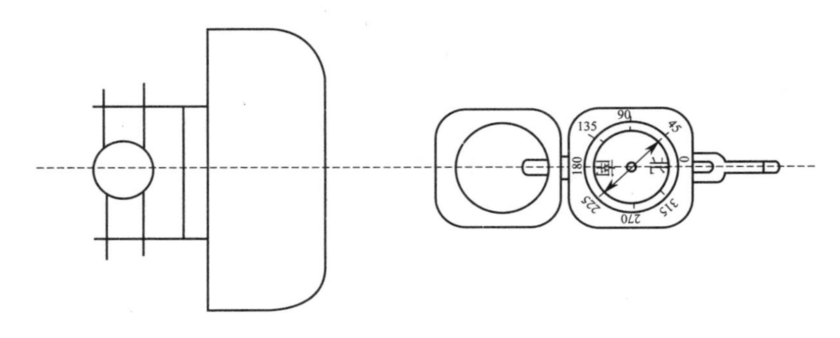

图 1-56 罗盘测量方位角示意图

3. 用倾角测量仪测量天线下倾角

移动基站天线倾角一般用多功能坡度测量仪测量（以下的倾角测量仪均为坡度测量仪），如图 1-57 所示。

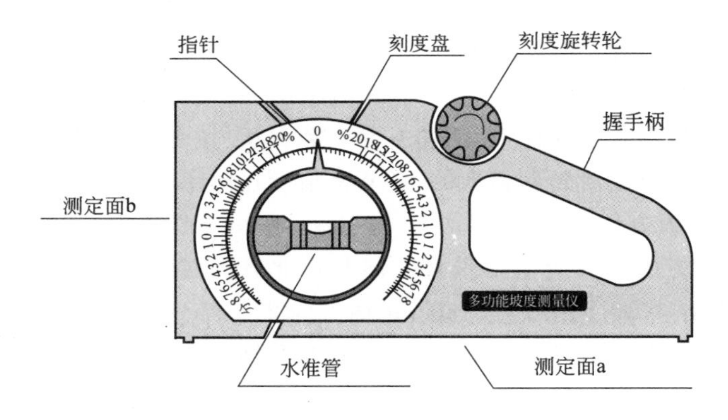

图 1-57 坡度测量仪

测量人员携带测量工具上塔，系好安全带，做好保护措施：手持坡度测量仪握手柄，将测定面 a 紧贴在天线背面的平面上，保持垂直，坡度测量仪仪表面如图 1-58 所示。大拇指旋转刻度旋轮，直到水准管气泡居中；读取指针尖端对准刻度盘上的数字并做记录，此角度即是天线下倾角。

4. 天馈故障位置查找

当驻波比大于设定指标（一般是 1.5）时，需要使用 DTF 功能具体定位问题点。

第一步：设置初始参数（最大距离、中心频率、电缆型号）。

选择主菜单中“DIST”选项，按【DTF AID】键，输入 $D2$ 的值（即最大距离，一般取到天线的距离），按【ENTER】键确认。输入 Center Freq 的值，一般取测量频段的中间值，按【ENTER】键确认。按【DOWN】键，选择电缆型号（系统会自动显示该电缆的其他参数）。

一般常用的电缆有三种：FSJ4－50B，即通常所用的1/2英寸跳线；LDF5－50A，即通常所用的7/8英寸馈管；LDF6－50A，即通常所用的5/4英寸馈管。

电缆型号的选择以整个天馈系统使用的主要电缆为准，一般以馈管为主；以1/2英寸跳线为主目前只有两种情况：小基站与天线距离小于10 m时直接用1/2英寸跳线；GPS天线直接用1/2英寸跳线连接到设备。

图1-58 坡度测量仪仪表面

第二步：校准(步骤同前所述)。

第三步：开始DTF测试。

缺省情况下，系统将自动开始测试，如果系统没有自动测试，请在主菜单下按【DIST】键开始自动测试，按【MKRS】键，打开一个MARKER，读取最大值处的距离值。

根据读取的距离检查天馈系统：可以根据读取的距离值D，重新选择$D1$、$D2$，例如：$D1=D-1$ m，$D2=D+1$ m，再次进行测试，以便进一步定位问题点。如果此处是接头，可能是接头未拧紧、接头制作太粗糙或进水；如果非接头处出现了一个峰值$VSWR$，则怀疑该处线缆可能有故障(如断裂)。

任务完成

在实际工作岗位中，运营企业网优部门通过DT、CQT、话务统计分析、投诉分析，以及告警信息，判断出可能的天馈故障。天馈维护人员根据故障单或派工单到基站现场查证天馈系统故障，并排除。主要是利用天馈分析仪结合目测来判断。

天馈系统故障排除的具体步骤如下：

(1)准备工作。根据工单上故障内容，出发前，检查故障基站机房钥匙是否带上；天馈故障排除常用工具、仪器是否带上，如：天馈线测量仪(Site Master)、罗盘、倾角测量仪、防水胶带、扳手、斜口钳、扎带等。

(2)核对基站名称。

(3)如需进入基站机房，需要和监控机房联系，并严格地填写基站进出登记。

(4)现场用测试手机拨测，验证发生的故障。

(5)检查相应小区的天馈系统，跳线是否松动，避雷器是否完好，各接地点是否完好，室内、室外馈管有无损坏的地方。

(6)检查各接头是否有渗水情况。检查天馈线各组成件的接头处是否存在接触不良，插芯是否松动、接头处是否渗水。检查接头处螺栓是否拧紧，有无损坏，密封胶是否老化干裂失效。接头与接头间有无缝隙。若存在这些问题，应更换螺栓，重新采取防漏、防浸水处理。

(7)上铁塔，检查天线是否有可见破损，摇动是否有声音。如果需要测量驻波比，需要和机房人员联系，关闭相应的载频，严禁断开馈线的情况下发射。如果驻波比高于1.5，可以用天馈分析仪进行故障点定位，测出天馈系统在测试点多少米的位置有故障；对于损坏且不能恢复的馈管进行更换；对于损坏且不能恢复的天线进行更换；对于天线方位角、下倾角不符合网优文件的进行记录、拍照，提交主管部门；调整天线的时候必须关闭相应的载频。

对故障现象和故障排除过程进行记录，填写故障单或工单；对无法排除的故障，提出建议，并作出报告。

评　价

通过对表 1-13 和表 1-14 中的各项内容的考核，综合学生学习讨论过程中的表现，评定出学生的成绩。

表 1-13　任务完成质量评价表

评价内容	自我评价	教师评价	其他评价
是否能够迅速发现故障原因			
能否正确使用仪器、仪表			
能否排除天馈故障			
调整天线过程是否规范			
能否按照要求格式提交报告			
合　计			

表 1-14　能力评价表

评价内容		自我评价	教师评价	其他评价
知识	电压驻波比的概念和影响			
	回波损耗的影响			
	天馈系统故障定位方法			
专业能力	驻波比的测量			
	天馈故障定位			
	馈管长度的测量			
	天线隔离度的测试			
通用能力	组织能力			
	沟通能力			
	解决问题能力			
	自我管理能力			
	创新能力			
态度	维护过程是否遵守安全规范			
	是否认真观察及记录			
	是否爱惜仪器工具			
	是否耐心、细致			
合　计				

教学策略讨论

就表 1-15 所列的教学活动建议内容进行讨论。

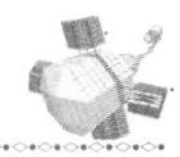

表 1-15　教学讨论内容

学习任务及要求	掌握天线常见故障排除方法，天线电参数的测量方法；掌握馈管(线)常见故障排除方法，馈管电参数的测量方法；天馈维护中应该注意的事项	
阶段	学生活动	教　　师
咨询、准备	3～4名学生形成一个小组，小组同学拟定测试、确定故障、排除故障的方案(要包含要求的各个故障)，完成各项指标的测量。熟练地掌握天馈系统故障排除的方法、步骤、注意事项等，利用天馈分析仪测量电压驻波比等指标，学会通过仪器测试，判断馈管故障位置的方法	负责设置天馈故障(根据当地运营商实际情况和实验室设备情况)；准备相关资料，同时，列出本项任务需要同学们掌握的重要专业知识点，并对必要的知识点进行必要的讲解
计划	学生根据老师布置的任务，准备相关知识的查找、学习，拟定维护方案、确定步骤和方法	检查学生维护方案和步骤是否合理有效；准备需要的仪器、设备；宣布天馈系统运营维护的规范和安全规范
实施	小组同学利用天馈实训室设备进行各项运营维护任务的操作。 根据任务分工不同，使用各种所需的仪器。用罗盘测量天线的方位角；用坡度仪测量天线下倾角；用皮尺测量馈管长度；用天馈分析仪测量电压驻波比、进行模拟天馈故障定位、测量馈管长度、测试天线的隔离度。 各小组经过自主学习讨论后形成维护报告，写出操作步骤和相应项目的维护规范	组织学生实际操作，测试；各组互相参观和讨论，并在小组讨论过程中随时准备解答学生一切可能的问题。同时，教师注意观察各小组的讨论情况，注意收集问题。 教师必须强调安全规范，高空作业人员需要有登高证、上岗证，以及登高作业必须的安全措施和装备
展示和评价	小组长或另外的成员陈述各组故障和排除的内容和步骤，并出示故障排除报告；演示测试和故障排除过程；说明本组故障排除需要注意的地方	组织和主持展示过程，提问过程；及时对问题进行补充说明或引申

请将讨论记录于下：

(1)讨论记录：______________________________

____

____

(2)讨论心得记录：______________________________

____

____

任务6　天馈系统的优化

任务描述

某C1小区话务统计显示话务量较大，经常拥塞，并且掉话严重，切换切出成功率低，TCH指配正常。这样问题的解决往往需要通过网络优化的手段。

本任务中，通过对移动基站天馈系统的优化的学习，学员应该了解与网络优化有关的移动基站天馈系统的调整项目、方法、步骤、注意事项等。在掌握移动基站天馈系统维护、故障排除的基础上，积累经验且进一步提高，学会无线网络优化中天馈系统的优化调整，能够达到骨干层级的技能要求。

任务分析

通信运营商、通信服务商、代维商等公司对移动基站天馈系统维护岗位的技能要求一般包括天馈系统的安装、固定、防水处理、机械参数调整、指标测量、故障排除等，能够完成日常维护、巡检、维护随工、告警/故障处理、问题整改、优化等工作。

天馈系统的安装参数一般是在最初勘测阶段确定的，随着网络建设的进展，在工程安装调测期间往往需要进行优化调整；另外，无线移动网络运行阶段，随着用户的不断发展，追求网络资源的最大利用，最大限度地提高服务质量，同时也为了今后网络扩建积累依据和原则，无线移动网络也需要不断地优化，因此天馈系统也需要调整一些参数进行优化。

网络优化工作是指对正式投入运行的网络进行参数采集、数据分析，找出影响网络运行质量的原因，并且通过参数调整和采取某些技术手段使网络达到最佳运行状态，使现有网络资源获得最佳效益，同时也为今后的网络维护及规划建设提出合理建议。

一、网络优化的流程（如图 1-59 所示）

网络优化中和天馈系统有关系的有两个步骤：一个是现场网络基本数据获取，另一个是调整网络参数。

优化需要获取的天馈基本信息包括：天线增益、天线水平波束宽度、天线垂直波束宽度、天线极化方式、天线挂高、天线方位角、天线下倾角、馈线长度及馈线插损，这些都需要通过现场使用专用仪器完成相应测试。

优化需要调整的天馈参数包括：天线增益、天线水平波束宽度、天线垂直波束宽度、天线极化方式、天线挂高、天线方位角及天线下倾角。

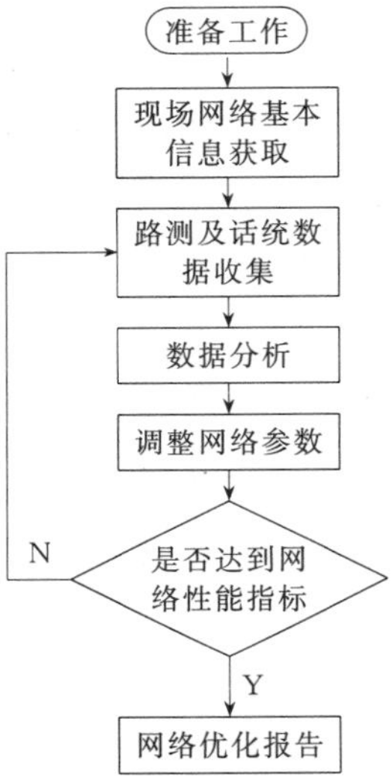

准备工作
现场网络基本信息获取
路测及话统数据收集
数据分析
调整网络参数
是否达到网络性能指标
N
Y
网络优化报告

图 1-59 移动网络优化过程

二、网络优化一般采取措施

一般情况下，天馈参数在日常维护环节的天馈安装参数检查中已有记录，可以提供给优化使用。优化过程中，根据对话务统计、路测数据、网络基本信息、客户投诉等因素的分析，可以确定哪些参数需要调整。

在网络优化的时候，覆盖（盲区、越区覆盖）、话务不均衡、干扰等问题都有可能调整天馈参数。一般情况下尽可能调整天线安装参数（天线高度、下倾角、方位角等），而不改变天线参数（增益、波束宽度、极化方式等），若确实需更改天线指标参数，一般采用更换满足要求的天线的方式。

（一）覆盖盲区

可能采用的方法有：增加基站、增大小区发射功率、调整天线方位角、下倾角及天线高度。这些方法均可以增强覆盖。

（二）越区覆盖（“孤岛”效应）

实际网络中，高基站沿丘陵地形或道路可以传播很远，产生“孤岛”问题。当呼叫接入到远离某基站组但仍由该基站服务的“岛”形区域上，并且在小区切换参数设置时，小岛周围的小区没有设置为该小区的邻近小区，则一旦移动台离开该小岛小区，就会立即发生掉话。解决的办法是调整天线的倾角或功率、尽量避免天线正对道路传播，以减小基站的覆盖范围来消除“孤岛”效应。

在覆盖问题的优化中，常常通过调节天线的方位角、倾角来改变小区服务范围。

（三）话务不均衡

某个小区覆盖范围太大，造成话务量过大，可以通过调整天线下倾角、天线高度、方位角、

减小功率、调整小区选择/重选参数等方法来优化网络。

（四）干扰问题

系统内干扰可以采用调整天线下倾角、天线高度、方位角、减小功率、频率规划等方式进行优化。

三、针对本任务的优化分析

首先可以排除硬件故障，因为TCH指配正常，话务量也比较大。检查基站参数，发现天线下倾角−5°，可能导致覆盖范围过大。经过路测发现此小区天线方向原有建筑拆除，新修一条道路，导致沿道路覆盖范围过大，达到远处C11小区范围内，但因为C1和C11距离很远，不是相邻小区，没有设置切换关系，导致沿道路运动的MS一直占用C1小区信号，到C11小区覆盖范围内无法切换，最后掉话。

四、本任务的解决措施

调整C1小区天线下倾角，控制覆盖范围。天线下倾角估算方法如下：

假设所需覆盖半径为D，天线高度为H，倾角为α，垂直半功率角为$\beta/2$，则天线主瓣波束与地平面的关系如图1-60所示。

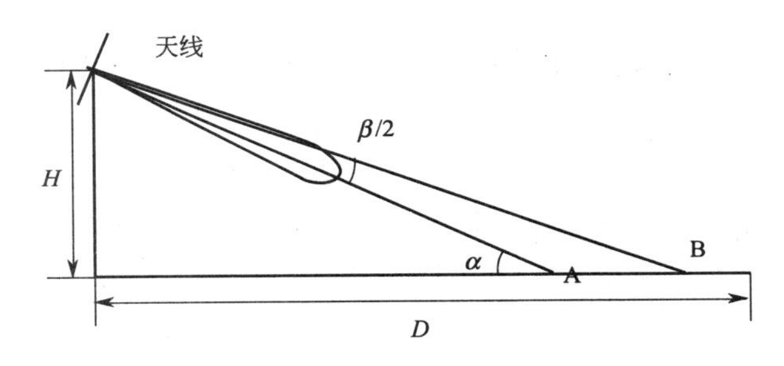

图1-60　天线下倾角和覆盖范围示意图（单位：m）

当天线下倾α度时，主瓣方向的延长线最终必将与地面一点（A点）相交。由于天线在垂直方向有一定的波束宽度，因此在A点往B点方向仍会有较强的能量辐射到。根据天线技术性能，在半功率角内，天线增益下降缓慢；超过半功率角后，天线增益（特别是上波瓣）迅速下降，因此在考虑天线倾角大小时可以认为半功率角延长线到地平面交点（B点）内为该天线的实际覆盖范围。

根据上述分析及三角几何原理，可以推导出天线高度、下倾角、覆盖距离三者之间的关系为：$\alpha=\arctan(H/D)+\beta/2$。

上式可以用来估算倾角调整后的覆盖距离，在优化现场，实际使用效果显示该式具有较强的指导意义，但应用该式时有限制条件：倾角必须大于半功率角之一半；距离D必须小于无下倾角时按公式计算出的距离。式中垂直波束宽度可以通过查具体天线技术指标或计算得出其大致值。

相关知识

一、增　　益

增益是天线系统的最重要参数之一，天线增益的定义与全向天线或半波振子天线有关。

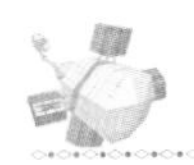

全向辐射器是假设在所有方向上都辐射等功率的辐射器，在某一方向的天线增益是指该方向上的功率通量密度和理想点源或半波振子在最大辐射方向上的功率通量密度之比(dB 表示时为差值)。增益示意图如图 1-61 所示。

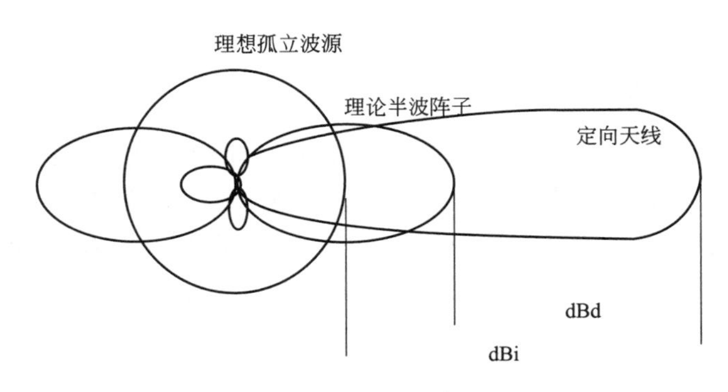

图 1-61　增益示意图

dBi 表示天线增益是方向天线相对于全向辐射器的参考值，dBd 是方向天线相对于半波振子天线的参考值，两者之间关系：1(dBi)＝1(dBd)＋2.15。

二、方向图(水平波束宽度)

天线的辐射电磁场在固定距离上随角坐标分布的图形，称为方向图。用辐射场强表示的称为场强方向图，用功率密度表示的称为功率方向图，用相位表示的称为相位方向图。

天线方向图是空间立体图形，通常将两个互相垂直的主平面内的方向图称为平面方向图。在线性天线中，由于地面影响较大，采用垂直面和水平面作为主平面；在面型天线中，采用 ***E*** 平面和 ***H*** 平面作为两个主平面。归一化方向图取最大值为一。基站天线的水平和垂直方向图如图 1-62 所示。

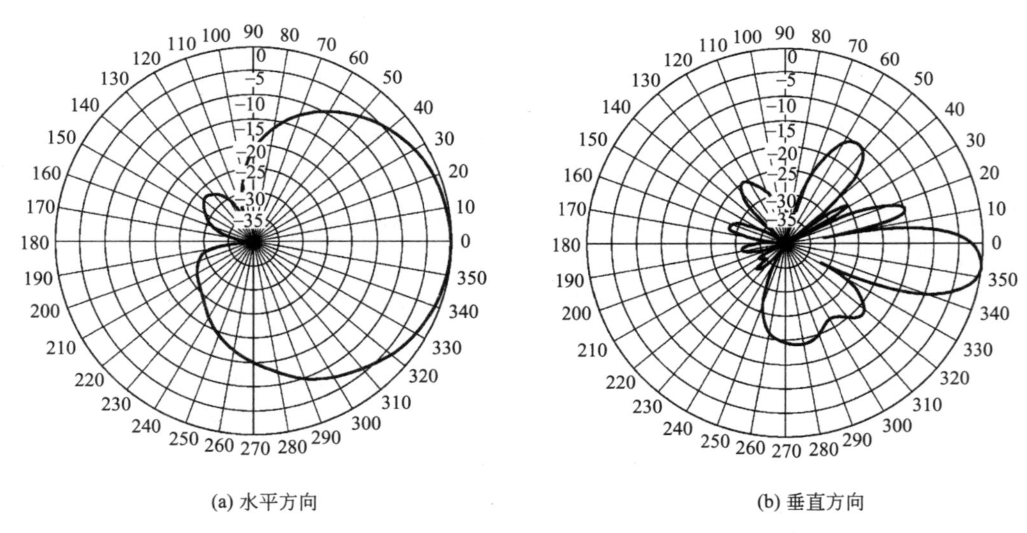

图 1-62　ANDREW CTSDG-06513-6D 基站天线的水平和垂直方向图

三、极　　化

极化是描述电磁波场强矢量空间指向的一个辐射特性，电场矢量在空间的取向在任何时

间都保持不变的电磁波叫直线极化波。通常所说的天线的极化是指天线在最大辐射方向所辐射的电波的极化(对发射天线)或在最大接收功率(极化匹配)方向的入射平面波的极化(对接收天线)。以发射天线为例,如果天线辐射波的电场方向在入射面(入射线与反射面法线形成的平面)内,因入射面总是垂直于反射面切面称为垂直极化;天线辐射波的电场方向垂直于入射面(入射线与反射面法线形成的平面)时,与反射面切面平行称为水平极化。由于水平极化波和入射面垂直,故又称正交极化波;垂直极化波的电场矢量与入射平面平行,称之为平行极化波。电场矢量和传播方向构成平面叫极化平面。

电场矢量在空间的取向有的时候并不固定,电场失量端点描绘的轨迹是圆,称为圆极化波;若轨迹是椭圆,称之为椭圆极化波,椭圆极化波和圆极化波都有旋相性。

不论圆极化波或椭圆极化波,都可由两个互相垂直的线性极化波合成。若大小相等合成圆极化波,大小不相等则合成椭圆极化波。天线可能会在非预定的极化上辐射不需要的能量,这种不需要的能量称为交叉极化辐射分量。对线极化天线而言,交叉极化和预定的极化方向垂直;对于圆极化天线,交叉极化与预定极化的旋向相反,所以交叉极化称为正交极化。

技能训练

为了更高质量地完成工作,需在以下方面做相应的技能训练。

1. 天馈基本信息的获得和测试

参见前述任务。

2. 路测设备的使用方法

根据本校和当地运营商、服务商使用路测设备的情况,安排学生学习 GPS、路测软件、电子地图的使用方法,初步进行无线网络优化的分析。

任务完成

维护人员通过 DT、CQT、话务统计分析、投诉分析,以及告警信息分析出优化方案,根据优化方案的需要调整天馈安装参数。接下来完成天馈系统安装参数的更改,具体步骤如下:

(1)准备工作。出发前,根据工单上故障内容,检查故障基站机房钥匙是否带上;检查天馈故障排除常用工具、仪器是否带上,如:罗盘、倾角测量仪、防水胶带、扳手、斜口钳、扎带等。

(2)核对基站名称。

(3)如需进入基站机房,需要和监控机房联系,并严格地填写基站进出登记。

(4)上铁塔,检查天线方位角、下倾角。

(5)按照网络优化文件的要求调整天线方位角、下倾角。

(6)调整天线的时候,应当和机房人员联系,关闭相应的载频。

(7)对天线安装参数调整的过程进行记录,填写工单,对无法完成的调整,提出建议并作出报告。

评　　价

通过对表 1-16 和表 1-17 中的各项内容的考核,综合学生学习讨论过程中的表现,评定出学生的成绩。

表 1-16　任务完成质量评价表

评价内容	自我评价	教师评价	其他评价
能否能够迅速发现故障原因			
能否使用仪器、仪表、测试手机找出故障原因			
优化是否有效(优化前后 KPI 对比)			
调整天线过程是否规范			
能否按照要求格式提交报告			
合　计			

表 1-17　能 力 评 价 表

评价内容		自我评价	教师评价	其他评价
知识	天线增益			
	方向图			
	极化方式			
专业能力	路测软件的正确使用			
	路测设备、GPS 等硬件连接			
	路测数据的分析,完成优化方案			
	根据优化方案完成天线安装参数的调整			
通用能力	组织能力			
	沟通能力			
	解决问题能力			
	自我管理能力			
	创新能力			
态度	路测过程是否认真、细致			
	路测数据分析过程中是否主动发表意见			
	调整天线安装参数时是否注意规范和安全准则			
合　计				

教学策略讨论

就表 1-18 所列的教学活动建议内容进行讨论。

表 1-18　教学内容讨论

学习任务及要求	网络优化过程中,学习路测设备的使用,数据分析,以及对天线部分的优化,掌握天线安装参数的调整方法,天馈维护中应该注意的事项	
阶　段	学生活动	教　师
咨询、准备	3~4 名学生形成一个小组,小组同学结合相关课程内容进行学习,拟定优化、路测方案,完成各项指标的测量。熟练地掌握天馈系统安装参数的调整方法、步骤、注意事项等,学习路测设备的使用方法和数据分析方法,了解优化中天馈部分的作用	负责设置优化项目和模拟场景或情况(根据当地运营商实际情况和实验室设备情况);准备相关资料,同时,列出本项任务需要同学们掌握的重要专业知识点,并对必要的知识点进行讲解

续上表

阶 段	学生活动	教 师
计划	学生根据老师布置的任务，准备相关知识的查找、学习，拟定维护方案、确定步骤和方法	检查学生维护方案和步骤是否合理有效；准备需要的仪器、设备；宣布天馈系统运营维护的规范和安全规范
实施	不同小组根据布置的不同故障排除方法进行学习讨论 小组同学利用天馈实验室设备进行天线各安装参数调整的操作。 根据任务不同，使用各种所需的仪器；用路测设备对基站覆盖范围进行测试。 各小组经过自主学习讨论后形成维护报告，写出操作步骤和相应项目的维护规范	组织学生实际操作、测试；各组互相参观和讨论，并在小组讨论过程中，随时准备解答学生一切可能的问题。同时，教师注意观察各小组的讨论情况，注意收集问题。 教师必须强调安全规范，高空作业人员需要有登高证、上岗证，以及登高作业必须的安全措施和装备
展示和评价	小组长或另外的成员陈述各组演示测试和优化分析、天线安装参数的调整过程，并出示优化方案和故障排除报告	组织和主持展示过程，提问过程，及时对问题进行补充说明或引申

请将讨论记录于下：

(1)讨论记录：____

____

____

(2)讨论心得记录：____

____

____

项目2　通信交换系统维护

通信交换系统维护一般是指通信运营商的交换设备维护人员进行交换设备的日常业务管理和系统的维护。通过本项目的学习，可使培训学员掌握典型交换设备S1240的操作维护技能，从而为网络综合监控管理和交换设备维护奠定良好的基础。

本项目采用任务驱动式教学，将通信交换系统维护岗位的典型工作任务分为日常业务管理和系统维护两大部分，共6个工作任务。相关工作任务依次为S1240交换机测试与典型故障处理、用户数据管理、I/O管理、局数据管理、计费数据管理，以及NO.7信令管理。每个任务均从任务描述、任务分析、相关知识、任务完成、评价、教学策略讨论等方面进行剖析。“S1240交换机测试与典型故障处理”以用户无音故障的处理为例，重点阐述系统维护中的各种测试手段和故障处理方法。“用户数据管理”任务培训用户的装拆机处理和新业务开通方法。“I/O管理”涉及VDU终端的连接和后备光盘的制作。“局数据管理”介绍新局向的建立过程。“计费数据管理”重点介绍查询基本计费控制数据和费率的方法。“NO.7信令管理”主要介绍创建ISUP新局向的步骤。

中等职业学校通信技术专业的相关教师在使用本项目内容时建议如下：上岗层级教师请选用S1240交换机测试与典型故障处理、用户数据管理任务；提高层级教师请选用I/O管理、局数据管理任务；骨干层级教师请选用计费数据管理、NO.7信令管理任务。

根据交换维护的知识和技能特点，教师在实施教学过程时，可以采用案例教学法和项目教学法。通过案例教学法掌握典型故障的处理过程、用户的装拆机和新业务开通步骤、VDU终端连接和后备光盘的制作、基本计费控制数据和费率的查询；通过项目教学法掌握新局向的创建过程。

任务1　S1240交换机测试与典型故障处理

任务描述

小王是中国电信某分公司的座机（固定电话）用户，电话号码为321176，他在使用座机过程中发现电话无音，于是拨打电信服务电话报障。电信公司受理后，派遣维护人员小李为其处理这一故障。

任务分析

座机用户在使用固定电话业务时，常发生的故障现象有电话无音、拨号音切不断、通话有杂音、不振铃等，用户通过电信运营商的服务电话（如中国电信的10000号）、营业厅或网上营业厅进行故障申告，电信公司受理后由维护人员进行故障处理。故障处理通常涉及故障的识别、故障的定位、隔离和修复等。

一、故障的识别

故障的识别可以通过不同途径来实现，比如用户申告、交换机运行过程中产生的一系列告

警提示、维护人员用19号命令显示的告警信息等，本任务中的故障现象是通过321176用户小王拨打10000号报障识别的。

二、故障的定位

故障识别后，需对故障进行分析，确定故障点位置，即故障定位。用户故障的产生原因可能很多，如用户数据设置不当、用户线状态不正常、交换机侧相关电路板存在问题、外线或用户话机故障等。因此在故障定位过程中，包括以下步骤：

(1)通过4296命令显示321176用户数据。

(2)通过157命令显示321176用户的用户线状态。

(3)如果前两步不能判断出故障点，可对用户进行相关测试。

用户测试包括用户电路测试(俗称内测)和用户线路测试(俗称外测)，使用452或518命令。通常情况下，如果内测不能通过，则交换机侧相关电路板存在某些问题，可更换ALCN(模拟用户电路板)等电路板；如果内测通过，则交换机侧正常，故障可能是由于外线或用户话机引起的。此时需要对外线测试，测试报告会给出用户线路的电气性能参数，由此判断外线是否故障。维护人员根据测试结果，如果故障点判断为外线或话机，可进行外线维护或更换话机，若故障点为局内用户电路，则需更换相关电路板。在更换故障电路板时，需对故障用14号命令进行诊断测试，再执行换板流程。

三、故障的隔离和修复

换板过程主要涉及故障的精确定位、隔离和修复。设备中出现的故障大多为SBL(安全块)故障，故障的隔离和修复包括以下步骤：

(1)首先可用39号命令找出故障用户的装配位置。根据维护报告中的RIT(替换件)标示(列、机架、分架、槽口)得出故障电路板ALCN等的具体位置。

(2)找出相关的RBL(维修块)。

(3)用7633命令启动维修(隔离)。

(4)换板。换板过程有时允许热插拔，有时需要关电，这都会在维护报告中指明。

(5)更换好备板后，用7634命令结束维修(修复)。

故障处理完毕后，维护人员可重新启动例测或诊断测试，以验证用户能否正常通话。

相关知识

一、S1240系统的硬件简介

熟悉交换系统的硬件结构是从事交换设备维护的基础。S1240交换机采用分布式的系统结构，由DSN(数字交换网络)、各种TM(终端模块)和若干ACE(辅助控制单元)组成，其系统结构如图2-1所示。

S1240交换系统的DSN由一系列DSE(数字交换单元)按一定的连接方式组成，整个DSN分为两大部分：入口级AS(Access Switch)和选组级GS(Group Switch)。根据话务量和容量的大小，可对DSN进行平滑扩容，最多采用4级4平面的单侧折叠网络结构。其常用终端模块见表2-1。

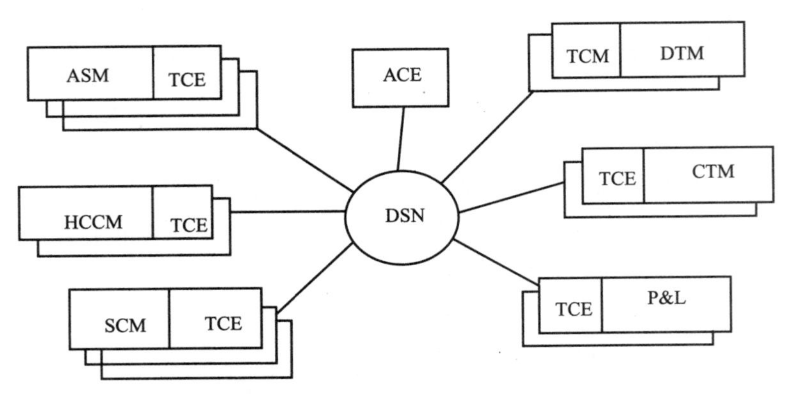

图 2-1　S1240 系统基本结构图

表 2-1　S1240 系统常用模块一览表

模 块 名 称	主 要 功 能
P&L(外设与装载模块)	负责交换机和外设间的通信以及 CE 的装载
DFM(维护模块)	负责实现交换机的防卫功能
CTM(时钟与信号音模块)	产生 8 MHz 的系统时钟、信号音和实时时间
ASM(模拟用户模块)	提供模拟用户线和交换机的接口
ISM(ISDN 用户模块)	提供 BA 接口
DTM(数字中继模块)	提供数字中继线和交换机的接口
IPTM(综合信息包中继模块)	完成 7 号信令处理和中继接口功能
HCCM(高性能公共信道信令模块)	处理 7 号信令第二、三层的功能
SCM(服务电路模块)	DTMF 信号检测、MFC 信令的发送和检测
DIAM(数字综合录音通知模块)	提供录音通知
MPTMON(多处理测试监控器)	完成交换机的功能测试及状态监视
ACE(辅助控制单元)	完成呼叫服务、资源管理和计费分析等

二、告　　警

告警的产生由交换机的告警系统完成,用来提醒维护人员进行必要的处理,保证交换机正常运行。告警泛指交换机所有的蜂鸣器及指示灯,当然还包括通过附加的硬件设备所进行的故障情况检测,这个硬件设备放置在 S1240 交换机中的每个机架内,称为 RLMC(机架告警板)。

(一)告警形式

告警形式包括机架和列架告警、主告警盘 MPA,以及单板上的 LED 灯。

机架和列架告警灯由 RLMC 驱动,用来指明该机架或列架中告警信号的种类。机架告警灯分为红色和黄色,列架告警灯分为绿色、红色和黄色。红色代表紧急告警,黄色代表非紧急告警,绿色代表电源告警。

主告警盘 MPA 是一个声光告警装置,每个 S1240 系统配备一个,所有故障状态都会在 MPA 上产生可视可闻的告警指示。MPA 分为告警灯区域和钥匙开关/按键区域,其面板如图 2-2 所示。

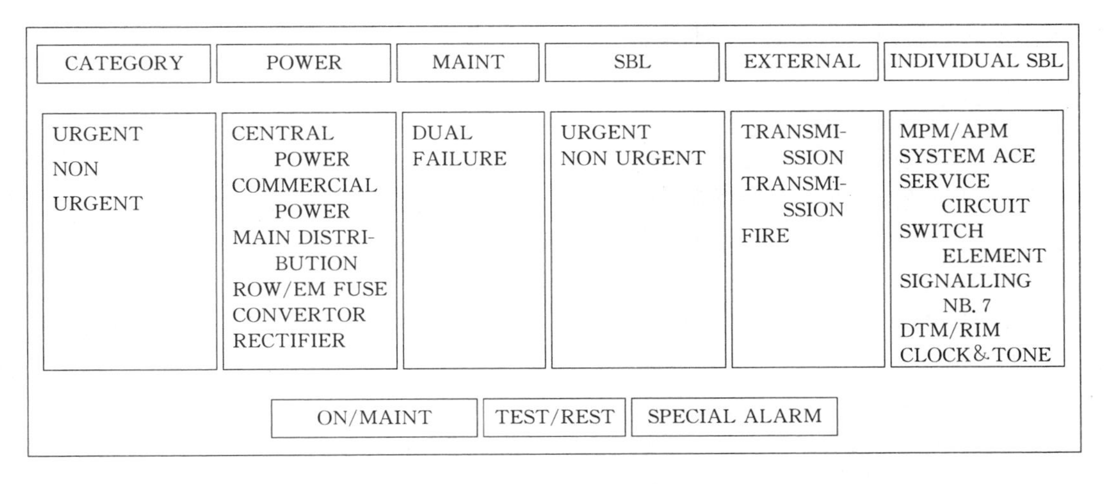

图 2-2　主告警盘 MPA 面板图

单板上的 LED 灯用来指示单板的运行状态，各单板情况不一，维护人员通过单板 LED 灯可以大致了解系统某些部分的运行状态。以表 2-2 时钟和信号音分配板 CLTD 为例，说明单板 LED 灯的含义。CLTD 板上有两个 LED 灯，LED 灯的不同状态可以说明该电路板是否工作正常。其中，0＝灯熄灭，1＝灯持续亮。

表 2-2　CLTD 板 LED 灯的含义

单板类型	LED 灯状态	含　义
CLTD	0	正常工作状态
	0	
	1	时钟信号丢失
	0	
	0	音信号丢失
	1	

（二）告警显示

除系统自动输出告警报告外，维护人员也可以通过人机命令来显示系统当前存在的所有告警信息。输入人机命令：

19;

交换机输出告警显示报告如下：

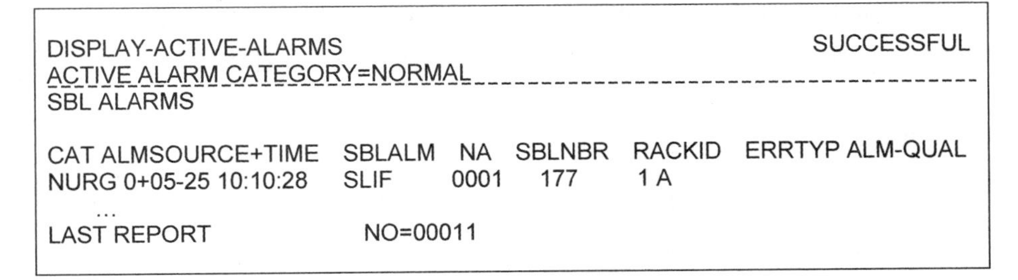

```
DISPLAY-ACTIVE-ALARMS                                    SUCCESSFUL
ACTIVE ALARM CATEGORY=NORMAL
SBL ALARMS

CAT ALMSOURCE+TIME     SBLALM   NA    SBLNBR   RACKID   ERRTYP ALM-QUAL
NURG 0+05-25 10:10:28  SLIF     0001  177      1 A
   ...
LAST REPORT                NO=00011
```

该报告给出了当前时刻系统告警情况，并且指出每个告警的类型、发生时间、故障位置、出错类型等。上述报告中显示的告警为 SBL 安全块告警，SBL 类型为 SLIF（用户线接口），网络地址 NA 为 H'1，SBL 序号 NBR 为 177，对应 RIT 替换件在 1 列 A 架内，该告警为非紧急告警(NURG),告警时间为5月25日10:10:28。

三、测试手段

在S1240交换机中,测试是一项十分重要的维护工作。它可以检查交换系统硬件的工作是否正常,以便及时发现和处理故障,消除隐患,保证交换机的正常工作。测试有四种方式:例行测试、诊断测试、用户线路测试和中继测试,下面分别对前三种测试进行介绍。

1. 例行测试

例行测试作为预防性维护的一种手段,其作用是检测故障、提供故障定位信息、确保系统的正常工作。在系统中一般作为任务调派来执行,可以预置周期性执行,并且以不影响正常话务为原则。它具有以下一些主要特点:

(1)例行测试要根据维护周期,在交换机低话务量运行期间执行。

(2)例行测试是针对一个或多个器件进行的测试。例测项目用设备类型(DEVTYPE)表示。

(3)例行测试仅对有效空闲的器件进行测试。

(4)若某器件被发现有故障,但它仍然再次被置成有效空闲,则故障信息将生成报告被分析。

例行测试相关人机命令见表2-3。

表2-3 例行测试相关人机命令

命令号	命令助记符	命令功能
452	START-RT	启动一个例行测试
453	STOP-RT	停止一个例行测试
454	CREATE-RT	创建一个例行测试
455	REMOVE-RT	取消一个例行测试
456	MODIFY-RT	修改一个例行测试
457	DISPLAY-RT-ELEMENTS	显示例测项目
458	SUSPEND-RT	暂停一个例行测试
459	RESUME-RT	恢复一个例行测试

2. 诊断测试

诊断测试作为纠正性维护的一种手段,仅在需要时才调用执行,而对处于正常工作状态的设备或SBL不能进行诊断测试。诊断测试的任务是对被怀疑有故障的SBL的硬件进行诊断,它用于确认由系统监控程序或在例行测试中检测出的故障,并且将故障定位到替换件一级(RIT)。

诊断测试相关人机命令见表2-4。

表2-4 诊断测试相关人机命令

命令号	命令助记符	命令功能	说 明
11	TEST	启动诊断测试	对应SBL必须处于“FLT”或“OPR”状态
14	VERIFY	验证安全块	6+11+7号命令的综合操作
10	STOP-TEST	停止诊断测试	允许中断一个已输入并正在运行的诊断测试

3. 用户线路测试

用户线由三个部分组成:用户线对应安全块SLIF(用户线接口)、用户话机、用户外线(称为a、b线)。用户线路测试可采用多种方法,包括例行测试、诊断测试,以及人工测试,其可以测试模拟用户电路板的功能、用户外线和话机的质量。

用户线路测试相关人机命令见表2-5。

表2-5　用户线路测试相关人机命令

命令号	命令助记符	命令功能	说　明
452	START-RT	启动一个例行测试	可测试用户电路和用户外线
14	VERIFY	诊断测试	对例行测试未通过的用户做进一步的测试
518	EXE-REQ-MT	人工测试	测试模拟用户传输线和话机质量

其中人工测试命令允许维护人员在有或没有用户的配合下完成对用户线路的测试。

四、SBL维护

安全块SBL是S1240交换机从维护角度对系统进行的一种划分。SBL维护涉及SBL的数据显示和转换,SBL的去活、测试、初始化和验证,以及故障处理等。

安全块SBL是由一组硬件电路与相关软件组成的,执行一系列电路功能的集合,若其中一个功能失效,则其余功能就不能再被系统使用。正常情况下,一个SBL的功能不与另一个SBL的功能重叠,并且整个系统的功能都可以用SBL来概括。例如安全块SLIF(用户线接口)对应一条用户线和相关软件数据,ASST(异步共享终端)对应一台装有联机文件的打印机或显示器。

替换件RIT是进行维修时所需更换的最小硬件组合。一个替换件可以是单块的PBA(如ALCN板)、磁带部件、打印机、磁盘部件、DC/DC变换器等。当发生故障时,给维护人员的有关故障信息中将指出被怀疑有故障或错误的RIT,那么在维修时,仅需更换这些RIT即可。一个RIT可包含不同的SBL,如一个用户线路RIT(一块ALCN板)能包含16个用户线SBL(SLIF)。一个SBL也能由多个RIT所组成,如安全块CTLE(控制单元)包含有一个处理器的RIT(MCUX,模块控制单元板)、一个直流转换器RIT(CONV,电源板)等。

维修块RBL是更换RIT期间必须退出工作的最少数量的SBL,一个RBL能包含多个SBL,高层SBL若被停用或维修,则它所属的低层SBL也将被自动置于非服务状态(即被停用),所以RBL也将包含低层的SBL。当被替换的RIT不允许"热插拔"时,在维修时就必须关闭该RIT的供电电源。该电源还可能同时为其他模块供电,这时RBL将包含由相同电源供电的其他SBL。

SBL维护相关人机命令见表2-6。

表2-6　SBL维护相关人机命令

命令号	命令助记符	命令功能	说　明
45	DISPLAY-SBL-DATA	显示SBL数据	可显示SBL的状态、地址、相关低级别SBL等
39	TRANSLATE	转换命令	实现SBL与RIT、RBL的转换

续上表

命令号	命令助记符	命令功能	说　明
6	DISABLE	去活	将 SBL 置于非服务状态
11	TEST	测试	对 SBL 进行诊断测试
7	INITIALIZE	初始化	将 SBL 置于服务状态
14	VERIFY	验证	6＋11＋7 号命令的综合操作
7633	REPAIR-START	启动维修	将 RIT 对应的 RBL 置成 OPR 状态
7634	REPAIR-END	结束维修	将 RIT 对应的 RBL 置成 IT 状态

任务完成

维护人员小李在处理 321176 用户小王电话无音的故障时，按以下步骤完成任务：

1. 故障的识别

小王拨打 10000 号报障，电信公司受理后，工单系统派单给维护人员小李，从而得知用户故障。

2. 故障的定位

(1)用 4296(DISPLAY-SUBSCR)命令显示 321176 用户的数据

该命令可显示一条或多条用户线的特性和相关数据，输入参数 DN 或 EN 即可。DN 代表用户电话号码，EN 代表用户设备号码(表示用户的物理连接情况)。输入命令：

4296: DN= K'321176;

命令执行后，交换机输出报告如下：

```
DISPLAY  SUBSCR ----------------------------------- SUCCESSFUL
EN PHYS (LOG) / ENICONC      DN          A/I    MSN    GDN
H'1   (H'78E0) & 177        28321176      A

CHARGING  METER:   95    0    84

SERVICES:

  SUBGRP:      1
  SUBSIG:      CBSET
  COL:         ORDINARY
  OCB:         PERM    NAT
   ...          ...
LAST    REPORT                          NO=04263
```

该 4296 命令的输出报告中显示，321176 用户为普通模拟用户，兼容话机 CBSET(即可采用音频/脉冲两种发号方式)，呼叫权限为国内长途有权 NAT，用户设备号 EN＝H'1&177(即该用户线对应的安全块 SLIF 的 NA＝H'1，NBR＝177)，由此可判断 321176 用户数据设置没有问题。

如果交换机输出如下所示的报告，则说明该用户为空号(无 EN 号)，需及时用 4291 命令为该用户开通业务，具体操作过程见用户数据管理部分。

```
DISPLAY  SUBSCR                                        SUCCESSFUL
EN PHYS (LOG) / ENICONC      DN          A/I    MSN    GDN
      (        ) &           28321176

LAST     REPORT                         NO=04263
```

由于 321176 用户的数据设置没有问题，可以进一步显示该用户线的状态。

(2)用 157(DISPLAY-LINE-STATUS)命令显示 321176 用户的用户线状态

该命令可显示一条、一组或一千号组用户线的所有状态或特定状态，它所显示的用户线状态是静止的，只表示当前时刻的状态。显示一条用户线状态时，基本参数为 DN1，表示用户电话号码，如 DN1＝K'321141；显示一组用户线状态时，基本参数为 DN1 和 DN2，用来规定用户线的范围，如 DN1＝K'321141，DN2＝K'321149 表示 321141～321149 连续 9 个用户；显示一千号组用户线状态时，基本参数为 DNT，表示千群号字冠，如 DNT＝K'321 表示 321000～321999 共 1 000 个用户。输入人机命令：

157: DN1= K'321176, STATE = ALL;

```
DISPLAY-LINE-STATUS                                   SUCCESSFUL
                                              FINAL  RESULT  1-
STATE = ALL
FOR DN
DN   321176

EXECUTION   RESULT
LCE      PCE     TN     DN          TYPE          DH-STATE
H'78F0   H'1     177    321176      ANALOG DN     AVFREE

LAST     REPORT                        NO=04305
```

命令中 STATE ＝ALL 是要求显示用户线的所有可能状态，交换机输出报告如上所示。报告中显示 321176 用户为模拟用户，处于有效空闲状态(AVFREE)，需进一步判明外线是否正常。

用户线的常见状态见表 2-7，可根据用户线状态初步判断故障点位置。

表 2-7　用户线常见状态

状态	说　明	解决措施
POW	用户线碰电源(过流)	进一步判明外线是否正常
AVFR	有效空闲	进一步判明外线是否正常
UNAV	未用	7 号命令激活相应的 SMCL(用户模块公用逻辑，对应 ALCN 板)
AVBU	话务忙	7420 命令判断用户真忙/假忙，如假忙可用 6/7 号命令打死、再救活
PARKI	锁定(吊死)	用户话机未挂好

由于 321176 用户小王当前时刻的状态为 AVFREE，需进一步判明外线是否正常，故对用户进行相关测试，进一步将故障定位在外线、话机或局内电路。

(3)对 321176 用户进行测试

用户线的测试可采用例行测试、诊断测试，以及人工测试三种方法。用户线的例行测试可分为 ROUT TEST(即用户电路板功能的测试)和 LINE TEST(即用户外线的测试，指从用户

电路板后连接的电缆开始，包括保安单元，用户电缆，用户下户线，话机的测试)，其被测设备DEVTYPE 均为 ALCN。人工测试主要测试模拟用户传输线和话机质量，该命令允许维护人员在有或没有用户的配合下完成对用户线路的测试。诊断测试是对例行测试未通过的用户做进一步的测试，系统会对未通过的测试段用“!”表明。

交换系统在对 ALCN 等设备进行测试时，需要测试资源 TAUC(测试存取单元)和 TSA(测试信号分析器)的支持，TAUC 位于 ASM 模块中，TSA 位于 CTM 模块中。TAUC 和 TSA 的好坏关系到测试能否进行及测试结果是否准确，因此必须保证 TAUC 和 TSA 正常。

①321176 用户的例测

S1240 程控交换机为用户提供了丰富的例行测试项目，一般被测设备可以分为四类：

a. 测试资源设备，主要指 TSA、LTAU 等。作为一种测试资源，用来对其他设备进行测试(可用于例行测试和诊断测试)。

b. 系统设备，主要指 CTM 及时钟和信号音分配中的设备，如 OFLL、OPLL 等。对这些设备的测试不需要测试资源。

c. 通话设备，主要指 ALCN 等，包括对内部电路板上各器件的测试(RT)，以及对用户外线，包括话机、下户线、外部电缆等的测试(LT)。

d. 网络设备，主要网络设备有 TASL、AS1L、S12L、S23L 等。

例行测试可按周期安排，由系统自动调派，也可根据需要，临时安排对一个用户模块或一个、几个用户进行测试，测试段可任意选择，此时用 452 命令即可。针对本次任务，首先进行外线测试，输入人机命令：

452: DN=K'321176, TESTCAT=LT;

测试报告格式显示如下。从测试的最终报告中可知，被测设备总数为 1 个，测试通过设备也为 1 个，因而可判定 321176 用户外线无故障。该测试中测试段安排为 TSEGMENT=ALL，即测试系统规定的所有测试段，也可以根据需要，测试某几个段。

```
START-RT_____________________________________________SUCCESSFUL
TESTCAT   =LT
DN          =321176
...
REPORT FOLLOWS                                   NO=00367

SESSION REPORT_______________________________________SUCCESSFUL
REQUESTOR = OPERATOR                                FINAL REPORT
TESTNBR      =202
DN            =321176
DEVTYPE      =ALCN

TSEGMENT    = ALL
...
NBR OF ELEMENTS OK                    =1
NBR OF ELEMENTS FAULTY               =0
NBR OF ELEMENTS BUSY                 =0
NBR OF ELEMENTS OUT OF SERVICE =0
NBR OF ELEMENTS NOT TESTED          =0
TOTAL NUMBER OF ELEMENTS             =

TEST RESULT=NORMAL END OF SEQUENCING

LAST REPORT                                 NO=00156
```

在做 LT 时，可选择以下测试段：

a. TSEGMENT＝1，测试 AB 线上的 AC＋DC。

b. TSEGMENT＝2，测试 AB 线的环阻，AB 线对地绝缘电阻、AB 线间电容，以及 AB 线对地漏电容。

LT 测试的故障分析比较困难，一般可针对测试报告中具体的结果，加上维护人员的实际经验进行分析。在分析 LT 报告时，对有疑问的用户可用 518 命令进行复测。

在判定 321176 用户无外线故障后，可对局内电路进行测试，输入人机命令：

452: DN=K'321176, TESTCAT=RT;

测试报告格式显示如下。从测试报告中可知，测试未通过，存在硬件故障，故障设备为 321176 用户线接口（NA＝H'1，NBR＝177 代表该用户的设备号），该故障位于 ALCN 板上。至此，可再用诊断测试对故障进行确认。

```
START-RT____________________________________________SUCCESSFUL
TESTCAT      =   RT
DN           =   321176
...
REPORT FOLLOWS                              NO=00367

ROUTINE TEST____________________________________NOT SUCCESSFUL
...
TEX MAIN CODE=HARDWARE FAULT
...
REPORT FOLLOWS                              NO=00154

SESSION REPORT______________________________________SUCCESSFUL
REQUESTOR=OPERATOR                            FINAL REPORT
...
TEST RESULT = NORMAL END OF SEQUENCING

LIST OF DEVICES WITH HARDWARE FAULT
DEVTYPE      NA            NBR           REASON
ALCN         H'0001     177&&177

LAST REPORT                                NO=00156
```

在做 RT 时，可测试所有段或选择以下测试段：

a. TSEGMENT＝6，测试用户电路发端呼叫处理能力，如拨号音的振幅、频率、断续比及入端的衰耗值。

b. TSEGMENT＝7，测试用户电路作为终端的呼叫处理能力，如铃流的振幅、频率、截铃测试及发端的衰耗值。

c. TSEGMENT＝8，主要测试电路中平衡网络和不平衡网络的运行情况。

d. TSEGMENT＝9，主要测试电路向外部送出计费脉冲的能力。

②321176 用户的人工测试

外线测试除使用例行测试中的 LT 测试外，也可以使用人工测试 518 命令，该命令的相关参数见表 2-8。

对 321176 用户进行人工测试，输入人机命令：

518: DN=K'321176, VAL;

表 2-8 518 命令参数

参 数	说 明
COOP	测试中需要用户的配合
NOT	当测试结束后，不释放测试环境资源
LOOP	循环测试所有的测试段，直到键入 STOP 命令结束测试
TERM	结束测试
RING	回振铃测试
VAL	测量值的详细报告
TSEGMENT	给出测试段，对应相应的测试内容

测试报告中，A-B 线间电阻(RES)主要用来判断用户线是否碰线，A-B 线间电容(CAP)主要用来判断用户线是否断线，A-GND、B-GND 的电阻/电容值主要用于判断用户线是否碰地气。A-B、A-GND、B-GND 的电压值(POT AC/DC 即端口的交直流电压)主要用于判断用户线是否有电流。测试报告格式显示如下。

```
REQ MANUAL TEST                                          SUCCESSFUL
NA          = H'0001       NBR = 177          DN=321176
DEVTYPE     = ALCN
SBLTYPE     = SLIF

TSEGMENT    =20            NBRLOOPS = 1          SEGMENT PASSED
MEASURED    VALUES:
                 POT DC            POT AC
A-B               7,50 MVOLT       36,50 MVOLT
A-GND          -  5,00 MVOLT       36,50 MVOLT
B-GND             2,00 MVOLT        1,00 MVOLT
                   RES               CAP
A-GND          >  5,00 MOHM       145,43 NFAR
B-GND          >  5,00 MOHM        12,18 NFAR
A-B            >  5,00 MOHM        13,65 NFAR


REF TO DIAL INPUT SEQ = 1893

REPORT FOLLOWS              NO=04243

COMMAND ENTERED: EXE-REQ-MT                              SUCCESSFUL
FAST VERIFY  (20)

UNIT UNDER TEST:
EN          = H'0001 & 177
DN          = 321176
SUBSCRIBER TYPE = ANALOGUE

TEST COMMENTS:

  RESULT = TEST OK,          ENVIRONMENT          DIS-ESTABLISHED

LAST REPORT              NO=00527
```

从测试报告中可以看出，测试结果为"TEST OK"，说明用户外线无故障。如果用户不能

通过测试，可进一步检查详细的测量值(POT DC/AC、RES 和 CAP)，来判断用户外线的故障。以用户线断线为例，用户断线以配线架 MDF 为界可分为局内断线和局外断线两种，局内断线指 A-B、A-GND 及 B-GND 的 DC/AC 值均为 0，且 A-B 线间电容值很小；局外断线指 A-B 线电容值小于 0.2 μF。

需要注意的是，一般用户外线的环阻值变化很大，主要是由于用户话机到电信局距离不等及话机的程式不同等多种原因引起的，但可以通过掌握大量数据来帮助分析判断。

③321176 用户的诊断测试

由于对 321176 用户的局内电路进行 RT 测试时发现硬件故障，所以需用 14 号命令作诊断测试，以便对故障进行确认。维护人员对例测报告中列举的故障电路进行诊断测试，输入人机命令：

14: SBLTYPE=SLIF, NA=H'1, NBR=177, WTC=0;

系统接收命令，重新对 321176 用户进行测试并报告如下：

TSEGMENT=23 NBRLOOPS=1 HARDWARE FAULT

MEASURED VALUES:

DIAL TONE !-100,00 DB !! 0,00 KHz !

这个测试结果说明由于电路板故障，用户电路不能向 321176 用户发送正常的拨号音，可以进行换板处理。

要完成一个诊断测试，需要若干硬件资源。在 S1240 交换机中使用的资源有网络交换单元、TAUC 和 TSA。诊断测试的类型包括：网络诊断、控制单元诊断、外部设备诊断、电话设备诊断、系统设备诊断。MMC 手册 SI14 中列出了所有对不同的 SBL 进行诊断测试的测试段。诊断测试可使用所有的测试段、仅使用缺省的测试段或使用指定的若干测试段，若测试失败，会在输出报告中说明其失败原因。

诊断测试常使用 14 号命令，它是三项基本操作的综合。系统在执行 14 号命令时，首先将对应的 SBL 置成退出服务状态，然后对其进行测试。如果测试成功，则初始化该 SBL；如果检测出某一故障存在，则将对应的 SBL 置成 FIT、FOS 或 FLT 状态。

3. 故障的隔离和修复

故障的隔离和修复就是要用备板替换 321176 用户小王话机所连的故障 ALCN 板。321176 用户经诊断测试后发现确有硬件故障，于是维护人员用备板进行替换，此过程主要涉及 SBL 的维护。SBL 按其重要性分成若干高低层次，当一个高层 SBL 退出服务时，从维护角度来说其下属 SBL 也将不能再被访问，也就是说其下属 SBL 也将退出服务。SBL 包括下列五类：

(1)控制单元，所有的控制单元构成一类。

(2)网络，由交换单元、交换单元之间的链路等组成。

(3)电话服务，包括所有用户线路、中继、收发码器及测试设备的 SBL。

(4)外设，包括磁盘、磁带部件及打印机等。

(5)系统，包括有关时钟和音信号系统，告警等的所有 SBL。

SBL 可用以下参数来识别：

(1)网络地址 NA，指一个模块对于 DSN 的访问地址，NA＝H'DCBA。

（2）安全块类型 SBLTYPE，MMC 手册 SI06 中列出了所有的 SBL 类型。

（3）安全块号码 NBR，用于区分具有相同 NA 和 SBLTYPE 的不同 SBL。

SBL 具有多种状态：

（1）IT-话务状态，IT 状态的 SBL 能携带话务并能处理呼叫流程。

（2）FIT-差错状态，FIT 状态的 SBL 是指在诊断测试时发现其中有一个小故障，而该 SBL 可继续处理话务，但维护系统将被告知这一故障。

（3）EF-外部故障，EF 状态的 SBL 是由于交换机外部的故障，而引起该 SBL 不能投入正常运行。

（4）FLT-故障状态，FLT 状态是由于 SBL 本身功能原因影响服务，出现故障次数大于一个预期的数目，并且这些故障被维护子系统所确认；当故障被清除后，该 SBL 会返回服务状态。

（5）FOS-故障退出服务，FOS 状态当故障被清除后，必须通过操作员的干预才能使该 SBL 返回服务状态。

（6）SOS-软件退出服务，SOS 状态的 SBL 本身并无故障，是由于同一控制链中上层 SBL 已退出服务造成的；当上层 SBL 恢复时，它会自动返回至服务状态。

（7）OPR-操作员请求退出，OPR 状态是由操作员干预将某一 SBL 置于非服务状态，只有当操作员允许时，才能将这些 SBL 返回至服务状态。

SBL 状态会因为多种原因发生转移。SBL 可以和 RIT、RBL 进行转换，从而实现故障单板（RIT）的精确定位，RIT 由下列参数定义：

（1）列 ROW/SUITE，是 S1240 交换机系统的机架列号，值为 1～N。

（2）机架 RACK，为列中机架号码，值为 A～N，其中字母 I/O/N/Q/Y 不能被使用。

（3）分架 SHELF，为机架中分架号码，值为 1～8。

（4）槽口 SLOT，指出分架中槽口位置，值为 1～63 的奇数编号。

更换 321176 用户所连故障 ALCN 板步骤大致如下：

（1） 找出故障部分的替换件 RIT

此过程就是要找出 321176 用户的装配位置，使用 39 号命令。该命令可实现 SBL 和 RIT、RBL 的转换，基本参数为 OPTION。OPTION 参数赋值如下：

①OPTION＝SBLRIT 将 SBL 转换为机架上插件的具体位置（RIT），有助于在维护时进行硬件替换工作。

②OPTION＝SBLRBL 显示某特定 SBL 所对应的 RBL 内所有的 SBL，以及它们的状态。

③OPTION＝RITSBL 将 RIT 转换成 SBL，所显示的 SBL 可能部分或全部位于该 RIT 内，同时显示这些 SBL 的状态。

④OPTION＝RITRBL 将 RIT 转换成 RBL，即显示相应 RBL 内的所有 SBL。

由于话机接至交换机的 ALCN 板，维护人员要找出 321176 用户小王话机的装配位置，实际上就是要找替换件的位置，故 OPTION＝SBLRIT，用户线对应的安全块类型为 SLIF（用户线接口），其 NA 和 NBR 可由前面所述的 4296 报告得出（EN＝H'1&177），输入人机命令：

39: SBLTYPE=SLIF, NA=H'1, NBR=177, OPTION=SBLRIT;

交换机系统执行命令后，给出 321176 用户的具体位置，得出报告如下：

```
TRANSLATE-------------------------------------------------SUCCESSFUL
NA        = H'0001
SBLTYPE = SLIF
NBR       = 177
OPTION   = SBLRIT

TRANSLATION    SBL    RIT
RITTYPE     SUITE       RACK      SHELF       SLOT       HOT-INS       MAND
ALCN            1            A            4             47           YES             YES

NO CONVERTORS TO BE SWITCHED OFF AT REPAIR

LAST REPORT                       NO=00065
```

从报告中可以得知，321176 用户所在ALCN 板位置在本局 S1240 交换设备的 1 列 A 架 4 层 47 槽道，HOT-INS 为 YES 表示该电路板支持热插拔，即换板时可带电操作而不需关闭电源，MAND 为 YES 表示该电路板为必备电路板。

(2) 进一步找出对应的维修块 RBL

这一步操作的目的是为隔离故障 ALCN 板的用户做准备。由于一块 ALCN 板接 16 个用户，换板会影响其他 15 个正常用户的话务，为保证设备安全，需取消该电路板上的所有话务，这就是 RBL 的概念。维护人员仍然使用 39 号命令，参数 OPTION＝SBLRBL，输入人机命令：

39: SBLTYPE=SLIF, NA=H'1, NBR=177, OPTION=SBLRBL;

交换机系统执行命令后输出如下报告：

```
TRANSLATE-------------------------------------------------SUCCESSFUL
NA        = H'0001
SBLTYPE = SLIF
NBR       = 177
OPTION   = SBLRBL

TRANSLATION    SBL    RBL
  NA          SBLTYPE   SBLMIN   SBLMAX   STATE   DEVTYPE/CEFUNC
  H'0001   SMCL             23           23          IT           CLALCN

NO CONVERTORS TO BE SWITCHED OFF AT REPAIR

LAST REPORT                       NO=00065
```

报告中显示对应维修块 RBL 为 SMCL(用户模块公用逻辑)，而 SBLMIN/SBLMAX 指示该安全块 SMCL 序号的最小值和最大值。

(3)开始维修

当需要替换一块故障 PBA(如本任务中的 ALCN 板)时，先用 7633 命令将该 RIT 所对应的 RBL 置成 OPR 状态，再用备板替换故障 PBA。使用该命令时，必须指明故障 PBA 的位置，该位置信息已在第一步的 39 命令输出报告中指出，RIT＝1&A&4&47。维护人员输入人机命令：

7633:RIT=1&A&4&47,WTC=0;

命令中参数 WTC 代表等待话务清除，WTC＝0 表示话务立即切断。交换机输出报告如下，相关 RBL 已由 IT 状态转换为 OPR 状态，此时可进行故障电路板的替换。

```
OPERATOR REPAIR SATART                                        SUCCESSFUL
REPORT ON INVOVLED SBLS---------------------------------------------------
RIT        = 1&A&4&47
WTC        =0

GLOBAL RESULT=ACTION SUCCESSFUL

ALARM RECORDS:
NA=H'0001,SMCL      NBR = 23&&23   ,   IT   TO   OPR

LAST REPORT                     NO=00052
```

(4)替换故障 ALCN 板

将故障 ALCN 板拔出,插入备板。此时应检查是否需要关闭 DC/DC 直流变换器(电源板),由于在第一步的 39 命令输出报告中显示 HOT-INS=YES,所以不需关电源;若 HOT-INS=NO,则不支持热插拔,换板时就应该先关电源。在这种情况下,还需要查找电源板对应的空气开关的位置。

(5)结束维修

当替换故障 ALCN 板完成后,维护人员使用 7634 命令将该 RIT 对应的 RBL 置成 IT 状态,以便相关 SBL 能处理话务。如果电源先前被关闭,则首先打开电源。输入人机命令:

7634: RIT=1&A&4&47;

```
OPERATOR REPAIR END                                           SUCCESSFUL
REPORT ON INVOVLED SBLS---------------------------------------------------
RIT        = 1&A&4&47
WTC        = 0

GLOBAL RESULT = ACTION SUCCESSFUL

ALARM RECORDS:
NA = H'0001   ,   SMCL      NBR = 23&&23   ,   OPR   TO   IT

LAST REPORT                     NO=00052
```

交换机输出报告显示,RBL 已由 OPR 状态重新回到 IT 状态,此时 321176 用户所在 ALCN 板上的 16 个用户都可以正常通信,321176 用户电话无音现象解决。

结束维修后,维护人员可重新启动例测或诊断测试,以证实电路是否完好。

评　　价

任务完成后,对任务实施过程及任务成果进行自我评价、教师评价、其他评价,评价要点及内容见表2-9,通过对下表各项内容的考核,评定出学员的成绩。

表 2-9　评价指标体系

评价内容			自我评价	教师评价	其他评价
过程考核	维护工具书的使用	人机命令手册的使用			
		报告手册的使用			
		支援信息手册的使用			

续上表

评价内容			自我评价	教师评价	其他评价
过程考核	操作的规范及熟练程度	是否能快速准确分析故障原因			
		是否熟练掌握各种测试手段			
		是否根据规范更换故障电路板			
	协作沟通能力	师生、学生间的互动情况			
		是否积极提出问题并展开讨论			
成果考核	任务完成情况	是否排除用户电话无音的故障			
	维护报告展示	能否正确阅读并讲解维护报告			
		是否掌握报告中的关键维护信息			
	创新能力	能否处理用户的其他故障现象			
		能否处理中继、信令等方面的故障			

教学策略讨论

S1240 交换机测试与典型故障处理教学策略情况见表 2-10。

表 2-10　S1240 交换机测试与典型故障处理教学策略

教学活动场所	S1240 交换实训室	
推荐教学时数	8 学时	
学习目标	学习内容	教学法提示
认识 S1240 交换系统硬件结构 掌握 S1240 交换系统各种测试手段 掌握典型故障的处理方法	用户电话无音故障的处理	案例教学法

本任务教学建议采用案例教学法，思考以下问题：

(1)本任务教学是否适合采用案例教学法？为什么？

(2)采用案例教学法，对学习者有什么要求？

(3)说明用户故障处理中，用户线各种测试方法的使用条件。

请将讨论记录于下：

(1)讨论记录：________________________________

____

____

(2)讨论记录：________________________________

____

____

(3)讨论记录：________________________________

____

____

____

(4)讨论心得记录：________________________________

____

____

任务2　用户数据管理

任务描述

2008年全国固定电话用户已超过34 000万户，说明在用户发展方面，中国电信的语音业务收入仍然是其收入的重要组成部分。

小张是某公司驻A市办事处的工作人员，他向电信公司申请安装一部固定电话，所选电话号码为321149。因工作需要，小张希望开通国内长途直拨权限（简称"长权"），以及呼叫转移、来电显示和缩位拨号三项新业务。一年后由于工作调动原因，小张要求拆机。

小李是一名电信公司的交换维护人员，他的工作任务之一就是满足用户小张的业务需求。

任务分析

在S1240交换机的日常业务管理中，最常实施的管理任务是关于用户线的管理（创建、修改、删除、显示）及用户新业务的管理。用户线的管理和维护质量将直接影响到用户使用交换机的满意程度。

本任务中用户小张申请装机、开放长权和新业务及拆机，涉及到用户数据管理的多条操作命令，主要包括三个步骤：创建模拟用户、修改用户数据、删除用户。

1. 创建模拟用户

创建模拟用户的过程就是为用户开户的过程，用4291命令实现。

2. 修改用户数据

修改用户数据可为用户开放长权和各种新业务等，其中新业务的开放可采用远端控制和软件控制两种方法，主要用4294命令实现，而新业务缩位拨号采用单独的一套人机命令进行管理。

3. 删除用户

删除用户的过程就是为用户销户的过程，用4295命令实现。

相关知识

一、ASM模拟用户模块

S1240交换局的用户入局后经配线架MDF连接至ASM的ALCN板。ASM可提供128个模拟用户的接口，实现对用户线的检测功能，给用户发送铃流，传送语音、数据信息，并对用户故障进行报告。这些用户电路可以支持不同类型的模拟用户，如普通用户、公用投币话机用户、优先级用户等。ASM采用交叉互助（CROSS-OVER）方式工作。

ASM由MCUA（模块控制单元）和以下电路板组成：

（1）ALCN（模拟用户电路板）。每块板有16个用户，每个模块可装8块ALCN板。

（2）RNGF（铃流板）。1块，为本模块128个用户提供振铃电流。

(3)TAUC(测试存取单元)。一般一个机架配备两块,是模拟用户线和用户电路的测试接口电路。

(4)RLMC(机架告警板)。一个机架配备两块,收集本机架内的硬件告警。

二、用户数据

交换机中运行程序处理的数据有以下两种:一种是动态数据,是说明用户呼叫通话中使用的系统资源的状态及资源之间连接关系的暂时性的数据;另一种是静态数据,是描述交换机硬件结构及运行条件的半永久性数据。静态数据包括局数据、用户数据及交换系统数据。

用户数据全面反映用户情况,每个用户都有自己特定的用户数据,包括用户情况、用户类别、话机类别、新业务使用等数据,其中用户号码与用户设备号最关键。用户申请装、拆机(即开户、销户)就是要建立或删除用户电话号码与设备号码之间的关联关系。

三、用户数据管理常用命令

用户数据管理常用命令见表2-11。

表2-11　用户数据管理常用命令

命令号	命令助记符	命令功能
4291	CREATE-ANALOG-SUBSCR	创建模拟用户,必须给出DN、EN和SUBGRP
4294	MODIFY-SUBSCR	修改用户线的特性及用户特服
4295	REMOVE-SUBSCR	删除用户,必须给出DN、EN
4296	DISPLAY-SUBSCR	显示用户数据
138	MODIFY-ABD-CODE	修改缩位拨号
141	CREATE-ABD-FACILITY	建立缩位拨号
142	REMOVE-ABD-FACILITY	删除缩位拨号

任务完成

一、创建模拟用户321149

创建模拟用户就是用户开户的过程,也是维护人员小李在外线工程结束后为用户小张装机配置用户数据的过程,使用4291命令。4291命令的基本参数为DN、EN和SUBGRP。创建模拟用户时,必须同时给出DN、EN和SUBGRP三个参数。

(一)用户号码DN

S1240交换机维护中用DN代表用户号码,在相关人机命令中,用户号码赋值只需本地号码,一般不带区号,如DN=K'321149,其中,K'表示十进制。

(二)设备号码EN

S1240交换机维护中用EN代表设备号码,即用户对应交换机的硬件编号,它表示用户的物理连接情况,由以下两部分组成:

(1) 用户模块网络地址 NA，如 H'0001 等，其中，H'表示十六进制。

(2) 用户线终端编号 TN，ASM 采用交叉互助方式工作，TN 连续编号，偶模块为1～128，奇模块为 129～256。

用户设备号 EN 可赋值如下：EN＝H'0001&150，它表示该用户连接至 S1240 交换机中网络地址为 H'0001 的 ASM 模块上的第 150 个终端。

实际维护中 DN 和 EN 可以任意配对。

(三)用户组号 SUBGRP

SUBGRP 用在计费分析中，通过 SUBGRP 查询用户源信息，可得到计费源索引。

本任务中，用户小张已选电话号码 321149，维护人员小李根据本局交换机的资源配置情况为其分配设备号 H'1&150，输入命令：

4291:DN=K'321149,EN=H'1&150, SUBGRP=1;

交换机输出报告显示如下：

```
CREATE ANALOG SUBSCR                                          SUCCESSFUL
------------------------------------------------------------------------
EN PHYS (LOG) / ENICONC    DN
-------------------------  ----------
H'1      (H'78F0) & 150    28321149

OPERATOR INPUT :
----------------

SERVICES :

  SUBGRP    :   1

LAST REPORT             NO = 04263
```

输出报告中显示，创建的用户号 DN 为 321149，设备号 EN 为 H'1&150，用户组号 SUBGRP 为 1。用户创建成功后，321149 用户小张摘机会听到拨号音。

使用 4291 命令创建模拟用户时，也可输入用户信令 SUBSIG 或用户远端控制 SUBCTRL 等任选参数，用来定义用户话机类型或新业务等。例如：

4291:DN=K'321149,EN=H'1&150, SUBGRP=1,SUBSIP=CBSET;

该操作可在创建模拟用户 321149 时，同时定义该用户话机为兼容话机 CBSET，即用户拨号时可采用脉冲发号或音频发号两种发号方式。

二、修改 321149 用户数据

为 321149 用户小张开放长权及呼叫转移、来电显示等新业务都可用 4294 命令来实现。4294 命令的功能是修改用户线的特性，如用户呼出权限、话机类型等，也能修改大部分的用户特服。这条命令所需的参数明了，在指明需修改的基本参数 DN 下，需要修改哪一项就输入对应的参数，还可以同时修改多项参数。如修改用户的话机类型，维护人员可输入参数用户信令 SUBSIG。用户缩位拨号新业务的管理采用单独的一套人机命令。

(一)开放国内长途直拨权限

为小张开放国内长权，维护人员在使用 4294 命令时，需使用参数呼出阻塞 OCB。OCB 指

是否允许用户呼出，并定义和限制用户呼出的权限（如国内有权、紧急呼叫有权等）。输入命令：

4294: DN=K'321149, OCB=ADD&PERM&NAT;

命令中 OCB 参数的赋值 ADD&PERM&NAT 表示修改用户为永久性国内长途有权。交换机输出报告显示如下：

```
MODIFY SUBSCR                                              SUCCESSFUL
----------------------------------------------------------------------
EN PHYS (LOG) / ENICONC   DN
-------------------------  ------------
H'1    (H'78F0) & 150     28321149

OPERATOR INPUT :
--------------------

SERVICES :

  OCB       :  ADD        PERM       NAT

LAST REPORT             NO = 04263
```

除了采用 4294 命令修改用户的呼叫权限外，也可在 4291 创建命令中直接指明用户的呼叫权限。例如：

4291：DN＝K'321149，EN＝H'1&150，SUBGRP＝1，OCB＝ADD&PERM&NAT；

使用 4291 命令时，OCB 参数如果缺省，表示该用户的呼叫权限为本地网有权。如果用户小张已经具有国内长权，现申请开放国际长权，维护人员可输入命令：

4294:DN=K'321149, OCB=MODIFY&PERM&INT;

（二）开放呼叫转移新业务

呼叫转移业务是程控交换机提供给被叫用户的一项服务，分为无条件呼叫转移、无应答呼叫转移、遇忙呼叫转移和固定转移至录音通知，通常运营商向用户提供的是无条件呼叫转移业务。无条件呼叫转移允许一个用户对其来话呼叫可以转移到另一个号码。使用该业务时，所有对该用户号码的呼叫，不管被叫用户是什么状态，都自动转到一个预先指定的号码（包括语音邮箱、自动寻呼中心等）。本任务中 321149 用户小张申请此业务，如果转移地号码是 321171，则任何呼叫 321149 用户的电话将转移至 321171 话机。

呼叫转移新业务和其他大多数新业务的实现相同，可采用两种方法：远端控制和软件控制，它们的区别在于远端控制需要用户话机配合操作。

1. 软件控制方式

软件控制方式实现无条件呼叫转移，需要用户在申请业务时提供转移清单，即转移地号码。维护人员根据用户小张提供的转移地号码 321171，使用 4294 命令为小张开放呼叫转移业务。输入命令：

4294:DN=K'321149, CFWD=ACTIVATE&UNCVAR&K'321171;

命令中参数 CFWD 代表呼叫转移，CFWD 赋值时需要指明呼叫转移类型为 UNCVAR

（无条件呼叫转移至用户），K’321171 代表转移地号码。交换机输出报告显示如下：

```
MODIFY SUBSCR                                                    SUCCESSFUL
---------------------------------------------------------------------------
EN PHYS (LOG) / ENICONC   DN
------------------------  ------------
H'1    (H'78F0) & 150     28321149
OPERATOR INPUT :
------------------

SERVICES :
  CFWD      :  MODIFY     UNCVAR     321171                  ACTIVE
LAST REPORT             NO = 04263
```

从报告中可以看出该操作命令已经成功执行，321149 用户小张此时可使用无条件呼叫转移业务。任意主叫用户拨打 321149 时，呼叫将无条件接续至设定的 321171 话机，即 321171 话机振铃。如果用户小张要取消该业务，维护人员可输入命令：

4294:DN=K’321149, CFWD=DEACT;

2. 远端控制方式

远端控制方式实现新业务，主要包含三个方面：登记、使用和取消。登记是指用户申请某项新业务后，先由维护人员输入相应人机命令开放业务权限，然后由用户在自己的话机上进行业务设置。使用是指用户有权使用新业务后，如何操作、激活该业务。取消是指用户通过话机设置或通过维护人员使用人机命令取消该业务。通常用户登记或取消新业务后，交换机系统会送证实音或忙音（也可是录音通知）表示接受或未接受登记。

本任务中，针对用户小张的业务申请，维护人员可通过 4294 命令，使用参数用户远端控制 SUBCTRL 来实现。输入命令：

4294:DN=K’321149,SUBCTRL=ADD&CFWDU;

命令中参数 SUBCTRL 用来开放新业务权限，其赋值 CFWDU 表示无条件呼叫转移。交换机输出报告显示如下：

```
MODIFY SUBSCR                                                    SUCCESSFUL
---------------------------------------------------------------------------
EN PHYS (LOG) / ENICONC   DN
------------------------  ------------
H'1    (H'78F0) & 150     28321149
OPERATOR INPUT :
------------------

SERVICES :
SUBCTRL   :  ADD        CFWDU
LAST REPORT             NO = 04263
```

该操作命令执行成功后，321149 用户小张并不能直接使用此业务，还需要小张在 321149

话机上进行业务登记操作，如“＊57＊321168＃”，57 是无条件呼叫转移的业务代码，321168 表示转移地号码，登记后交换机会送录音通知指示业务登记是否成功。业务的使用方法与软件控制方式情况一致。如果小张要在话机上取消该业务，可操作“＃57＃”，维护人员要取消此业务权限，可输入命令：

4294:DN=K'321149,SUBCTRL=REMOVE;

4294 命令利用参数 SUBCTRL 可同时开放多项新业务的权限，例如用户小张申请同时开放无条件呼叫转移和叫醒服务 AC24HOUR 两项新业务，维护人员可输入命令：

4294:DN=K'321149,SUBCTRL=ADD&CFWDU&AC24HOUR;

（三）开放来电显示功能

来电显示功能也是提供给被叫用户的一项新业务，该业务中交换机能向被叫用户送主叫线号码，并在被叫话机或相应终端设备上显示出主叫线的号码。用户小张申请来电显示新业务，维护人员可输入命令：

4294:DN=K'321149, NBRIDFCD=ADD&CGLIP;

命令中参数 NBRIDFCD 为被叫标识号码，其赋值 CGLIP 表示主叫用户线标识呈现。交换机输出报告显示如下：

```
MODIFY SUBSCR                                          SUCCESSFUL
-------------------------------------------------------------------
EN PHYS (LOG) / ENICONC    DN
-----------------------    ----------
H'1    (H'78F0) & 150      28321149

OPERATOR INPUT :
----------------
SERVICES :

  NBRIDFCD  :  ADD          CGLIP

LAST REPORT            NO = 04263
```

（四）开放缩位拨号新业务

缩位拨号业务就是用 1 或 2 位代码来代替被叫用户的全部号码（可以是本地号码、国内长途号码或国际长途号码，应包括长途字冠）。我国统一采用 2 位代码作为缩位号码，因此一个用户最多可有 100 个采用缩位号码的被叫用户。缩位拨号新业务采用单独的一套人机命令进行管理，该业务也可采用远端控制和软件控制两种方法来实现。

1. 软件控制方式

软件控制方式实现缩位拨号，需要用户在申请业务时提供缩位代码及所代替的被叫号码。维护人员根据用户小张提供的缩位代码 01 和被叫号码 321171，为小张开放缩位拨号新业务。

首先，维护人员使用 141 命令建立缩位拨号新业务，可输入命令：

141:DN=K'321149,ABDREPSZ=20;

命令中参数 ABDREPSZ 表示 ABD 表的容量，即交换机系统开放的用于存放缩位拨号存放空间的大小，该参数赋值 20 表示 321149 用户最多可登记 20 个代码及对应的被叫号码，也就是可对 20 个用户进行缩位拨号。交换机输出报告显示如下：

```
CREATE-ABD-FACILITY                                              SUCCESSFUL
-----------------------------------------------------------------------------
DN = 321149
  ABDREPSZ = 20          START =      00
LAST REPORT              NO = 00126
```

报告中显示“START＝00”表示起始缩位代码为00，即321149用户可使用00～19共20个缩位代码。

其次，维护人员使用138命令修改缩位代码及对应的被叫号码，可输入命令：

138:DN=K’321149,ABDCODE=01,ABDDGTS=K’321171;

命令中参数ABDCODE表示缩位拨号的代码，参数ABDDGTS表示缩位代码所代替的被叫号码。交换机输出报告显示如下：

```
MODIFY-ABD-CODE                                                  SUCCESSFUL
                                                          FINAL RESULT    2-
-----------------------------------------------------------------------------
DN = 321149
                          NEW DATA:
 ABDCODE   ABDDGTS                                                 RSTOVRD
           ASSOCIATED DN     SUBADDRESS     CUGINDEX
 -------   --------------------------------------------------     ---------
   01      321171                                                   YES
LAST REPORT              NO = 00126
```

这时321149用户小张如果想拨打321171话机，可在自己的话机上用“＊＊01”拨号。

2. 远端控制方式

远端控制方式实现缩位拨号新业务，同样应先使用141命令建立缩位拨号新业务。当业务权限开放后，用户需要在话机上进行业务的登记。例如，321149用户如果希望用代码00对321180话机进行缩位拨号，可在本机上进行下列操作：

(1)登记：＊51＊00＊321180＃

(2)使用：＊＊00

(3)取消：＃51＊00＃

话机操作中，51是缩位拨号业务的业务代码。需注意的是，缩位拨号业务是提供给主叫用户的一项服务，仅用于DTMF双音频话机。

三、删除模拟用户321149

删除模拟用户就是用户销户即拆机的过程，使用4295命令。4295命令的基本参数为DN和EN。在删除用户数据时，一般应首先用4296命令显示该用户的数据，检查用户是否具有缩位拨号ABD功能，若有ABD业务，应先删除ABD业务，再删除其他数据。

(一)显示321149用户数据

维护人员可用4296命令显示用户线的特性和相关的数据，基本参数为DN或EN，两参数任选其一。输入命令：

4296:dn=k'321149;或 4296:en=h'1&150;

交换机输出报告显示如下：

```
DISPLAY SUBSCR                                                    SUCCESSFUL
----------------------------------------------------------------------------
EN PHYS (LOG) / ENICONC    DN          A/I    MSN    GDN
-----------------------    ---------   ---    -----  --------
H'1      (H'78F0) & 150    28321149    A

CHARGING METER :  965          0            1938

SERVICES :

   SUBGRP    :  1
   SUBSIG    :  CBSET
   ABD       :  2
   SUBCTRL   :  ABD         CFWD
     …

LAST REPORT              NO = 04263
```

报告中显示 321149 用户有缩位拨号即 ABD 功能，因此需要先删除缩位拨号业务。

4296 命令除了可显示单个用户的数据外，还可显示多个用户的相关信息，此时可以给出范围或给出多个 DN 或 EN。例如，要显示 321149 和 321154 两个用户的数据，可输入命令：

4296: dn=k'321149&k'321154;

要显示 321149～321154 共 6 个用户的数据，可输入命令：

4296: dn=k'321149&&k'321154;

(二)删除 321149 用户的 ABD 业务

ABD 业务用 142 命令删除，维护人员可输入命令：

142: dn=k'321149;

(三)删除 321149 用户的其他数据

ABD 业务删除后，可用 4295 命令删除该用户的其他数据。4295 命令的基本参数为 DN 和 EN，两参数必须同时输入。为满足用户小张的拆机要求，维护人员可输入命令：

4295: dn=k'321149, en=h'1&150;

交换机输出报告显示如下：

```
REMOVE SUBSCR                                                     SUCCESSFUL
                                                          RESULT PART    1 +
----------------------------------------------------------------------------
PREVIOUS STATUS :

EN PHYS (LOG) / ENICONC    DN          A/I    MSN    GDN
-----------------------    ---------   ---    -----  --------
H'1      (H'78F0) & 150    28321149    A


CHARGING METER :  965          0            1938

SERVICES :

   SUBGRP    :  1
```

```
  SUBSIG      :  CBSET
  SUBCTRL    :  DNDST
  COL          :  ORDINARY
  ...
REMOVE SUBSCR                                                    SUCCESSFUL
                                                         FINAL RESULT      2 -
--------------------------------------------------------------------------------
ACTUAL STATUS :

EN PHYS (LOG) / ENICONC     DN              A/I     MSN     GDN
---------------------------  ------------  -----   ------  ----------
          (        ) &          28321149        A


LAST REPORT              NO = 04263
```

在删除报告中,列举了删除前的状态和当前实际状态。另外,4295 命令中使用参数 FSEIZE,可强行删除处于 BUSY(忙/通话)状态的用户。321149 用户删除成功后,再摘机无拨号音。删除用户数据时,交换机将自动保存用户相关的计费数据。

评　价

任务完成后,对任务实施过程及任务成果进行自我评价、教师评价、其他评价,评价要点及内容见表 2-12,通过对下表各项内容的考核,评定出学员的成绩。

表 2-12　评价指标体系

评价内容			自我评价	教师评价	其他评价
过程考核	维护工具书的使用	人机命令手册的使用			
		报告手册的使用			
		支援信息手册的使用			
	操作的规范及熟练程度	是否根据规范完成用户装机			
		能否快速开放长权和新业务			
		是否根据规范完成用户拆机			
	协作沟通能力	师生、学生间的互动情况			
		是否积极提出问题并展开讨论			
成果考核	任务完成情况	装机完成后是否能打通电话			
		是否能在话机上验证各项新业务			
		拆机是否无拨号音			
	维护报告展示	能否正确阅读并讲解维护报告			
		是否掌握报告中的关键维护信息			
	创新能力	能否为用户开放其他新业务			
		能否修改其他类型的用户数据			
		能否管理数字或 BCG 等用户的数据			

教学策略讨论

用户数据管理教学策略讨论情况见表 2-13。

表 2-13　用户数据管理教学策略

教学活动场所	S1240 交换实训室	
推荐教学时数	4 学时	
学习目标	学习内容	教学法提示
了解用户数据的主要内容 掌握 ASM 模块的硬件结构 掌握用户线的创建、修改、删除和显示操作	用户装拆机及新业务开通	案例教学法

本任务教学建议采用案例教学法，思考以下问题：

(1)本任务教学中如何完成案例设计？

(2)案例教学中最关键的因素是什么？

(3)说明用户线装拆机所需的硬件环境。

请将讨论记录于下：

(1)讨论记录：______________________________

____

____

____

(2)讨论记录：______________________________

____

____

____

(3)讨论记录：______________________________

____

____

____

____

(4)讨论心得记录：______________________________

____

____

____

____

____

任务 3　I/O 管理

任务描述

I/O 管理即外设管理，S1240 交换局配置的主要外设有：系统磁盘(DISK)、光盘(ODK)、维护终端、磁带(TAPE)、主告警盘(MPA)等。

现某电信公司交换维护人员小李需要连接一台新的计算机至 S1240 交换机，作为维护终端使用，并制作后备光盘。

任务分析

在交换机的运维中，计算机是维护所用的VDU人机终端，后备光盘用于交换系统软件的备份。连接计算机、制作后备光盘均属于交换机的I/O管理，是日常运维工作中的重要任务。

计算机的连接主要涉及VDU数据的修改，并对相关安全块MMCH进行操作。VDU数据的修改就是将新的VDU数据加入到系统的外设列表、维护数据和输入输出数据中。SBL的操作已在S1240交换机测试与典型故障处理中作介绍。

S1240交换机软件备份有三种，即有三种类型的后备光盘：系统装载部分SLP、数据装载部分DLP和全盘后备SLPDLP。SLP包括程序文件和初始化文件；DLP包括数据库文件；SLPDLP包括系统磁盘上的所有信息。制作后备光盘需要从以下几个方面入手：

(1)掌握所要使用到的相关硬件设备。

(2)确定所要制作的后备光盘的类型。

(3)开始制作后备光盘，包括光盘格式化、备份及查看等。

相关知识

一、外设与装载模块P&L

在S1240系统中与维护密切相关的TM是外设与装载模块P&L。P&L模块由MCUB（模块控制单元）板、DMCA（直接存储器控制器）板、CLMA（中心告警）板和可选的MMCA（人机通信控制器）板组成。另外，收集P&L所在机架硬件告警的RLMC（机架告警）板也连接到P&L的MCUB板。P&L模块负责交换机与维护终端及大容量存储设备的通信，并对TM进行软件的装载，其结构如图2-3所示。大容量存储设备用来存储交换机的程序和数据及交换机的统计和计费信息，主要包括磁带机（MTU）、磁盘（Magnetic Disc）和光盘（Optical Disc）。在JF00架上，DMCA与磁盘、光驱、磁带机之间采用菊花链的方式连接。

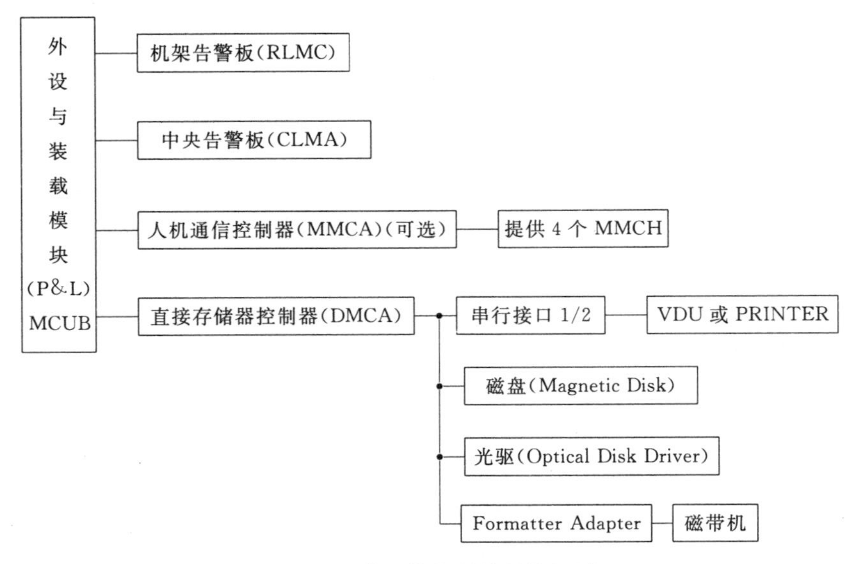

图2-3　P&L模块硬件结构框图

二、维护终端

交换机的操作和维护是通过人机通信完成的，即操作维护人员在维护终端 PC 机上输入人机命令并执行。S1240 交换机配置的维护终端主要有两种：MMC 终端和 MPTMON 终端，分别介绍如下。

1. MMC 终端

MMC 终端分为主 VDU 终端、VDU 终端和打印机终端，这些 MMC 终端通过人机通信电缆连接到 P&L 模块的 DMCA 板或 MMCA 板。S1240 EC74 版交换机最多可接 10 个 MMC 终端，其中通过 DMCA 板可接两个 MMC 终端，每块 MMCA 板可接 4 个 MMC 终端，每个 P&L 模块最多可选配置两块 MMCA 板，两个 P&L 模块之间用电缆复接。与 DMCA 板的 CH1 固定连接的 MMC 终端称为主 VDU 终端，DMCA 板的 CH2 通常接打印机。主 VDU 终端主要用于磁盘重建和系统启动，是每个交换局必须配置的维护终端。

2. MPTMON 终端

多处理测试监控器 MPTMON 是 S1240 交换机提供的一种非常独特而且功能强大的维护和测试工具，可用于交换机的日常维护和现场测试，MPTMON 终端使用 HYCON 等操作系统软件联机。在 MPTMON 终端上可执行人机命令和 MPTMON 指令，MPTMON 终端是一个直接面向系统的工具，通过 MPTMON 终端可直接对 CE 内存进行操作，即在 CE 内存中直接读/写数据，因而它的功能比 MMC 终端要强大得多。在 S1240 EC74 版交换机中，MPTMON 终端除从部分模块 MCUB 板前端用适配器(Adapter)接出外，还可从部分模块 MCUG 板前端直接接出，如 SACELDC、SACECP、SACESVL、SCALSVT 等。维护人员可自己制作这种连接电缆，也可利用原来的 MMC 电缆改接成 9 针的插头。

三、光盘管理的人机命令

光盘管理的相关人机命令见表 2-14。

表 2-14　光盘管理相关命令

命令号	命令助记符	命令功能
8337	FORMAT-DISK	光盘格式化
8338	CONFIRM-FORMAT	确认格式化
8339	MOUNT-DISK	装上光盘
8331	START-DISK-BACKUP	启动磁盘备份
8332	CONTROL-DISK-BACKUP	控制磁盘备份
6438	DISPLAY-PARTIT-DIR	显示光盘信息
8334	PROTECT-PARTIT	分区保护
8335	CLEAR-PARTIT	清除分区
8336	CONFIRM-CLEAR-PARTIT	确认清除分区
7997	UNMOUNT-DISK	卸装光盘

任务完成

维护人员小李连接一台新的计算机至 S1240 交换机，作为维护终端使用，并制作后备光盘，可按如下步骤操作。

1. 连接计算机(VDU 人机终端)

人机终端通过 DMCA 板或 MMCA 板上的串行口(Serial Channel)连接到 P&L 模块,连接速率在 1 200 ~9 600 bit/s。当 P&L 模块启动后,这些连接会按照系统设置好的数据被初始化,所有这些连接都称为人机通信通道(MMC Channel)。

DMCA 板本身提供了两个人机通道,端口号为 CH1 和 CH2。P&L 模块还可根据需要配备一或两块 MMCA 板,每一个 MMCA 板有四个人机通道(MMC Channel),这样两块 MMCA 板上的 8 个人机通道(MMC Channel)端口号为 CH9～CH16。在 JF00 架中,两个 P&L 模块位于第六分架,表 2-15 分别列出了每个 P&L 模块的 10 个 MMC Channel 在后板上的具体位置。

表 2-15　P&L 模块 MMC Channel 在后板上的位置

P&L 模块	电路板	端口号	电缆位置	复连电缆位置
C	DMCA	1	06::12BA01	06::10BA01
		2	06::12BA12	06::12BA23
	MMCA1	9	06::06BA23	06::07BA22
		10	06::06BA12	06::08BA12
		11	06::06BA01	06::07BA03
		12	06::06AA22	06::07AA22
	MMCA2	13	06::08BA23	06::09BA22
		14	06::10BA12	06::10BA23
		15	06::08BA01	06::09BA03
		16	06::08AA22	06::09AA22
D	DMCA	1	06::44BA01	06::42BA01
		2	06::44BA12	06::44BA23
	MMCA1	9	06::38BA23	06::39BA22
		10	06::38BA12	06::40BA12
		11	06::38BA01	06::39BA03
		12	06::38AA22	06::39AA22
	MMCA2	13	06::40BA23	06::41BA22
		14	06::42BA12	06::42BA23
		15	06::40BA01	06::41BA03
		16	06::40AA22	06::41AA22

CH1 和 CH2 又称为系统通道(System Channel),当 P&L 模块初始化时,总是向 CH1 所在的 MMC 端口发送询问。

维护人员小李在连接计算机时发现 MMCH14 未接任何设备,于是决定在该 MMCH 上连接一台新计算机,操作如下:

(1)通过命令 HANDLE-MMC-PERI 将新的 VDU 数据加入到系统的外设列表中。

①首先显示本局交换机的外设表，输入命令：

HANDLE-MMC-PERI: DISPLAY;

命令执行后，输出报告显示如下：

```
HANDLE MMC TERMIN: DISPLAY                                        SUCCESSFUL
-----------------------------------------------------------------------------
  PERI                        RITTYPE                     PERILOC
  REGNR        RITVAR                          ROW   RACK   SHELF   SLOT
-----------------------------------------------------------------------------
   ...
  21406298     AACA           MMCA              1     A       6      7
  21406298     AACA           MMCA              1     A       6      9
  21406298     AACA           MMCA              1     A       6      39
  21406298     AACA           MMCA              1     A       6      41
  NOT ANV      XXXX           VDU              50     C       0      0
   ...

LAST REPORT                              NO=04451
```

报告中显示 VDU 终端可连接的外设位置为“PERILOC＝50&C&0&0”。

②根据显示的外设位置，在本局交换机的外设列表中增加了一台新的 VDU，输入命令：

HANDLE-MMC-PERI: INSTALL, RITTYPE=VDU, PERILOC=50&C&0&0;

交换机输出报告显示如下：

```
HANDLE MMC TERMIN: INSTALL                                        SUCCESSFUL
-----------------------------------------------------------------------------
  PERI                        RITTYPE                     PERILOC
  REGNR        RITVAR                          ROW   RACK   SHELF   SLOT
-----------------------------------------------------------------------------
  NOT ANV      XXXX           VDU              50     C       0      0

LAST REPORT                              NO=04451
```

(2)使用维护命令 DISABLE 将相关的 MMCH14 退出服务。

6: SBLTYPE=MMCH, NA=H'C, NBR=14, WTC=0;

命令中 MMCH 表示安全块类型为人机通信通道接口，NA＝H'C 是 C 侧 P&L 模块的网络地址，VDU 终端连在 P&L 模块中的 MMCA 板上，NBR＝14 表示 SBL 序号，即计算机将连接到 MMCH14。执行命令后，MMCH14 会从 IT 状态变为 OPR 状态。

(3)该 VDU 为异步共享终端 ASST，必须将另一侧的 MMCH14 也退出服务。

6: SBLTYPE=MMCH, NA=H'D, NBR=14, WTC=0;

命令中 NA＝H'D 表示 D 侧 P&L 模块的网络地址，S1240 交换系统配置两个 P&L 模块，工作方式为主备用。

(4)将 VDU 数据加入到维护数据中。

当两侧的 MMCH14 均退出服务后，维护人员需将 VDU 连接到这个专用的接口并按所需功能来连接配置，输入命令：

HANDLE-MMC-PERI: EQUIP, INTERF=1&A&6&9&2, UNTI1=50&C&0&0,

WORKMODE=1;

命令中 EQUIP 表示配置(连接),INTERF 表示接口 PBA 位置,其中 1&A&6&9 表示 VDU 所连 MMCA 板位置,2 表示对应的 MMCH 信道标识,即接口位置在 1 列 A 架 6 层 9 槽 MMCA 板的 CH2,WORKMODE 工作模式为 1 表示共享。交换机输出报告显示如下:

```
HANDLE MMC TERMIN: EQUIP                                          SUCCESSFUL
------------------------------------------------------------------------------
  INTERFACE                                       WORKMODE
  ROW   RACK   SHELF   SLOT   CHANNEL                PRIV/SHAR         DEVFLAG
------------------------------------------------------------------------------
  1      A       6       9       2                   SHARED

    UNIT:              ROW    RACK   SHELF   SLOT       LOCUNIT
------------------------------------------------------------------------------
      1                 50      C      0       0

LAST REPORT                                  NO=04451
```

(5)将新的 VDU 数据加入到输入输出数据中。

维护人员还需进一步将 VDU 作为相连设备加到 P&L 模块网络地址,输入命令:

HANDLE-VDU-PRT: ADD, CONFIG=VDU, SHARED=TRUE, LOCATION=EXCH,

NA=H'C, DEVNBR=14, CONDEV =VDU, FLOWTYP=XONXOFF,

BAUDRATE=BAUD1200, PARITY=EVENPARI, TMLTYPE=VDU;

命令中 ADD 表示将 VDU 数据加到本交换机的 I/O 数据内,CONFIG 设备配置为 VDU 显示单元,SHARED=TRUE 表示 VDU 为共享终端,NA=H'C 为所连 P&L 模块的网络地址,该 VDU 终端波特率为 1 200 bit/s,采用偶校验。

(6)将所有属于该 RIT 的维修块退出服务。

EQUIP-START: RIT=50&C&0&0, WTC=0;

(7)将该 VDU 连接到相应的 MMCH14 信道上。

维护人员使用 INITIALISE 命令将计算机所连 MMCH14 信道置为服务状态,输入命令:

7: SBLTYPE=MMCH, NA=H'C, NBR=14;

执行命令后,C 侧的 MMCH14 会从 OPR 状态变为 IT 状态。

(8)将 D 侧的 MMCH14 信道也置为服务状态。

7: SBLTYPE=MMCH, NA=H'D, NBR=14;

(9)当 VDU 已经准确连到相应的 MMCH14 时,使新 VDU 进入服务状态。

EQUIP-END: RIT=50&C&0&0;

至此,维护人员小李就将计算机连接至了 S1240 交换机系统的 MMCH14 上,作为新的 VDU 终端用于日常维护工作。

2. 制作后备光盘

磁盘后备是一件非常重要的日常操作维护工作,后备光盘存放交换机的软件和数据,为系统的稳定运行提供保障。当系统在运行过程中出现磁盘文件损坏或磁盘硬件故障时,就需要用后备光盘来进行磁盘文件的恢复或磁盘重新建立,从而尽快恢复系统的正常运行。S1240 交换系统配置的光盘为双面光盘,其中低密光盘的每一面(A 面及 B 面)能存储约 300 MB,高

密光盘的每一面能存储约650 MB。插入光盘时朝右的一面为当前使用面，按照以下步骤完成后备光盘的制作：

(1)光盘装入

将光盘插入机架的可读写光驱中，其朝右的一面为当前使用面。

(2)光盘格式化

为了确保有足够的容量做后备光盘，需进行光盘格式化。在操作终端上输入下列命令完成光盘格式化。

8337: LDEV=4020, PARTNBR=X, VOLIDF="XXXXXX";

8338: LDEV=4020;

其中，8337命令允许用户在指定的设备上格式化一个光盘。如果光盘上原来就具有卷标标识(VOLIDF)，将其与操作员输入的卷标标识进行比较，如果不一致，则不对光盘进行格式化。光盘格式化时所指定设备的状态必须处于IT话务状态。

由于本命令具有潜在的危险性，所以在使用格式化命令时必须用8338命令进行确认。8338命令允许用户确认或终止一个先前输入的在某一特定设备上的格式化命令，该命令必须在输入8337命令后的3 min内有效。

命令中LDEV表示逻辑设备标识，SI69中列出了系统中的逻辑设备标识。光盘插在C侧P&L模块，则LDEV＝4020；插在D侧P&L模块，则LDEV＝4120。VOLIDF＝"XXXXXX"表示光盘的卷标，卷标必须为6位数，但必须以字母开头；PARTNBR＝X表示将该面的光盘分为X个区。

光盘第一次使用时必须先进行格式化，其中每一面最大分为16个分区。一般情况下，光盘格式化后分为0～7共8个分区，其中0区为程序区，1～7区为数据区，并对每区编号为P0、P1、…、P7，每个分区存储量的大小是动态分配的。输入/输出系统将每个分区作为不同的逻辑设备来处理，可使用人机命令来保护或清除某分区。

(3)软件装载光盘

8339: LDEV=4020, VOLIDF="XXXXXX";

8339命令允许用户在某指定设备上装上一个光盘。操作员输入的卷标标识将与光盘上的卷标标识进行比较，如果不同，则无法完成该操作，所指定的磁盘单元必须处于IT状态。LDEV＝4020表示光盘安装在C侧P&L模块。

(4)启动光盘备份

8331命令用来启动一个系统磁盘的备份，将数据备份到光盘上。备份的源设备必须是一个系统磁盘，目的设备必须是一个光盘分区，并且该设备必须是已被格式化、已MOUNT和非写保护的。如果所有分区都被占用，则覆盖最老的分区。后备光盘可以使用下列选项：

①仅备份SLP(系统装载部分)，SLP被复制至光盘的0分区上。

8331: SLP, SRCDEV=1, DDEVSLP=4020, SLPIDF="XXXX";

②仅备份DLP(数据装载部分)，DLP被复制至操作员所指定的光盘1分区上。

8331: DLP, SRCDEV=1, DDEVDLP=4021, DLPIDF="XXXX";

③全盘后备(SLPDLP)。SLP被复制至光盘0分区上，而DLP则被复制至操作员所指定的光盘1分区上。

8331: SLPDLP, SRCDEV=1, DDEVSLP=4020, SLPIDF="XXXX", DDEVDLP=4021,

DLPIDF="XXXX";

命令中 SRCDEV=1 代表源设备为系统 C 侧磁盘，2 为 D 侧，1032 为双侧。SLPIDF 和 DLPIDF 表示 SLP 和 DLP 的标识，必须以字母开始。另外，在复制时操作员能指定某些文件类型，使它们包含或不包含在复制内容中。

注意：SLP 必须做在 0 分区，DLP 最好做在 1 分区，也可在 2～7 分区，SLPDLP 做在 0，1 分区。做完 DLP 带，须把 1、16、201 文件分别复制到所用的分区。做完 SLP 带，须把 1、202、204、205、2002、2003 文件复制到 0 分区。SLPDLP 不需另复制文件。

光盘具有两级数据保护功能，一为硬件保护开关，二为软件保护设置。当需要复制新的数据到指定分区时必须将相应保护设置打开，新数据将顺序在该分区中存放下来。此时可用 8334 分区保护命令，该命令允许用户对指定的光盘分区实施写保护或去除写保护，对光盘分区上的数据进行保护，防止由于误操作而将数据删除，也可对空的分区实施写保护以备后用。所指定的光盘必须已被 MOUNT。

(5)制作过程中可用命令察看制作状态

8332 命令允许用户控制在光盘上的系统磁盘备份的生成。可使用 CNTRLTYP= STATUS 显示后备进程的当前状态信息(看多少个文件已复制，还有多少个文件未复制)，用 CNTRLTYP=ABORT 来终止一个正在进行的后备。本命令只能被一个正在进行的后备进程所接受，具体命令的输入如下：

8332: CNTRLTYP=STATUS;

如需要中止后备光盘的制作，可用命令：

8332: CNTRLTYP=ABORT;

(6)查看已制作的后备光盘上的信息

显示光盘信息可用 6438 命令，它允许用户显示有关光盘的下列信息：卷标标识、卷标拥有者的标识、分区标识、每个分区中已经进行过的后备生成的操作日期/时间，以及每个分区的写保护状态。所指定的磁盘设备必须已被 MOUNT，下述两条操作命令可显示分区 0 和分区 1 中的逻辑文件。

6438: LDEV=4020;

DISPLAY-LOGICAL-FILES(466): LDEV=DKA1P0;

DISPLAY-LOGICAL-FILES(466): LDEV=DKA1P1;

(7)软件卸除光盘

用 8332 命令查看后备光盘制作状态，若作完(即 WAITING 项为 0)则 UNMOUNT 卸装光盘。该命令允许用户卸装指定设备上的光盘，所选择的设备必须处于 IT 状态，具体操作命令如下：

7997: LDEV= 4020;

(8)保存光盘

从机架上取下光盘，并在光盘上贴上标签，注明后备光盘类型及日期，妥善保存。

通过以上步骤，维护人员小李完成了制作后备光盘的任务。

评　　价

任务完成后，对任务实施过程及任务成果进行自我评价、教师评价、其他评价，评价要点及内容见表2-16，通过对下表各项内容的考核，评定出学员的成绩。

表 2-16　评价指标体系

评价内容			自我评价	教师评价	其他评价
过程考核	维护工具书的使用	人机命令手册的使用			
		报告手册的使用			
		支援信息手册的使用			
	操作的规范及熟练程度	能否快速正确地将 VDU 终端连至交换机			
		能否根据规范制作后备光盘			
	协作沟通能力	师生、学生间的互动情况			
		是否积极提出问题并展开讨论			
成果考核	任务完成情况	是否能在新连 VDU 终端进行人机通信			
		是否能制作 SLP 后备光盘			
		是否能制作 DLP 后备光盘			
		是否能制作全盘后备			
	维护报告展示	能否正确阅读并讲解维护报告			
		是否掌握报告中的关键维护信息			
	创新能力	能否独立完成 MPTMON 终端连接			

教学策略讨论

I/O 管理教学策略讨论情况见表 2-17。

表 2-17　I/O 管理教学策略

教学活动场所	S1240 交换实训室	
推荐教学时数	4 学时	
学习目标	学习内容	教学法提示
掌握 P&L 模块的硬件结构 掌握各种外设的特点 掌握 VDU 终端的连接过程 掌握后备光盘的制作步骤	VDU 终端连接和后备光盘制作	案例教学法

本任务教学建议采用案例教学法，思考以下问题：

(1)在案例教学集体讨论过程中，需注意哪些问题？

(2)案例教学中如何对学生进行评价？

请将讨论记录于下：

(1)讨论记录：____

____

(2)讨论记录：____

____

(3)讨论心得记录：____

____

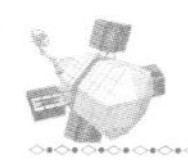

任务4　局数据管理

任务描述

由于用户容量的增长，为满足用户业务需求，某电信公司新开通一个交换局 C，字冠为 K'323。现 A 局维护人员小李需创建本局至 C 局的去话局向。

任务分析

S1240 交换机的局数据管理在内容上包括字冠分析、路由管理、DID 数据、阻塞原因、录音通知、呼叫限制等。本次任务主要涉及路由管理、字冠分析和任务定义。维护人员小李要创建 A 局至 C 局的去话局向，应先在 A 局出局侧创建一个出局的路由结构，并将该路由块与 C 局字冠联系起来，具体操作步骤如下：

1. 在出局侧创建一个出局的路由结构

(1)创建路由。

(2)创建出局的中继群。

(3)在中继群中加入中继线。

(4)创建复合中继群。

(5)创建子路由块。

(6)创建路由块。

2. 将路由块与字冠联系起来

(1)创建 DESTACC 指向刚建立的路由块。

(2)修改字冠任务指针(联系电话号码字冠)。

相关知识

一、路由管理基本概念

在 S1240 系统中，交换机对呼叫的处理一般分为本局呼叫、出局呼叫、特服呼叫、录音通知等。字冠分析软件 PATED 经过字冠分析和任务定义以后，如果是出局呼叫，系统将寻找出局路由块(Routing Block、RTGBLK)、子路由块(Subrouting block)、分配组(Distribution group)、复合中继群列表(Trunkgroup Combination List，TKGCOML)、复合中继群(Trunkgroup Combination，TKGCOM)、中继群(Trunkgroup)和中继线(Trunk)、具体结构关系如图 2-4 所示。

二、相关人机命令

路由管理包括路由块的控制、子路由块的处理、复合中继群列表的处理、复合中继群的处理、路由的处理和中继群的处理，相关人机命令见表 2-18。

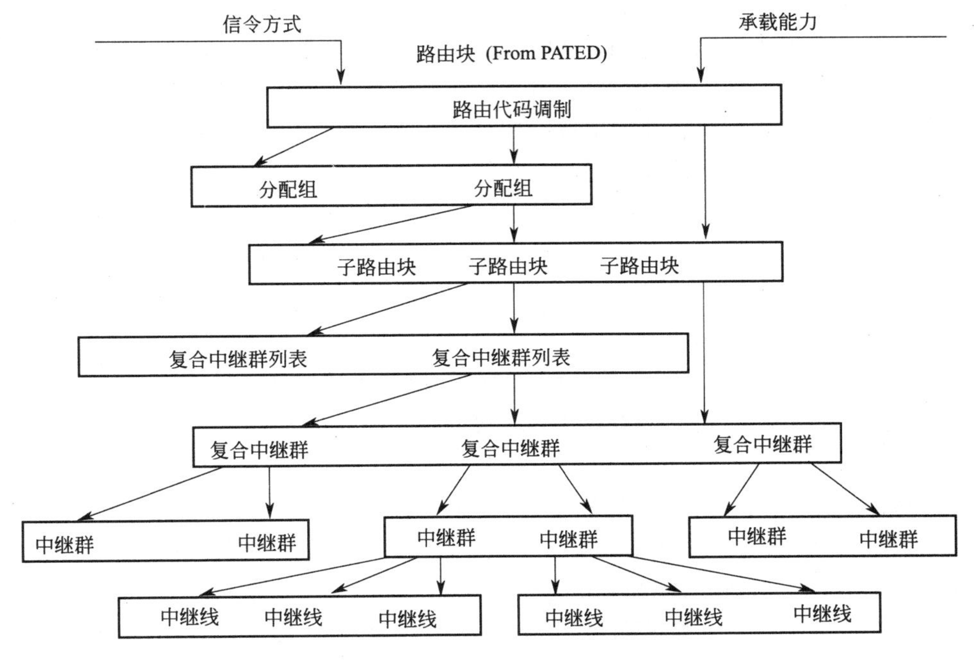

图 2-4　中继路由层次结构

表 2-18　路由管理相关命令

命令号	命令助记符	命令功能	命令号	命令助记符	命令功能
5791	CREATE-RTGBLK	创建路由块	5808	MODIFY-TKGCOM	修改复合中继群
5792	MODIFY-RTGBLK	修改路由块	5809	REMOVE-TKGCOM	删除复合中继群
5793	REMOVE-RTGBLK	删除路由块	5810	DISPLAY-TKGCOM	显示复合中继群
5794	DISPLAY-RTGBLK	显示路由块	113	CREATE-ROUTE	创建路由
5799	CREATE-SRTGBLK	创建子路由块	114	MODIFY-ROUTE	修改路由
5800	MODIFY-SRTGBLK	修改子路由块	115	REMOVE-ROUTE	删除路由
5801	REMOVE-SRTGBLK	删除子路由块	116	DISPLAY-ROUTE	显示路由
5802	DISPLAY-SRTGBLK	显示子路由块	1557	CREATE-TKG	创建中继群
5803	CREATE-TKGCOML	创建复合中继群列表	1558	MODIFY-TKG	修改中继群
5804	MODIFY-TKGCOML	修改复合中继群列表	1559	REMOVE-TKG	删除中继群
5805	REMOVE-TKGCOML	删除复合中继群列表	1560	DISPLAY-TKG	显示中继群
5806	DISPLAY-TKGCOML	显示复合中继群列表	1561	EXTEND-TKG	扩充中继群
5807	CREATE-TKGCOM	创建复合中继群	1562	REDUCE-TKG	减少中继群

任务完成

维护人员小李要创建 A 局至 C 局的去话局向。

一、在 A 局出局侧创建一个出局的路由结构

出局的路由结构包括中继线、中继群、复合中继群、路由、子路由块、路由块。出局路由的

创建次序为：路由、出局的中继群、在中继群内增加中继线、复合中继群、子路由块、路由块。

（1）中继线是指两个交换机之间的 PCM 连线，它依赖于中继群、复合中继群、复合中继群列表、分配组、子路由块、路由块、信令方式（SIGTYPE）和承载能力（Bear Capability，BC）。

（2）中继群是指具有相同特性的中继线的总和。

（3）路由是指连接两个直达局间所有中继群的总和。一个路由中可以包含入局中继群、出局中继群、双向中继群。路由是没有方向性的。

（4）复合中继群是指从话务分配的角度，把若干 OTG TKG 和/或 BW TKG 放在一个集合中，使得话务量可以按照预定的方式在属于该集合的中继群中分配。分配方式主要有 CYCLIC 和 SEQTL 两种方式。

（5）复合中继群列表是指从话务分配的角度，把若干 TKGCOM 放在一个集合中，使得 Traffic 可以在这些 TKGCOM 之间按照预定的 CYCLIC、SEQTL、LOADSHARING 方式进行分配。

（6）子路由块是指能够支持某一种 BC 和 SIGTYPE 的 TKGCOML 和/或 TKGCOM 的集合，在这样一个集合中，Traffic 可以在不同的 TKGCOML 和/或 TKGCOM 之间按照 CYCLIC、SEQTL、LOADSHARING 方式进行分配。

（7）分配组是指从话务分配的角度，把若干 SRTGBLK 放入一个集合，使得 Traffic 可以在这样一些 SRTGBLK 之间按照预定的 CYCLIC、SEQTL、LOADSHARING 方式进行分配。

（8）路由块是指能够到达某一个目的地（Destination）的所有 DISTGRP 和 SRTGBLK 的集合，它要受到 BC 和 SIGTYPE 的调制。

（一）创建路由

维护人员小李将 A 局至 C 局的新路由名称定为 T_05321，输入命令：

CREATE-ROUTE: RTEID="T_05321";

命令执行后，输出报告显示如下：

```
CREATE-ROUTE                                                    SUCCESSFUL
--------------------------------------------------------------------------
ACTUAL FEATURES
DETAIL       =   NORM

RTEID              RTENBR    RTESTATE   COMPANY               COMMENT
--------------------------------------------------------------------------
T_05321            (00111)      IS         ~~~~~~~~~~~~~~~~

LAST REPORT                  NO = 00100
```

其中，RTEID 为路由标识，路由状态 RTESTATE＝IS 表示路由使用中。

（二）创建出局的中继群

维护人员小李参考原有的 T_0532_DT11 中继群创建新的 T_0532_DT21 中继群，输入命令：

CREATE-TKG: TKGID="T_0532_DT21"&"T_0532_DT21", REFTKG=T_0532_DT11;

命令中，TKGID 为中继群标识，REFTKG 为参考中继群。中继群是指具有相同特性的中继线的总和，中继线的特性主要是指：

（1）目的地：到达一个相同的交换机或小交换 PABX。

(2)信令:R2、N5、TUP、NTUP、ISUP 等。

(3)方向:入局,出局,双向。

(4)传输特性:传输频带、模拟、数字等。

创建中继群完毕后更改以下参数:路由 RTE、中继资源分配 LTRA、七号信令目的 DEST、选线方式 HUNTING 和承载业务类别 BEARDEP 等,输入命令:

MODIFY-TKG:TKGID=T_0532_DT21, LTRA=H'3340&90;

MODIFY-TKG:TKGID=T_0532_DT21, OWNBC=DIGITAL;

MODIFY-TKG:TKGID=T_0532_DT21, DEST=H'32BA0F&NAT;

MODIFY-TKG:TKGID=T_0532_DT21, HUNTING=LIFOFIFO&ODDCHN;

MODIFY-TKG:TKGID=T_0532_DT21, RTEID=T_05321;

命令执行后,输出报告显示如下:

```
MODIFY-TKG                                                    SUCCESSFUL
-------------------------------------------------------------------------------------
TKGDESCR= T_0532_DT21
NUMERICAL TKGID = 563
ACTUAL FEATURES

DIR           = BW                               NBR OF ALLOCATED TRKS = 0
SIGTYP        = N7ISUPNA
RTEID         = T_05321
DEST          = T_05321         22 8 56         H'00112233 & NAT
EXCHTYPE      = LOCAL
INCIDF        = COMPL                                DIGITS    = K'
LTRA     (LCE & NBR OF RESERVED TRKS) = H'3340&90
LOAD   (TRAFFIC (% ERLANG) & HOLDTIME (S)) = 80   & 116
HUNTING       = LIFOFIFO & ODDCHN
TKGRST        =
OWNBC         = DIGITAL
TKGSTATE      = IS (TRUNKGROUP IN SERVICE)
ECANCTRL      = BTRANOUT & ERL6DB    & COMFN     & PHREV       & TONEENA
                NOECHOS   & ECAN     & NOMON     & SFTSTENA    & ERLCHGNA
CICFRMT       = CCITT
PROPERTY = SLOWDLOF & AUCGLIOF & NTORCHOF & CARGHTOF & CNSCRQOF
           NEOSEXOF & IINTTGOF & IECDOXOF & OECDPXOF & GLYPRIOF
           OPGRPOF  & CCRREQOF & OVLPRIOF & EDACTEOF & DEDTKGON
           VPNTKGON
EXCHGRP = REMAINING
CATALEV   = ALLCALW
CHCOS     = NCGDBOBS & NOCGDBOR & NOIMMBIL & NCDREVCH & NCDDBLNG
            NCDDBOBS & NCSNDPLS & 000
ASWFPLS   : FALSE (ANSWER IS NOT FIRST PULSE)
NBRDGTS   : 000
NTRADDR      = UNKNOWN   (INTCAIOF)
NTRADDR      = INTAL     (INTCAIOF)
NTRADDR      = NAT       (INTCAIOF)
NTRADDR      = SUBSC     (INTCAIOF)

LAST REPORT                NO = 00097
```

上述一系列操作中,中继资源分配 LTRA 参数规定了中继群的 TRA 辅助控制单元,以及中继群的预留中继数量。本处维护人员指定了 LTRA 模块的 LCEID 为 H'3340,系统亦可自动分配,此时 LCEID 为 H'FFFF,并为该线群预留了 90 条中继线。在中继群中加入中继线时,中继线数量不得超过 90 条的预留值。

选线方式 HUNTING 参数确定出中继群的中继线选线方式。HUNTING=LIFOFIFO

是将中继线分为两部分，各形成一个队列，一个是 FIFO 队列，另一个是 LIFO 队列。LIFOFIFO 方式应在 FIFO 队列全忙时再选 LIFO 队列的中继。当使用 LIFOFIFO 选线方式时，HUNTING 参数应输入第二个变量 FIFO CHANNELS。该变量用来规定 FIFO 和 LIFO 队列中各包含哪些话路。

在 N0.7 信令方式下，两个交换局之间的中继电路为双向电路，可能发生双向同抢问题。为了减少双向同抢的发生，信令点编码 SPC 大的局主控所有偶数电路，SPC 小的局主控所有奇数电路，交换局可优先接入主控电路(FIFO)，非优先接入从控电路(LIFO)。所以在创建 7 号信令中继线时，HUNTING 参数即使未输入第二个变量，也会自动生成。生成的原则是：如果本局 SPC 大于对端局 SPC，则 FIFO CHANNELS＝EVENCHN；如果本局 SPC 较小，则 FIFO CHANNELS＝ODDCHN。

(三)在中继群中加入中继线

采用 NO.7 信令的局间中继电路是用电路识别码 CIC 标识的。CIC 为 12 bit，对于 2 Mbit/s 的数字通路，CIC 的格式见表 2-19，它固定为 PCM 系统号码＋电路时隙编码。PCM 系统号码与电路时隙无固定联系，只要交换局双方约定即可，也就是说对于同一电路时隙，交换局双方对应同一 CIC 即可。

表 2-19 电路识别码 CIC 格式

PCM 系统	电路时隙	中继电路编序(CIC)
1	1、2、…、31	101、102、…、131
2	1、2、…、31	201、202、…、231
⋮	⋮	⋮
N	1、2、…、31	*N*01、*N*02、…、*N*31

维护人员小李要在新创建的 T_0532_DT21 中继群中加入 30 条中继线，输入命令：

EXTEND-TKG: TKGID=T_0532_DT21, ENLIST1=H’1001&2&&31&102&1,

RELEASE;

EXTEND-TKG: CONTROL=CONFIRM;

命令执行后，输出报告显示如下：

```
EXTEND-TKG                                                     SUCCESSFUL
-------------------------------------------------------------------------
TRUNKS RELEASED
TRUNKS MARKED * ARE IN PCM ALARM

TKGID            TKSEQ  TCE-N  LCEID   PCEID   TN/TS  STATE     TRAF
---------------  -----  -----  ------  ------  -----  --------  ------
T_0532_DT21       102       1  H'C260  H'1001      2  RELEASED  TRAL *
T_0532_DT21       103       1  H'C260  H'1001      3  RELEASED  TRAL *
   ...
T_0532_DT21       129       1  H'C260  H'1001     29  RELEASED  TRAL *
T_0532_DT21       130       1  H'C260  H'1001     30  RELEASED  TRAL *
T_0532_DT21       131       1  H'C260  H'1001     31  RELEASED  TRAL *

LAST REPORT                 NO = 00098
```

扩展中继群命令 EXTEND-TKG 中，ENLIST1 表示设备号码单 1。在 ENLIST1 参数的

4 个变量中，第 1 个变量 H'1001 为中继模块的网络地址；第 2 个变量 2&&31 是中继线对应的 PCM 时隙范围，这两个变量合起来指定了 H'1001 中继模块中的 TS2～TS31 共 30 条中继线；第 3 个变量 102 代表第 1 条中继线的顺序号；第 4 个变量 1 表示 TCE 顺序号，也就是该中继模块是中继群中的第 1 个模块。该命令需要进行确认。

（四）创建复合中继群

维护人员小李在中继群中加入中继线后，进一步创建复合中继群 TC_0532，其下属中继群包含中继群 T_0532_DT21，输入命令：

CREATE-TKGCOM: TKGCMID="TC_0532", TKGCHN=T_0532_DT21;

命令执行后，输出报告显示如下：

```
CREATE-TKGCOM                                          SUCCESSFUL
-------------------------------------------------------------------
ACTUAL FEATURES
DETAIL        = NORMAL

TKGCMID       = TC_0532
-----------
RTEID         = T_05321
HUNTING       = SEQTL

TKGID         = T_0532_DT21

LAST REPORT                 NO = 05502
```

（五）创建子路由块

创建子路由块可以采用 SRTGBLK→TKGCOM 的方式或 SRTGBLK→TKGCOML 的方式。SRTGBLK→TKGCOML 方式下，创建子路由块 SRTGBLK 应先创建复合中继群列表 TKGCOML，故维护人员小李决定采用 SRTGBLK→TKGCOM 方式创建子路由块。输入命令：

CREATE-SRTGBLK: SRTGBLID="ST_0532", TKGCCHN=TC_0532;

命令执行后，输出报告显示如下：

```
CREATE-SRTGBLK                                         SUCCESSFUL
-------------------------------------------------------------------
ACTUAL FEATURES

SRTGBLID = ST_0532
------------
TYPE          = NORM
SAT           = NOCHECK
HUNTING       = SEQTL
TKGCMID       = TC_0532
-----------
RTEID         = T_05321
HUNTING       = SEQTL
TKGID         = T_0532_DT21

LAST REPORT                 NO = 05496
```

（六）创建路由块

创建路由块时，维护人员可以指定包含复合中继群 TKGCOM 的子路由块 SRTGBLK 为下属子路由块，或指定包含复合中继群列表 TKGCOML 的子路由块 SRTGBLK 为下属子路由块。路由块要受到 BC 和 SIGTYPE 的调制。

在 S1240 交换系统中,SIGTYPE 的取值一般有:

(1)ANY:任意。

(2)DIGITAL MANDATORY:数字必须。

(3)ISDN MANDATORY:ISDN 必须。

(4)ISDN PREFERRED:ISDN 优先。

(5)ISUP MANDATORY:ISUP 必须。

在 S1240 交换系统中,BC 的取值一般有:

(1)SPEECH:语音。

(2)3.1K AUDIO:3.1 kHz 音频。

(3)7K AUDIO:7 kHz 音频。

(4)64K UNRESTRICTED DIGITAL:64 kbit/s 不受限数字信号。

维护人员小李要创建路由块 T_0532,其下属子路由块包含子路由块 ST_0532,输入命令:

CREATE-RTGBLK: RTGBLKID="T_0532", SRTGBLK1= ST_0532,

DEPCOMB1=SPEECH&ANY;

至此,维护人员小李就在 A 局出局侧成功创建了一个至 C 局的出局路由结构,但还需要将此路由块与 C 局字冠联系起来。

二、将路由块 T_0532 与 C 局字冠 K'323 联系起来

S1240 交换系统中负责字冠数据分析的呼叫服务软件是字冠分析及任务单元定义(PATED)软件。PATED 的功能之一是分析收到的字冠,确定呼叫目的地及其他由字冠确定的呼叫任务。在实际通信中,如果 A 局用户呼叫 C 局用户,该呼叫为出局呼叫,要完成此次呼叫,必须将 A 局至 C 局的出局路由块与 C 局字冠 K'323 相联系。

(一)创建 DESTACC 指向刚建立的 T_0532 路由块

维护人员小李首先为 T_0532 路由块创建路由选择任务 DESTACC,PATED 根据所接收到的被叫号码来定义相关的路由任务,主要的路由任务有:本局任务、出局任务、操作台任务及录音通知。如果是出局任务,系统会选择空闲中继线进行呼叫,输入命令:

7474: ACCINFO=OG&0, RTGBLKID=T_0532, CREATE;

参数 ACCINFO=OG&0 中,"OG"代表出局呼叫,"0"代表重试次数,即遇阻重新选线的次数。在路由块仅包含一个去话线群时,重试次数应为 0。查输出报告得到 DESTACC=139。

(二)修改字冠任务指针(联系电话号码字冠)

维护人员小李还需要将 A 局至 C 局的出局路由块 T_0532 所对应字冠 K'323 指向该 DESTACC,输入命令:

715: TREE=10, PFX=K'323, DESTACC=139, OPTION=ALL;

至此,A 局至 C 局的去局新局向相关局数据创建完毕。如果呼叫仍不能成功,在排除传输因素后,还需要检查 DESTDID、DESTSIG、DESTCTRL、DESTNBG 等数据。

评 价

任务完成后,对任务实施过程及任务成果进行自我评价、教师评价、其他评价,评价要点及内容见表 2-20,通过对下表各项内容的考核,评定出学员的成绩。

表 2-20　评价指标体系

评　价　内　容			自我评价	教师评价	其他评价
过程考核	维护工具书的使用	人机命令手册的使用			
		报告手册的使用			
		支援信息手册的使用			
	操作的规范及熟练程度	是否熟悉创建去话局向的相关人机命令			
		能否根据规范创建去话局向			
	协作沟通能力	师生、学生间的互动情况			
		是否积极提出问题并展开讨论			
成果考核	任务完成情况	是否完成相关硬件连接			
		是否根据教师提供的数据开通去话局向			
	维护报告展示	能否正确阅读并讲解维护报告			
		是否掌握报告中的关键维护信息			
	创新能力	能否独立完成来话局向的创建			
		能否删除出局呼叫数据			

教学策略讨论

局数据管理教学策略讨论情况见表 2-21。

表 2-21　局数据管理教学策略

教学活动场所	S1240 交换实训室	
推荐教学时数	4 学时	
学习目标	学习内容	教学法提示
掌握中继路由的层次结构 掌握去话局向的创建步骤	创建去话新局向	项目教学法

本任务教学建议采用项目教学法，思考以下问题：

(1)应用项目教学方法介绍局数据管理相关知识，其与教师直接讲授的方法相比有什么优势？

(2)在项目教学实施中，有哪些关键过程？

(3)教学中如何调动学生参与项目的积极性？

请将讨论记录于下：

(1)讨论记录：____________________

____

(2)讨论记录：____________________

____

(3)讨论记录：____________________

____

(4)讨论心得记录：____________________

____

任务5　计费数据管理

任务描述

小刘是中国电信某分公司321局（局号为321）的座机（固定电话）用户，电话号码为321171，小李作为321局的交换维护人员，需查询小刘在拨打本局用户时的基本计费数据和费率。

任务分析

电信收费问题关系到消费者的切身利益，也是消费者的投诉热点之一，它和交换机系统的计费子系统密切相关。S1240的计费子系统分为计费分析、计费产生、计费收集和计费记录输出四个功能部分。

计费分析负责在一次呼叫建立（需要计费）时，确定相应的计费控制参数信息，如费率等。计费产生软件则在呼叫过程中生成计费计数脉冲或详细计费账单。计费收集软件负责在呼叫结束或呼叫过程中，将计费结果数据（包括计数器和账单）收集并存放在某些地方（如内存等），下一步复制到磁盘。计费记录输出软件将磁盘（或内存）中的计费结果数据按一定的格式，输出到磁盘、光盘、磁带或专门的计费中心等。

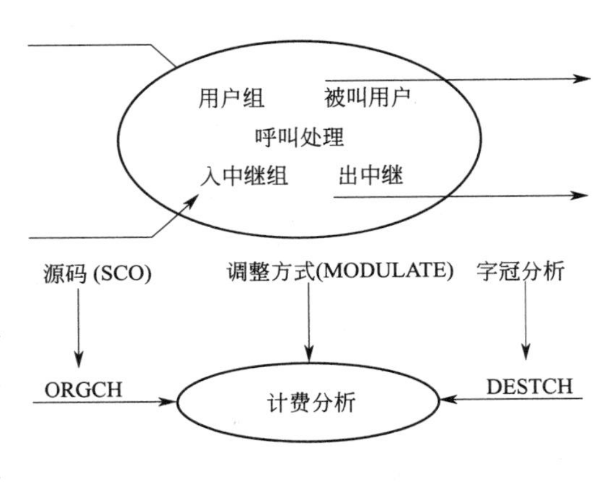

图 2-5　基本计费分析图一

目前，对计费数据的管理而言，除非运营商制定新的资费标准或国家颁布新的节假日时间，否则一般情况下很难涉及计费数据的修改。因此维护人员的工作任务主要涉及基本计费控制数据和费率的查询、制作计费光盘等。

查询基本计费控制数据和费率实际就是计费分析的过程，而产生计费的软件则是根据计费分析的结果对每次呼叫进行计费。为了获取这些数据，计费子系统必须得到以下几个入口索引，如图2-5和图2-6所示。

从图中我们可以看到，查询基本计费控制数据和费率的步骤如下：

（1）查询呼叫源信息，得到计费源索引。

（2）查询字冠分析信息，得到计费目的索引。

（3）查询费率区域信息。

（4）查询计费基本控制信息。

（5）查询费率调整方式。

（6）查询费率定义。

（7）查询时间调派信息。

（8）查询计费日历表。

从上述步骤可以看出，维护人员在查询基本计费控制数据和费率的过程中，首先需要由呼叫源信息（主叫用户）和字冠分析信息（被叫用户）得到计费源索引和目的索引，从而确定费率

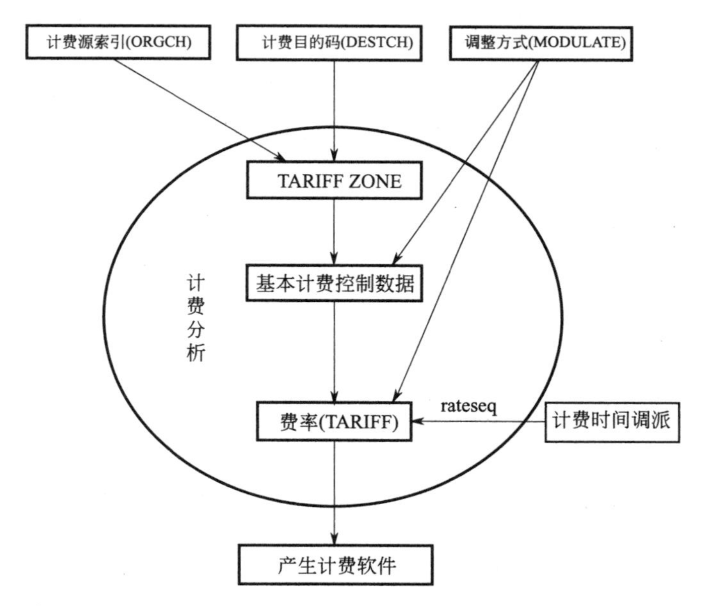

图 2-6　基本计费分析图二

区；再通过费率区查询计费基本控制信息，得到费率组和费率标识，如果用户呼叫采用汇总计费，还要查询费率定义（包括计费脉冲的跳变周期、次数等）；最后，根据费率组查时间调派信息，由计费日历表确定呼叫时间的日子类型，从而获知用户在不同的时间呼叫时，采用哪种费率实现脉冲计费。如大家所熟知的，消费者在 21:00 以后打长途电话收费更低。

相关知识

一、计费形式与计费方法

S1240 交换机的计费子系统主要采用汇总账单和详细账单两种计费形式，一般本地网呼叫采用汇总账单方式，而长途呼叫则采用详细账单方式。汇总账单也称为脉冲计费，在通话期间，按照规定的费率记录通话过程中的脉冲数量，并在用户的汇总计数器（CHARGING METER）中累加。详细账单是在用户每次通话结束后提供详细话单记录相关计费信息（主被叫 DN、通话起止时间、通话脉冲数等）。

计费方法是脉冲计费时记录脉冲的方式，详细费率数据中包含了这项参数。S1240 系统提供多种计费方法，包括单位计费 UNF、同步计费 SYN、单位同步计费 UNFSYN、卡尔松计费 KAR、单位卡尔松计费 UNFKAR、准卡尔松计费 UNFPKAR 及 3 TO 1 计费等。

二、呼叫过程中发生的时间切换

时间切换发生时，交换局中可能存在正处于计费状态的呼叫过程，在这种情况下，时间切换将同时影响呼叫过程的计费，即在时间切换以后，对正在发生的呼叫过程采用新的费率，由于切换前后费率的同步脉冲周期可能不同，系统中定义了立即和延迟两种方式实现正在计费的呼叫过程的时间切换。我国一般采用延迟切换方式实现时间调派。

1. 立即切换方式

从切换点开始立即使用一种新的费率，切换前费率的最后一个周期被截断，新的周期时间从切换时间开始。

2. 延迟切换方式

这种切换方式在切换时间到达以后也采用新的费率计费，切换前费率的最后一个周期将延续到结束（但是切换时间以后的周期结束时刻记录的脉冲数为新的费率脉冲数），然后才开始以新费率的周期计费。

三、基本计费操作

基本计费数据的管理涉及费率区域及对应的基本计费控制数据、费率定义、时间调派定义和日历表管理等，相关人机命令见表 2-22。

表 2-22 基本计费人机命令

命令号	命令助记符	命令功能
765	MODIFY-CHARGING	修改基本计费控制数据
796	DISPLAY-CHARGING	显示基本计费控制数据
5103	MODIFY-TARIFF-ZONE	修改费率区域
5104	DISPLAY-TARIFF-ZONE	显示费率区域
757	CREATE-CHARGING-TARIFF	创建费率定义
758	MODIFY-CHARGING-TARIFF	修改费率定义
759	REMOVE-CHARGING-TARIFF	删除费率定义
760	DISPLAY-CHARGING-TARIFF	显示费率定义
753	CREATE-CHARGING-SCALE	创建时间调派定义
754	MODIFY-CHARGING-SCALE	修改时间调派定义
755	REMOVE-CHARGING-SCALE	删除时间调派定义
756	DISPLAY-CHARGING-SCALE	显示时间调派定义
749	CREATE-CHARGING-CALENDAR	创建日历表
750	MODIFY-CHARGING-CALENDAR	修改日历表
751	REMOVE-CHARGING-CALENDAR	删除日历表
752	DISPLAY-CHARGING-CALENDAR	显示日历表

任务完成

321 局维护人员小李要获取 321171 用户小刘在拨打本局其他用户时的基本计费控制数据和费率，可按下述步骤完成任务。

1. 查询呼叫源信息，得到计费源索引

计费源索引由呼叫源的计费性质决定，比如某本地网有多个营业区，费率各不同，则各自定义一个计费源索引以示区别。呼叫源可以是本局用户组或入中继组，呼叫源如果是本局用户，呼叫处理软件则根据用户的 EN 检索主叫线路类别和主叫类别，决定呼叫源码，即用户组号 SUBGRP；呼叫源如果是入中继，则通过入中继设备号查得中继群号。系统可以根据呼叫源码查到计费源索引 ORGCH。ORGCH 可以用于区别在同一棵数字树下不同的呼叫源的计费控制信息。

(1)查询用户源码

用户小刘为本局用户,故呼叫源为本局用户组,可用 4296 命令查找小刘所属的用户组号,输入命令:

DISPLAY-SUBSCR: DN=K'321171;

命令执行后,输出报告显示如下:

```
DISPLAY SUBSCR                                              SUCCESSFUL
EN PHYS (LOG) / ENICONC   DN                  A/I  MSN   GDN
H'1     (H'78F0) & 172     28321171            A

CHARGING METER :   345          0          621

SERVICES :

  SUBGRP    :  1
  SUBSIG    :  CBSET
  ABD       :  2
  SUBCTRL   :  ABD
  COL       :  ORDINARY
    ...          ...

LAST REPORT            NO = 04263
```

报告中显示 321171 用户小刘所属的用户组号为 SUBGRP=1,即小刘在拨打本局其他用户时的呼叫源码 SCO=SUBSC&1。

(2)查询用户源信息,得到计费源索引

若要得到计费源索引,可输入如下命令:

DISPLAY-SCO-INFO: SCO=SUBSC, GRPNBR=1;

命令执行后,输出报告显示如下:

```
DISPLAY    SCO         INFO                                 SUCCESSFUL
OPTION = DEFAULT

OLD NTRADDR   SCO   GRPNBR   TKGID      TREE ORG ORG ORG ORG FACIL
NEW                          BSCHGID          ACC CH  ACO RST
INP           SUBSC        1

    UNKNOWN SUBSC          1                   1    0   0   0    0  NOTAPPLI
      ...         ...

LAST REPORT            NO = 00797
```

使用显示源信息的“DISPLAY-SCO-INFO”命令,GRPNBR 即用户组号 SUBGRP=1,可以获得相关源索引,报告中指示出计费源索引 ORGCH=0、TREE=1,TREE 表示呼叫处理过程中进行数字分析,即号码分析的数字树。

2. 查询字冠分析信息,得到计费目的索引

交换系统接收到主叫用户所拨打的电话号码后会进行数字分析,以决定接续方向(本局或出局呼叫),其中对被叫号码的区号或局号进行分析就是字冠分析,目的是为了得到一个计费目的索引。因为呼叫不同的被叫,比如长途或本地网用户,费率并不相同,而费率相同的被叫

可组合在一起，对应一个确定的计费目的索引 DESTCH。DESTCH 可以用于区分在同一棵数字树下拨打不同字冠的计费控制信息。本任务中 321171 用户小刘拨打本局其他用户，要查得计费目的索引，可输入命令：

DISPLAY-DEST: TREE=1, PFX= K'321, OPTION=ALL;

命令执行后，输出报告显示如下：

```
DISPLAY      DEST                                              SUCCESSFUL
                                                          FINAL RESULT    1 -
------------------------------------------------------------------------------
DISPLAY

TREE =   1         PFX = 321
COMTREE =          COMPFX =

NTRADDR  NARSP DSCLT     LDPOS DGTREQ   DESTACO FACCODE   CRTEADJ
UNKNOWN        CPX                                 NO
  CPX          CAUSE     RSTLEV    CHFAIL    VAADDR ANNMID
  150   UNI               ZON                        TEST
DESTACC DESTCH DESTSIG DESTNBG DESTCTRL DESTPRIO DESTDID DESTSEL
   933       1            10         1                DID_00         5
DESTEMER DESTTRAF IDFIND          DESTDBO DESTRTO TRAFTYPE   TDC IDF
                  1 UPROVGRN                                  2
DESTBAR CUGOVER ICBOVER CHFLASH DESTRST DGTP   OACSU   DESTCR
     1     FALSE     FALSE     FALSE            FALSE  FALSE   UNDEFINE


LAST REPORT            NO = 00742
```

使用显示字冠分析目的码的“DISPLAY-DEST”命令，PFX＝K'321 表示字冠为 321，可以得到 321171 用户在拨打本局字冠 321 以后的字冠分析目的码，其中指示出计费目的索引 DESTCH＝1。

3. 查询费率区域信息

呼叫过程中计费的产生取决于费率等计费控制数据，计费子系统为了获取相关计费控制数据，必须得到 ORGCH、DESTCH 及调整方式 MODULATE 等参数，其中呼叫过程中产生的计费源索引 ORGCH、计费目的索引 DESTCH 组合起来得到一个新的入口参数 TARIFF ZONE，即费率区。输入如下命令：

DISPLAY-TARIFF-ZONE: ORGCH=0, DESTCH=1;

命令执行后，输出报告显示如下：

```
DISPLAY TARIFF ZONE                                     SUCCESSFUL
                                                   FINAL RESULT   1 -
----------------------------------------------------------------------
TARIFF ZONE

ORCHG     DESTCH    ORGREV   TARZONE   UNIQUE    ORGUSE
   0         1                     8    NUNI      IN USE

LAST REPORT            NO = 04958
```

根据已知的 ORGCH＝0 和 DESTCH＝1，使用“DISPLAY-TARIFF-ZONE”命令查询相应的费率区域信息，在报告中可以看到 TARZONE＝8。

4. 查询计费基本控制信息

计费子系统中计费分析软件以费率区等参数为索引，可分析得到计费控制信息，并传送给计费产生软件，由产生计费的软件根据这些控制数据对 321171 用户呼叫本局用户进行计费。输入如下命令：

DISPLAY-CHARGING: TARZONE=8;

命令执行后，输出报告显示如下：

```
DISPLAY CHARGING                                                    SUCCESSFUL
---------------------------------------------------------FINAL RESULT    1 -
BASIC CHARGING DISPLAY

TARZONE   TKGCHG
    8

ANALP       RECPFBK      TARIFF    TARIFF          CHPAT
                          GP & ID   CLASS    START       STOP      APPLY
=========   =========    =======   ======   ========    ======    =====
OWNEXCH     OWNEXCH       1    2      2      CHSUBASW    CLFWD      NAV

CLMETER     RECIND       AMADCR   TYPTRAF   CHSEL    CHANRES    CHGENPT
TAX NRC     KIND COMB
========    ==========   ======== ========= =====    ========== ========
  1         NOIND NOREC  NOAMA    LOCAL     SINGLE   CHANDEF    OWNEXCH

LAST REPORT              NO = 00758
```

已知费率区 TARZONE＝8 后，根据上述报告使用“DISPLAY-CHARGING”命令可获得以下基本计费控制信息：

(1)计费分析点在本局(ANALP＝OWNEXCH)，即计费分析在本局完成。

(2)汇总账单记录点在本局(RECPFBK＝OWNEXCH)，即在呼叫过程中记录收集计数脉冲的汇总计费计数器设在本局，也就是说，脉冲计费是在本局完成的。

(3)费率组和费率标识为 1&2(TARIFF GP&ID＝1&2)，它指示了 321171 用户呼叫本局用户时，分析费率的索引。

(4)费率类型为 2(TARIFF CLASS＝2)，它是费率组和费率标识的压缩代码，在智能网计费中由 SCP 局向 SSP 局传送 CHARGING CLASS，SSP 局将此 CHARGING CLASS 转换成 TARIFF GROUP & ID。

(5)321171 用户呼叫本局用户时，被叫应答(即被叫摘机)以后开始计费(CHPAT START＝CHSUBASW)，前向释放(即主叫挂机)以后停止计费(CHPAT STOP＝CLFWD)。

(6)脉冲计费记录在计数器 1 中(CLMETER＝1)，在前面查询用户源码的报告中可看到信息“CHARGING METER＝345/0/621”，即 321171 用户的计费表有三个，呼叫本局用户时的脉冲计费记录在计数器 1 中，也就是第一个计费表用作市话或本地网通话计次(包括本局呼叫在内)，目前第一个计费表已记 345 次。

(7)记录指示器不使用(RECINC＝NOIND&NOREC)。记录指示器仅应用在智能网呼叫中。

(8)不采用详细计费(AMADCR＝NOAMA)。

(9)话务类型为本地(TYPTRAF＝LOCAL)。

(10)使用计费分析结果对 321171 用户呼叫本局用户计费(CHSEL＝SINGLE)，也就是按存在的一组费率参数计费。

(11)计费分析依靠本局计费分析软件完成(CHANRES=CHANDEF)。

(12)计费产生点在本局(CHGENPT=OWNEXCH)。

5. 查询费率调整方式

处理不同的主叫用户服务类别(如普通用户、特权用户、投币电话用户等),或者针对 BCG 商务通信组用户、ISDN 用户等引起的不同呼叫种类,计费子系统在分析计费控制数据时需作出调整,以便得到新的 TARMOD GRP&ID。输入如下命令:

DISPLAY-TARIFF-MODULAT: TARGRPID=1&2, TYPE=INT;

命令中 TARGRPID 表示费率组和费率标识,费率分析使用类型 TYPE 为内部"INT"。命令执行后,输出报告显示如下:

```
DISPLAY TARIFF MODULAT                                          WARNING
                                                          FINAL RESULT    1 -
--------------------------------------------------------------------------------
NO VALID DATA FOR GIVEN INPUT

ANALYSIS POINT : 160

TARGRPID : GP    = 1     &   ID   = 2
TYPE        : INTERNAL

LAST REPORT              NO = 01700
```

在前面查询用户源码的报告中可看到信息"COL=ORDINARY",说明 321171 用户小刘是普通用户,而普通用户呼叫本局用户时无需查询费率调整方式,所以报告中提示"NO VALID DATA FOR GIVEN INPUT"(即输入数据无效),不存在调整方式。

6. 查询费率定义

对汇总计费(脉冲计费)而言,需进一步查询费率参数。费率是计费控制信息中最重要的一个组成部分,在脉冲方式的计费中用来定义呼叫过程中记录脉冲的规则,费率是这个规则的总称,其又包含了若干项参数。分析费率的入口索引是费率组和费率标识。交换机中至多可以存放 64 个费率组,每个费率组中又可以存放最多 32 个费率标识。321171 用户在呼叫本局用户时未采用详细计费,也就意味着他采用了汇总计费方式,费率查询操作输入命令如下:

DISPLAY-CHARGING-TARIFF: TARGRPID=1&2;

命令执行后,输出报告显示如下:

```
DISPLAY   CHARGING   TARIFF                                    SUCCESSFUL
                                                          FINAL RESULT    1  -
--------------------------------------------------------------------------------
BOTH WITH A ACTIVE

TARGRP      :    1        TARID        :       2     TARCLS :      2
TARCLSGP1 :    2          TARCLSGP2 :       0
SUBTKDTO : OFF           PPPU         :   00.0000000

RATESEQ RATETYPE CHMETH MINTIME PHASE TIMES PULSES RATE NEXTPHASE
RATES1A   DECISEC   UNFSYN        0       0       1       2    600        1
                                          1     255       2    600        1
                                          2     255       0    600        2
```

```
RATES1B   DECISEC   UNFSYN      0     0      1     2    600      1
                                      1    255    2    600      1
                                      2    255    0    600      2

LAST REPORT            NO = 00756
```

上述费率报告中显示费率组和费率标识为1&2，所对应的信息中指明了单个脉冲费用为0(PPPU＝00.0000000)，另外还显示了每个费率序列RATESEQ对应的费率定义。RATESEQ是费率的一个入口参数，由它来调整呼叫发生时的费率。由于呼叫发生的不同时间里，其脉冲产生的方法可以不同，所以对于每一个费率组的任意时间都定义了一个确定的RATESEQ。同一个费率组中允许最多存在15种不同的RATESEQ，分别用RATESEQ1～RATESEQ15表示。费率定义由PH0、PH1和PH2三个阶段组成，每个阶段均由周期重复次数TIMES、脉冲数PULSES、周期RATE、下一阶段指针NEXTPHASE四个参数组成。

以321171用户为例，他呼叫本局用户时按RATESEQ1计费，包括主用和备用费率表(当前费率表A为主用)。从RATES1A中可以得到以下信息：

(1)采用单位同步计费方式(CHMECH＝UNFSYN)。UNFSYN是指在计费开始时刻于计数器中增加一定数量的单位计费脉冲，之后每隔固定时间增加一次同步计费脉冲。

(2)开始计费的最小延迟时间为0(MINTIME＝0)。

(3)PH0阶段(PHASE＝0)采用单位脉冲，重复次数为1(TIMES＝1，即只记录1次脉冲)，脉冲个数为2(PULSES＝2，即向对应计数器中加2个脉冲)，周期为60 s(600DECISEC)，下一阶段为PH1。

(4)PH1阶段(PHASE＝1)采用同步脉冲，重复次数为无穷次(TIMES＝255)，脉冲个数为2(PULSES＝2)，周期为60 s(600DECISEC)，下一阶段仍为PH1。

(5)PH2阶段(PHASE＝2)无效。

7. 查询时间调派信息

计费子系统在进行时间调派时，会根据当天的系统时间去分别查询星期日历表和假日日历表，以确定这一天的日子类型，时间调派软件根据日子类型和费率组查询相应的切换时间和RATESEQ，就可以实现时间调派了。它由时间调派和计费日历表两部分的分析来完成，其中时间调派(CHARGING SCALE)也称为时间切换，即在同一个费率组中，当呼叫发生的时间不同时，采用不同的费率实现脉冲计费。因此有必要了解321171用户在哪些时间采用哪种RATESEQ计费，时间调派信息查询操作需输入命令如下：

DISPLAY-CHARGING-SCALE: TARGRP=1;

执行命令后，输出报告显示如下：

```
DISPLAY   CHARGING   SCALE                                  SUCCESSFUL
                                                     FINAL RESULT   1  -
------------------------------------------------------------------------
OPTION = BASIC SCALE
TABLE   = BOTH WITH A ACTIVE

ACTIVE TABLE
                                          SCALE
GROUP    CALENTYP     DAYCAT     HOUR : MIN      RATESEQ
 1        1            WD A         0:0           RATES1A
                       WK A         0:0           RATES1A
                       HO A         0:0           RATES1A
                       SP A         0:0           RATES1A
```

```
PASSIVE TABLE
                                              SCALE
GROUP    CALENTYP    DAYCAT     HOUR : MIN      RATESEQ
  1         1          WD B        0:0          RATES1B
                       WK B        0:0          RATES1B
                       HO B        0:0          RATES1B
                       SP B        0:0          RATES1B

LAST REPORT            NO = 00763
```

报告中包括主备用费率表(A/B)的时间调派方式,时间调派采用的日历表类型为 1 (CALENTYP=1),工作日(WD)不存在时间调派,因为切换时间为 0:0,而且没有其他切换时间和 RATESEQ,休假日/节假日/特殊日(WK/HO/SP)也不需时间调派。

8. 查询计费日历表

计费日历表(CHARGING CALENDAR)用来定义每一天的日子类型(工作日 WORKDAY、休假日 WEEKEND、节假日 HOLIDAY 和特殊日 SPECIAL)。计费子系统进行时间调派时,会按照不同的日子类型定义不同的切换时间。每张日历表又分成星期日历表(WEEKCAL)和假日日历表(HOCAL)。星期日历表用来定义每周的工作日和休假日,假日日历表则用来定义每年有限的几个节假日和特殊日。

(1)星期日历表

对于星期日历表,输入命令如下:

DISPLAY-CHARGING-CALENDAR: WEEKCAL, CALENTYP=1;

命令执行后,输出报告显示如下:

```
DISPLAY   CHARGING   CALENDAR                                SUCCESSFUL
                                                         FINAL RESULT   1-
OPTION = BASIC WEEK CALENDAR

CALENTYP    SU    MO    TU    WE    TH    FR    SA        TABLE
    1       WKA   WDA   WDA   WDA   WDA   WDA   WKA       ACTIVE
    1       WKB   WDB   WDB   WDB   WDB   WDB   WKB       PASSIVE

LAST REPORT           NO = 00766
```

报告中显示了日历表类型为 1 的星期日历表,其中星期六和星期天为休假日(WK),星期一至星期五都是工作日(WD)。

(2)一年假期日历表

对于一年假期日历表,输入命令如下:

DISPLAY-CHARGING-CALENDAR: HOCAL, CALENDTYP=1, YEAR=2009;

执行命令后,输出报告显示如下:

```
DISPLAY   CHARGING   CALENDAR                                SUCCESSFUL
                                                         FINAL RESULT   1-
OPTION = BASIC HOLIDAY CALENDAR
```

```
CALENTYP & YEAR & MONTH & DAY  --->  DAYCAT    DAY OF WEEK
      1       2009    JAN      1       HOLIDAY       TH
      1       2009    MAY      1       HOLIDAY       FR
      1       2009    OCT      1       HOLIDAY       TH
      1       2009    OCT      2       HOLIDAY       FR
      1       2009    OCT      3       HOLIDAY       SA
      1       2009    DEC     25       HOLIDAY       FR


LAST REPORT            NO = 00765
```

报告中显示了日历表类型为 1 的假期日历表，例如 2009 年的 10 月 1 日就是节假日，这一天是星期四。

现假设 321171 用户小刘在 2009 年 10 月 1 日呼叫本局用户，通话时间为 10:0:0～10:5:18，通过以上基本计费控制数据和费率的查询，可以知道这段通话过程记录的脉冲数和费用。

小刘通话当天虽为星期四，但为节假日，不存在时间调派，采用 RATESEQ1 计费。通话开始时记录两个脉冲，之后每 60 s 加入两个脉冲直至通话结束，所以此次通话过程计费子系统会在小刘的计数器 1 中累加 12 个计费脉冲，然后根据单个脉冲费用，进一步换算成此次通话的费用。

评　　价

任务完成后，对任务实施过程及任务成果进行自我评价、教师评价、其他评价，评价要点及内容见表 2-23，通过对该表各项内容的考核，评定出学员的成绩。

表 2-23　评价指标体系

评价内容			自我评价	教师评价	其他评价
过程考核	维护工具书的使用	人机命令手册的使用			
		报告手册的使用			
		支援信息手册的使用			
	操作的规范及熟练程度	是否熟悉查询基本计费控制数据和费率的相关人机命令			
		能否根据规范查询基本计费控制数据和费率			
	协作沟通能力	师生、学生间的互动情况			
		是否积极提出问题并展开讨论			
成果考核	任务完成情况	能否正确获取用户本局呼叫的基本计费控制数据和费率			
	维护报告展示	能否正确阅读并讲解维护报告			
		是否掌握报告中的关键维护信息			
	创新能力	能否正确获取出局呼叫的基本计费控制数据和费率			
		能否正确获取特服呼叫的基本计费控制数据和费率			

教学策略讨论

计费数据管理教学策略情况见表 2-24。

表 2-24　计费数据管理教学策略

教学活动场所	S1240 交换实训室	
推荐教学时数	4 学时	
学习目标	学习内容	教学法提示
了解各种计费形式和方法 掌握查询基本计费控制数据和费率的步骤	基本计费控制数据和费率查询	案例教学法

本任务教学建议采用案例教学法，思考以下问题：

(1)如何将本任务教学内容以案例教学的形式加以实施？

(2)教学中能否结合其他教学方法？请说明。

(3)如何计算用户通话的费用？

请将讨论记录于下：

(1)讨论记录：________________

____

____

____

____

(2)讨论记录：________________

____

____

____

____

(3)讨论记录：________________

____

____

____

____

(4)讨论心得记录：________________

____

____

____

____

任务 6　NO. 7 信令管理

任务描述

某电信分公司下属的 321 分局为 7 号信令局，维护人员小李需创建连至 322 分局的 ISUP

新局向，相关数据如下：

（1）信令链路（SLC＝1）：本局 PCM1 的 CH16（TS16）即 IPTMN7（H’202&16）连接至 IPTMN7（H’202）的信令终端（TN＝3）。

（2）出局字冠：K’322。

（3）中继话路：本局 PCM1 的 CH17（TS17）即 IPTMN7（H’202&17）。

（4）信令点编码：321 局的 SPC＝H’160101，322 局的 SPC＝H’160102。

任务分析

NO.7 信令系统是一种国际标准化的通用公共信道信令系统，它分为消息传递部分 MTP 和用户部分 UP（TUP/ISUP 等）。在通信网迅速发展的情况下，运营商在交换局之间纷纷采用 NO.7 信令中的 TUP 或 ISUP 来传送相关的控制信息，以控制各种基本呼叫的建立和释放。

此次任务维护人员小李要创建 ISUP 新局向，首先需要创建 MTP 部分的数据，再创建 ISUP 部分的数据，最后将已创建的 ISUP 路由块与出局字冠联系起来，创建数据的过程简述如下。

1. 创建 MTP 部分的数据

创建 MTP 部分数据的具体过程如下：

（1）创建 NO.7 新局向目的地交换机：CREATE-N7EXCH。

（2）创建 NO.7 局向的信令链路集：CREATE-N7-LKSET。

（3）在 NO.7 信令链路集中加 NO.7 信令链路：EXTEND-N7-LKSET。

（4）创建 NO.7 信令路由集：CREATE-N7RTES。

（5）激活已创建的 NO.7 信令链路：CHANGE-N7LINK-STATUS。

2. 创建 ISUP 部分的数据

创建 ISUP 部分数据的具体过程如下：

（1）创建中继路由：CREATE-ROUTE。

（2）创建中继群：CREATE-TKG。

（3）在中继群中加入中继线：EXTEND-TKG。

（4）创建复合中继群：CREATE-TKGCOM。

（5）创建子路由块：CREATE-SRTGBLK。

（6）创建路由块：CREATE-RTGBLK。

3. 创建字冠部分的数据

创建字冠部分数据具体过程如下：

（1）创建 DESTACC，指向刚建立的路由块：MODIFY-ROUTING-TASK。

（2）修改字冠任务指针（联系电话号码字冠）：MODIFY-PREFIX-DEST。

相关知识

一、NO.7 信令系统结构

NO.7 信令系统采用分层通信体系的结构，从功能上可以分为公用的消息传递部分 MTP 和适合不同用户的独立的用户部分 UP。

1. 消息传递部分 MTP

MTP 的功能是保证信令消息的可靠传送，它由信令数据链路级、信令链路级和信令网功能级组成。信令数据链路级提供信令传输的物理通道；信令链路级规定了为在两个直连的信令点间传送信令消息提供可靠的信令链路所需要的功能；信令网功能级为信令网信令节点间的消息传递提供所需的功能和程序，在信令链路和/或信令转接点故障情况下实现信令网重组，以保证可靠地传递信令消息。信令网功能级包括信令消息处理和信令网管理两个部分。

2. 用户部分 UP

用户部分 UP 构成 NO.7 信令系统的第四级，功能是处理信令信息。根据不同的应用，可以有不同的用户部分：TUP、ISUP、INAP、OMAP、MAP 等。目前，固网中局间呼叫接续通常采用 TUP 或 ISUP，其中，TUP 电话用户部分处理电话网中的呼叫控制信令消息；ISUP 综合业务数字网用户部分处理 ISDN 中的呼叫控制信令消息。

二、S1240 的 NO.7 信令系统结构

S1240 的 NO.7 信令系统由 NO.7 信令终端模块（IPTMN7、HCCM、CCSM）、NO.7 信令的辅助控制单元（SACEN7）和应用模块（如 DTM）三部分组成，目前主要使用 HCCM 和 IPTM 两种类型的信令终端模块。

1. HCCM

HCCM 模块只具有 NO.7 信令功能，由 1 块 MCUB 板和最多 8 块 SLTA 板（信令链路终端板）组成。HCCM 为 NO.7 信令链路提供信令终端，每块 SLTA 板处理一条 NO.7 信令链路，独立完成消息处理过程。每个 HCCM 可以提供 8 条信令链路，主要用于 STP（信令转接点）。

2. IPTM

IPTMN7 模块同时具有 NO.7 信令功能和中继功能，能提供 4 条信令链路和 31 个话路。IPTM 由 1 块 MCUB 板和 1 块 DTRI 板（数字中继板）组成。NO.7 信令链路可发送本身所在 PCM 系统及其他 PCM 系统所有话路的信令消息。IPTMN7 主要用于 SP（信令点）。

三、NO.7 信令的操作维护

1. NO.7 信令的 MTP 管理

NO.7 信令的 MTP 管理涉及 NO.7 信令系统参数、NO.7 信令点（目的地交换机）、信令链路集、信令路由（集）、信令链路的状态管理等，相关人机命令见表 2-25。

2. NO.7 信令的 TUP/ISUP 管理

S1240 交换机的 NO.7 信令系统 TUP/ISUP 管理可分为：

表 2-25　MTP 管理人机命令

命令号	命令助记符	命令功能
234	MODIFY-N7PARM	修改系统相关的 NO.7 参数
235	DISPLAY-N7PARM	显示系统相关的 NO.7 参数
223	CREATE-N7EXCH	创建目的地交换机数据
224	REMOVE-N7EXCH	删除目的地交换机数据

续上表

命令号	命令助记符	命令功能
225	MODIFY-N7EXCH	增加、修改和删除目的地信令点编码
5334	DISPLAY-N7RTNG-TARGET	显示目的地交换机数据
5374	CHANGE-N7LKSET-STATUS	修改信令链路集的状态
5375	CREATE-N7-LKSET	创建 NO.7 信令链路集
5376	REMOVE-N7-LKSET	删除 NO.7 信令链路集
5377	EXTEND-N7-LKSET	对信令链路集增加信令链路
5378	REDUCE-N7-LKSET	对信令链路集减少信令链路
5379	DISPLAY-N7-LKSET	显示 NO.7 信令链路集
245	CREATE-N7RTES	创建 NO.7 信令路由集
246	REMOVE-N7RTES	删除 NO.7 信令路由集
247	EXTEND-N7RTES	增加 NO.7 信令路由集中的路由
248	REDUCE-N7RTES	减少 NO.7 信令路由集中的路由
249	MODIFY-N7RTES	修改 NO.7 信令路由集
250	DISPLAY-N7RTES	显示 NO.7 信令路由数据

(1)ISUP 中继群参数的修改和显示。

(2)TUP 中继群参数的修改和显示。

(3)TUP/ISUP 中继资源管理的人机命令。

一个局向的中继群是采用 TUP 还是采用 ISUP 信令,取决于局向创建过程中所用的中继资源管理人机命令。

任务完成

321 分局维护人员小李在创建连至 322 分局的 ISUP 新局向时,首先创建 MTP 部分的数据,再创建 ISUP 部分的数据,最后创建字冠部分的数据。具体的创建过程介绍如下。

1. 创建 MTP 部分的数据

创建 MTP 数据的目的是为了在 321 分局和 322 分局之间建立 NO.7 信令的传送通路,以保证 NO.7 信令能可靠传送。MTP 数据创建顺序为:N7EXCH、N7LKSET、N7LINK、N7RTES。

(1)创建 NO.7 新局向目的地交换机

维护人员小李在创建 NO.7 新局向目的地交换机时,需给出 NO.7 对端局类型、局名、对端局的信令点编码和子业务字段 SSF。NO.7 对端局类型是指对端局是邻接局还是非邻接局(ADJEXCH、NONADJEXCH),是信令点还是信令转接点(STP、STPSP)。信令点 SP 是处理控制消息的节点,用来产生和接收信令消息;信令转接点 STP 具有信令转发功能,能将信令消息从一条信令链路转送到另一条信令链路,分为独立型 STP 和综合型 STP(STPSP)。SSF 用来指示信令网类型(国内、国际还是备用信令网)。此次 NO.7 新局向目的地交换机为 322 分局,其信令点编码 SPC=H'160102,可输入命令:

223: EXCHNAME="YD322", DEST1=H'160102&NAT, EXCHTYPE=ADJ&STPSP;

命令中,参数 EXCHNAME 代表对端局局名,参数 EXCHTYPE 代表对端局类型,

DEST1 表示目的地 1，交换机输出报告显示如下：

```
CREATE-N7EXCH                                                     SUCCESSFUL
                                                                FINAL RESULT
----------------------------------------------------------------------------
...
RESULT :

NEW DATA

EXCHNAME       EXCHTYPE      MOPCAPPL  OPCIND     DESTINATION      SSF
YD322          ADJ  STPSP     NORM     OPCSET1    16 01 02         NAT

LAST REPORT        NO = 00204
```

报告中显示 322 分局为邻接局(ADJ)，综合型 STP(STPSP)，目的地信令点编码为 H'160102，信令消息选路时采用国内信令网相关路由表(SSF＝NAT)。应注意的是：

如果 321 分局是一个非 7 号信令局，尚未开通 7 号信令局向的话，则首先要确定本局的源信令点编码 OPC。如果 321 分局至 322 分局采用准直连方式传信令，则 EXCHTYPE＝NADJ&SP。

(2)创建 NO.7 信令链路集

信令链路集(Link Set，LKSET)是指连接两个信令点之间所有具有相同属性的信令链路的集合，而信令链路(Signalling Link，SL)是指各直连信令点之间传送 NO.7 信令消息的物理链路，它由信令数据链路和信令终端组成。一个信令链路集最多有 16 条信令链路。

信令链路集数据主要包括目的地交换机名称、链路组号码和链路组中的信令链路性质。创建到 322 分局的 NO.7 信令链路集，可输入命令：

5375: DEST="YD322"&NAT;

命令中 NAT 为 SSF 子业务字段，交换机输出报告显示如下：

```
CREATE-N7-LKSET                                                   SUCCESSFUL
                                                              FINAL RESULT 1
----------------------------------------------------------------------------
...
RESULT :

NEW DATA

ELN      EXCHNAME/         +---DPC PER SSF TABLE---+        OPCIND
        SPLITTED PC        NAT
3       YD322              H'00160102                       OPCIND1

LAST REPORT        NO = 05222
```

报告中显示 ELN＝3，ELN 为外部链路集编号，是指信令链路集(LKSET)在 NO.7 信令系统中的序号。与之相关的还有 ELK 外部链路编号，ELK 是指信令链路(LINK)在 NO.7 信令系统中的逻辑序号。

(3)建立 NO.7 信令链路(在 NO.7 信令链路集中加 NO.7 信令链路)

在生成信令链路集之后，应向该链路集中加入信令链路，链路集中的信令链路数据主要包括信令链路编码、信令终端与数据链路的连接关系。一条信令链路只能属于一个信令链路集，信令链路的性能与信令链路集的性能保持一致。当第一条信令链路加入到信令链路集后，系统将在路由表中自动产生一个话务分配表。当再增加了一条信令链路后，信令链路集内的话务负荷将重新分配。

①加入相应信令链路前。在加入相应信令链路前，应预先占用某个 DTM 中的信道作为

链路的传输媒介,即占用信令链路所对应的数据链路终端。

此次任务中,小李选用的是本局 PCM1 的 CH16(TS16)即 IPTMN7(H'202&16)作为信令数据链路,可输入人机命令:

117: ENLIST1=H'202&16, 19;

命令执行后,输出报告显示如下:

```
SZE-TRUNK-OP                                              SUCCESSFUL
TRUNKS SEIZED                                        REPORT NUMBER = 2
DETAIL    = NORMAL
...

TKGID     TKSEQ   TCE-N   LCEID    PCEID    TN/TS   STATE     TRAF
                          H'1E20   H'0202     16    SEIZED    NTRA FREETER

LAST REPORT         NO = 00098
```

报告中显示状态 STATE=SEIZED,说明信令数据链路已经成功占用;NTRA 表示不允许话务。

②加入信令链路。增加一条新的 NO.7 信令链路到现存的信令链路集中,要给出信令链路对应的 DTMEN 和 NO.7 模块所对应的信令链路类型。主要参数有:CCMEN 公共信道信令模块(如 IPTM、HCCM、CCSM 等)的设备号、连接的 DTMEN 数字中继模块的设备号、SLC 信令链路编码及 LKTYPE 信令链路类型。此操作过程实际就是将信令数据链路与信令终端相连,形成信令链路。

此次任务中,信令链路 SLC=1,信令模块为 IPTMN7(H'202),信令终端 TN=3,连接的中继模块为 IPTMN7(H'202&16),可输入人机命令:

5377: DEST=H'160102&NAT, SLC=1, CCMEN=H'202&3, DTMEN=H'202&16, LKTYPE=IPTMGRD;

命令执行后,输出报告显示如下:

```
EXTEND-N7-LKSET                                                SUCCESSFUL
                                                            FINAL RESULT 1
...
RESULT :

NEW DATA

ELN    EXCHNAME/        +---DPC PER SSF TABLE---+      OPCIND
       SPLITTED PC      NAT
3      YD322            H'00160102                     OPCIND1

                             +--------- --CCMEN------------+   +---------DTMEN--------+
ELK    SLC   LINKTYPE   TY   LCE       PCE       TN   LCE       PCE       TN
3        1   IPTMGRD    I    H'1E20    H'0202    3    H'1E20    H'0202    16

LAST REPORT         NO = 05222
```

信令链路编码 SLC 用于标识局间信令链路在某一个 LKSET 中的编号。两个信令点之间的同一信令链路,两端的 SLC 必须一致,SLC=0~15。

LKTYPE 表示信令链路的类型,信令链路类型包括 DIRMOD、IPTMGRD、IPTMSAT、HCCMGRD、HCCMSAT、CCSMGRD 和 CCSMSAT 等,分别介绍如下。

a. DIRMOD：两个信令点之间的链路通过调制解调器相连。

b. IPTMGRD：两个信令点之间的链路通过地面数字电路相连，一端连接到 IPTM。

c. IPTMSAT：两个信令点之间的链路通过卫星数字电路相连，一端连接到 IPTM。

d. HCCMGRD：两个信令点之间的链路通过地面数字电路相连，一端连接到 HCCM。

e. HCCMSAT：两个信令点之间的链路通过卫星数字电路相连，一端连接到 HCCM。

f. CCSMGRD：两个信令点之间的链路通过地面数字电路相连，一端连接到 CCSM。

g. CCSMSAT：两个信令点之间的链路通过卫星数字电路相连，一端连接到 CCSM。

报告中模块类型指示 TY＝I 表示信令模块为 IPTM(综合信息包中继模块)。

③释放相应的数据链路终端。输入以下人机命令，释放占用的 7 号信令信道：

118: ENLIST1=H'202&16;

命令执行后，输出报告显示如下：

```
RLSE-TRUNK-OP                                                    SUCCESSFUL
TRUNKS RELEASED                                           REPORT NUMBER = 2
DETAIL   = NORMAL
…

TKGID      TKSEQ   TCE-N   LCEID    PCEID    TN/TS   STATE       TRAF
                           H'1E20   H'0202    16     RELEASED    TRAL CCS-LK

LAST REPORT          NO = 00098
```

报告中显示 STATE =RELEASED，说明信令数据链路已经成功释放；TRAL 表示允许话务。

(4)创建 NO. 7 信令路由集

信令路由(Signaling Route)是指信令消息到达相应目的地交换局必须经过的路径，是具有特定优先级、与相邻局相连的信令链路的集合，有正常路由和迂回路由之分。而信令路由集(Signaling Route Set)是指到达目的地交换局所有信令路由的集合。

创建时可以输入一个作参照的信令路由集，在创建信令路由集时，最少要包含一个信令路由，第一个信令路由的优先级总为第一级，如果创建两个经过不同的 STP 交换机的非直达信令路由，并且它们的优先级都为第一级，那么这一信令路由组中的话务将由这两个信令路由分担，这种路由称为组合信令链路组。对于直达路由，它的优先级必须是第一级，同时，它不可以和其他路由合成一个。维护人员可输入命令：

245: DEST=H'160102&NAT，ADJEXCH1="YD322";

命令执行后，输出报告显示如下：

```
CREATE-N7RTES                                                  SUCCESSFUL
                                                          RESULT PART 001
…
RESULT:      NEW DATA

--ROUTESET DESTINATION INFO--   IRT   ADJACENT DESTINATION       --ROUTE--
DPC/EXCH/NCANAME SSF  STATE     FNC   DPC/EXCHNAME               PRIO
YD322            NAT  UNAV      NA    YD322                       1
H'00160102                            H'00160102

LAST REPORT          NO = 00207
```

报告中优先级 PRIO＝1 表示正常路由。

(5)激活已创建的 NO. 7 信令链路

此过程用来启动信令链路,可输入命令:

220: DEST=H'160102&NAT,FUNCTION=ACTIVATE, SLC=1;或 220: ELN=3, FUNCTION=ACTIVATE;

命令执行后,输出报告显示如下:

```
CHANGE-N7LINK-STATUS                                                SUCCESSFUL
-----------------------------------------------------------------FINAL RESULT 2
...
RESULT :

EXCHNAME/DEST                                  +------CCMEN------+   +--DTMEN--+
     DPC             SSF   ELN   SLC   ELK   TY   PCE        TN    PCE       TN
YD322                NAT   3     1     3     I    H'0202     3     H'0202    16

                  JOB STATUS = SUCCESSFULLY EXECUTED

LAST REPORT          NO = 00203
```

至此,MTP 部分的数据创建完毕。

2. 创建 ISUP 部分的数据

此处 ISUP 数据的创建过程类似于局数据管理中创建去话局向,目的是要建立 321 分局和 322 分局之间的话路连接。ISUP 数据创建顺序为:ROUTE、TKG、TRUNK、TKGCOM、SRTEBL、RTEB。

(1)创建中继路由

维护人员小李将新路由名称定为 YD322,可输入命令:

113: RTEID="YD322";

(2)创建中继群

由于 321 分局是 7 号信令局,小李将参考原有的 ISUP 中继群 TEST_N7 创建新的 YD322 中继群,可输入命令:

1557: TKGID="YD322"&"YD322", SIGTYP=N7NAT, RTEID=YD322,

REFTKG=TEST_N7, LTRA=H'39B0&15, DEST=H'160102&NAT, BW,

HUNTING=LIFOFIFO&ODDCHN;

新中继群采用 NO. 7 信令方式,双向中继。中继资源分配 LTRA 确定了该中继群所对应的负责选择中继线的辅助控制单元为 H'39B0,并为该线群预留了 15 条中继线。7 号信令目的地 DEST 就是 322 分局的信令点编码。由于 321 分局的 SPC 较小,应主控所有奇数电路,所以选线方式 HUNTING 为主控电路群先进先出(FIFO),从控电路群后进先出(LIFO),FIFO CHANNELS 为奇数电路。

(3)在中继群中加入中继线

局间采用 NO. 7 信令的中继电路是用电路识别码 CIC 标识的。CIC 为 12 bit,对于 2 Mbit/s 的数字通路,CIC 固定为 PCM 系统号码+电路时隙编码。PCM 系统号码与电路时隙无固定联系,只要交换局双方约定即可,也就是说对于同一电路时隙,双方对应同一 CIC。

此任务中,小李采用本局 PCM1 的 CH17(TS17)即 IPTMN7(H'202&17)作为中继话路,故 CIC 码为 117,可输入下列命令:

117: ENLIST1=H'202&17, 19;

1561: TKGID=YD322, ENLIST1=H'202&17&117&1;

1561: CONTROL=CONFIRM;

118: ENLIST1=H'202&17;

(4)创建复合中继群

5807: TKGCMID="YD322", TKGCHN=YD322;

(5)创建子路由块

5799: SRTGBLID="YD322", TKGCCHN=YD322;

(6)创建路由块

5791: RTGBLKID="YD322", DEPCOMB1=SPEECH&ANY, SRTGBLK1=YD322;

3. 创建字冠部分的数据

(1)创建 DESTACC 指向刚建立的路由块

7474: ACCINFO=OG&1, RTGBLKID=YD322, CREATE;

输出报告中显示 DESTACC=129。

(2)修改字冠任务指针(联系电话号码字冠)

715: TREE=10, PFX=K'322, DESTACC=129, OPTION=ALL;

至此,321 分局连至 322 分局的 ISUP 新局向相关局数据创建完毕。如果呼叫仍不能成功,在排除传输因素后,还需要检查 DESTDID、DESTSIG、DESTCTRL、DESTNBG 等数据。

评　　价

任务完成后,对任务实施过程及任务成果进行自我评价、教师评价、其他评价,评价要点及内容见表 2-26,通过对下表各项内容的考核,评定出学员的成绩。

表 2-26　评价指标体系

评价内容			自我评价	教师评价	其他评价
过程考核	维护工具书的使用	人机命令手册的使用			
		报告手册的使用			
		支援信息手册的使用			
	操作的规范及熟练程度	是否熟悉创建 ISUP 新局向的相关人机命令			
		能否根据规范创建 ISUP 新局向			
	协作沟通能力	师生、学生间的互动情况			
		是否积极提出问题并展开讨论			
成果考核	任务完成情况	是否完成相关硬件连接			
		是否根据教师提供的数据开通 ISUP 新局向			
	维护报告展示	能否正确阅读并讲解维护报告			
		是否掌握报告中的关键维护信息			
	创新能力	能否成功创建 TUP 新局向			

教学策略讨论

NO. 7 信令管理教学策略情况见表 2-27。

表 2-27　NO. 7 信令管理教学策略

教学活动场所	S1240 交换实训室	
推荐教学时数	6 学时	
学习目标	学习内容	教学法提示
了解 NO. 7 信令系统的功能结构 掌握 S1240 系统的各种 NO. 7 信令终端模块 掌握 ISUP 新局向的创建过程	ISUP 新局向的创建	项目教学法

本任务教学建议采用项目教学法，思考以下问题：

(1)在项目教学实施中，如何进行学生分组？

(2)在项目教学中，进行教学评价需注意什么问题？

(3)创建 7 号信令出局局向与 CAS(随路信令)方式出局局向有什么差别(本问题属于扩展性知识，请查阅相关资料完成)？

请将讨论记录于下：

(1)讨论记录：________________________________

____

(2)讨论记录：________________________________

____

(3)讨论记录：________________________________

____

(4)讨论心得记录：________________________________

____

项目3　通信传输系统维护

本项目介绍的主要内容是传输机务。传输机务是指通信运营商维护岗位中的传输设备维护人员进行光传输设备维护时常做的工作。通过本项目的学习，可使培训学员掌握光传输设备(SDH/MSTP)相关维护知识。

本项目内容共有6个工作任务，分别是SDH设备链形网组网及数据配置、SDH设备环形网组网及数据配置、SDH设备业务配置、SDH/MSTP设备以太网专线业务数据配置、SDH设备参数测试及故障定位及处理。每个任务主要从任务描述、任务分析、相关知识、任务实施、评价及教学策略讨论方面进行剖析。在相关知识部分补充了任务中涉及的一些理论知识。6个任务由浅入深，前两个任务的目标是组网，接下来是组网后的业务配置，最后是与测试和故障处理有关的任务。

在SDH网络中，链形组网和环形组网应用最多，实际的网络通常是链形和环形组成的复合型的网络。业务配置任务选取的是实际维护中经常要完成的数据配置操作。最后的参数测试和故障定位及处理任务选取的是通信运营商传输设备日常维护任务。

中等职业学校通信技术专业的相关教师使用本项目内容的建议如下：任务1 SDH设备链形网组网及数据配置、任务5 SDH设备参数测试适合上岗层级教师；任务2 SDH设备环形网组网及数据配置、任务3 SDH设备业务配置适合提高层级教师；任务4 SDH/MSTP设备以太网专线业务数据配置、任务6故障定位及处理适合骨干层级教师。

本项目与在教学过程中建议采用项目教学法和案例教学法的组合教学方法，通过项目教学法掌握组网任务中如何进行组网设计、设备配置及在网管系统上进行数据配置；通过案例教学法掌握分析故障案例的一般方法和思路，这样，在工作中遇到故障时才能进行正确的分析处理。

任务1　SDH设备链形网组网及数据配置

任务描述

某市新增四个传输节点，需要新建一个链形网络以连接这些节点，要求维护人员进行组网方案设计，完成设备安装及软件设置。

任务分析

SDH的网络拓扑结构中链形网是最简单的一种，就是将网中的所有节点一一串联，而首尾两端开放。链形网分为无保护链和有保护链(1+1或者1∶1)，要完成链形组网工程设计及数据配置，首先应分析设计条件，根据设计条件进行具体的工程设计，完成设计方案(网络拓扑结构、业务矩阵、时隙安排、系统结构、公务等)，然后完成硬件设备安装，最后在网管上完成软件设置(即数据配置)。

相关知识

一、SDH网元类型和SDH的拓扑结构

(一)SDH网元类型

SDH传输网是由不同类型的网元通过光缆线路的连接组成的,通过不同的网元完成SDH网的传送功能:上/下业务、交叉连接业务、网络故障自愈等,下面介绍SDH网中常见网元的特点和基本功能。

1. TM终端复用器

终端复用器用在网络的终端站点上,例如一条链的两个端点,它是一个双端口器件,如图3-1所示。

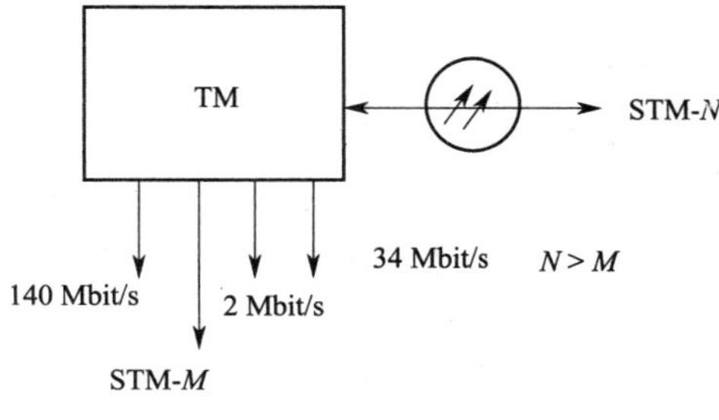

图3-1　TM模型

它的作用是将支路端口的低速信号复用到线路端口的高速信号STM-N中,或从STM-N的信号中分出低速支路信号。在将低速支路信号复用进STM-N帧时有一个交叉的功能,例如可将支路的一个STM-1信号复用进线路上的STM-16信号中的任意位置上,或支路的2 Mbit/s信号可复用到一个STM-1中63个VC12的任一个位置上。

2. ADM分/插复用器

分/插复用器用于SDH传输网络的转接站点处,例如链的中间节点或环上节点,它是一个三端口的器件,如图3-2所示。

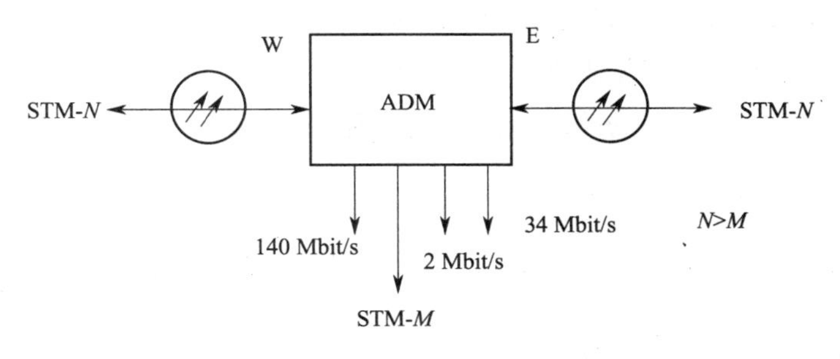

图3-2　ADM模型

ADM有两个线路端口和一个支路端口。两个线路端口各接一侧的光缆,每侧共收/发两根光纤,通常称为西向W和东向E两个线路端口。ADM的作用是将低速支路信号交叉复用进东或西向线路上去,或从东或西侧线路端口收的线路信号中拆分出低速支路信号。另外还可将东/西向线路侧的STM-N信号进行交叉连接,一个ADM可等效成两个TM。

3. REG再生中继器

光传输网的再生中继器有两种。一种是纯光的再生中继器,主要进行光功率放大,以延长光传输距离,另一种是用于脉冲再生整形的电再生中继器,主要通过光/电变换、电信号抽样、判决、再生整形、电/光变换,以达到不积累线路噪声,保证线路上传送信号波形的完好性。此处讲的是后一种。再生中继器REG是双端口器件只有两个线路端口W、E,如图3-3所示。

它的作用是将W/E侧的光信号,经O/E抽样、判决、再生整形、E/O在E或W侧发出。REG与ADM相比仅少了支路端口,所以若本地不上/下支路信号时ADM完全可以等效一个REG。

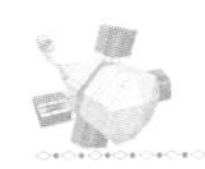

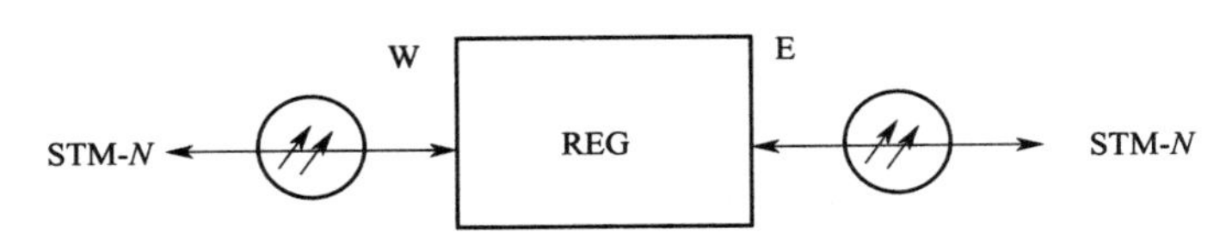

图 3-3 电再生中继器

真正的 REG 只需处理 STM-N 帧中的 RSOH 且不需要交叉连接功能，东西直通即可。而 ADM 和 TM 因为要完成将低速支路信号分/插到 STM-N 中，所以不仅要处理 RSOH 而且还要处理 MSOH。另外 ADM 和 TM 都具有交叉连接功能，因此用 ADM 来等效 REG 有点大材小用了。

4. DXC 数字交叉连接设备

数字交叉连接设备完成的主要是 STM-N 信号的交叉连接功能，它是一个多端口器件，相当于一个交叉矩阵完成各个信号间的交叉连接。如图 3-4 所示。

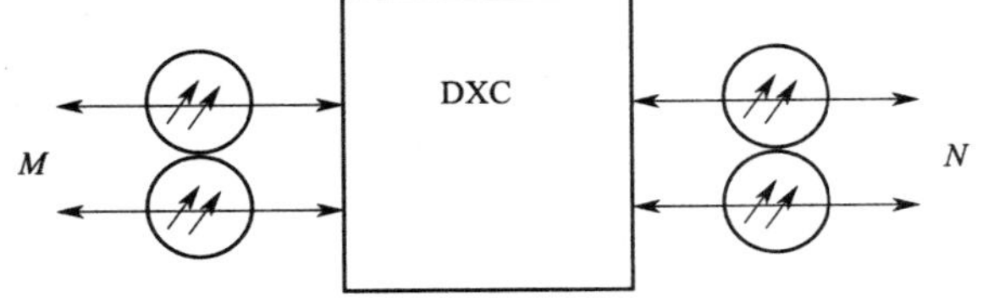

图 3-4 DXC 功能图

DXC 可将输入的 M 路信号交叉连接到输出的 N 路信号上，上图表示有 M 条入信号和 N 条出信号，DXC 的核心是交叉连接，功能强的 DXC 能完成高速信号在交叉矩阵内的低级别交叉，例如 VC12 级别的交叉。通常用 DXCM/N 来表示一个 DXC 的类型和性能（注 $M \geqslant N$），M 表示可接入 DXC 的最高速率等级，N 表示在交叉矩阵中能够进行交叉连接的最低速率级别，M 越大表示 DXC 的承载容量越大，N 越小表示 DXC 的交叉灵活性越大。

M 和 N 的相应数值的含义见表 3-1。

表 3-1 M、N 数值与速率对应表

M 或 N	0	1	2	3	4	5	6
速率(bit/s)	64 k	2 M	8 M	34 M	140 M 155 M	622 M	2.5 G

（二）SDH 基本的网络拓扑结构

网络拓扑的基本结构有链形、星形、树形、环形和网孔形，如图 3-5 所示。

1. 链形网

此种网络拓扑是将网中的所有节点一一串联，而首尾两端开放。这种拓扑的特点较经济，在 SDH 网的早期用得较多。

2. 星形网

此种网络拓扑是将网中一网元作为特殊节点，与其他各网元节点相连，其他各网元节点互不相连，网元节点的业务都要经过这个特殊节点转接。这种网络拓扑的特点是可通过特殊节点来统一管理其他网络节点，利于分配带宽节约成本，但存在特殊节点的安全保障和处理能力的潜在瓶颈问题。特殊节点的作用类似交换网的汇接局，此种拓扑多用于本地网接入网和用户网。

3. 树形网

此种网络拓扑可看成是链形拓扑和星形拓扑的结合，也存在特殊节点的安全保障和处理能力的潜在瓶颈问题。

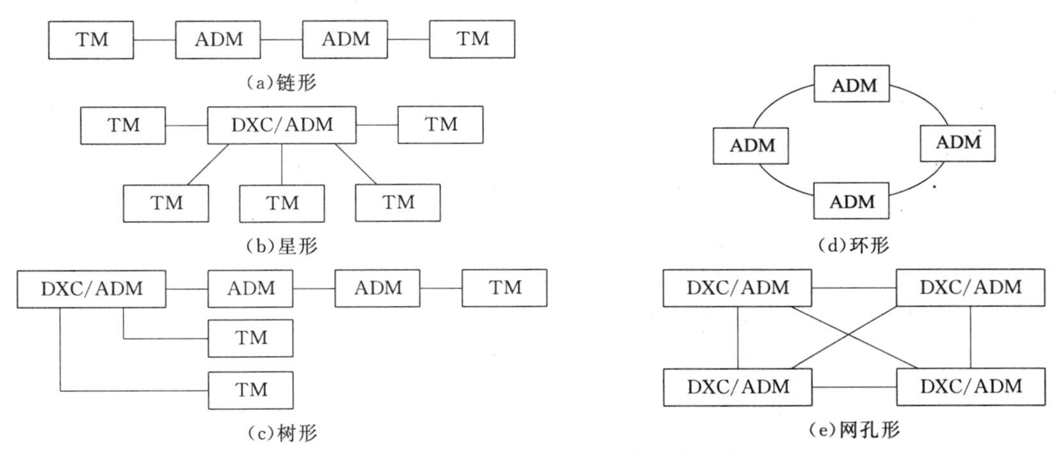

图 3-5　SDH 的基本网络拓扑结构

4. 环形网

环形拓扑实际上是指将链形拓扑首尾相连，从而使网上任何一个网元节点都不对外开放的网络拓扑形式，这是当前使用最多的网络拓扑形式，它具有很强的生存性，即自愈功能较强，环形网常用于本地网(接入网和用户网)、局间中继网。

5. 网孔形网

将所有网元节点两两相连就形成了网孔形网络拓扑，这种网络拓扑为两网元节点间提供多个传输路由，使网络的可靠性更强，不存在瓶颈问题和失效问题，但是由于系统的冗余度高必会使系统有效性降低，成本高且结构复杂。网孔形网主要用于长途网中，以提供网络的高可靠性。

当前用得最多的网络拓扑是链形和环形，通过它们的灵活组合可构成更加复杂的网络。

二、链形网的特点、业务容量和保护方式

典型的链形网如图 3-6 所示。

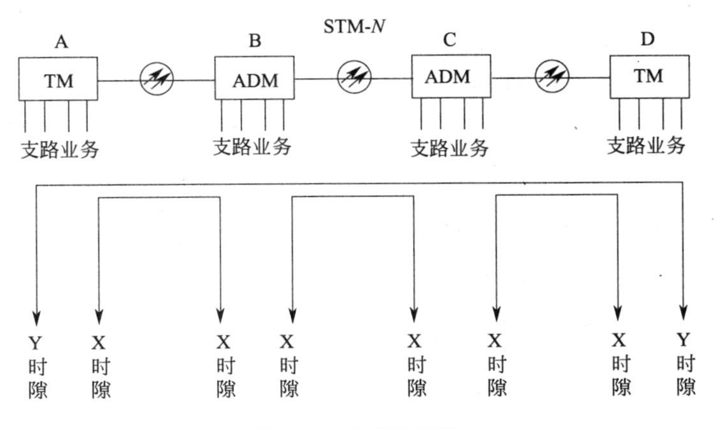

图 3-6　链形网络图

链形网的特点是具有时隙复用功能，即线路 STM-*N* 信号中某一序号的 VC 可在不同的传输光缆段上重复利用。如图 3-6 所示 A—B、B—C、C—D 及 A—D 之间通有业务，这时可将 A—B 之间的业务占用 A—B 光缆段 X 时隙，(例如 3VC4 的第 48 个 VC12)，将 B—C 的业务

占用 B—C 光缆段的 X 时隙，将 C—D 的业务占用 C—D 光缆段的 X 时隙，这种情况就是时隙重复利用，这时 A—D 的业务因为光缆的 X 时隙已被占用，所以只能占用光路上的其他时隙 Y 时隙。

链网的这种时隙重复利用功能使网络的业务容量较大。网络的业务容量是指能在网上传输的业务总量。网络的业务容量和网络拓扑、网络的自愈方式和网元节点间业务分布关系有关。

链网的最小业务量发生在链网的端站为业务主站的情况下。所谓业务主站是指各网元都与主站互通业务，其余网元间无业务互通。以图 3-6 为例，若 A 为业务主站，那么 B、C、D 之间无业务互通，此时 C、B、D 分别与网元 A 通信。这时由于 A—B 光缆段上的最大容量为 STM-N（因系统的速率级别为 STM-N），则网络的业务容量为 STM-N。

链网达到业务容量最大的条件是链网中只存在相邻网元间的业务。在图 3-6 网络中只有 A—B、B—C、C—D 的业务，不存在 A—D 的业务，这时可时隙重复利用。那么在每一个光缆段上业务都可占用整个 STM-N 的所有时隙。若链网有 M 个网元，此时网上的业务最大容量为$(M-1)\times$STM-N，$M-1$ 为光缆段数。

常见的链网有二纤链——不提供业务的保护功能（不提供自愈功能）；四纤链——一般提供业务的 1+1、1∶1 保护。四纤链中其中两根光纤收/发作主用信道，另外两根收/发作备用信道。

1+1 方式指发端在主备用两个信道上发同样的信息（并发），收端在正常情况下选收主用信道上的业务，因为主备用信道上的业务完全一样，当主用信道损坏时，通过切换选收备用信道而使业务恢复。这种倒换方式又叫做单端倒换（仅收端倒换），倒换速度快，但信道利用率低。

1∶1 方式指在正常时发端在主用信道上发主用业务，在备用信道上发额外业务（低级别业务），收端从主用信道收主用业务，从备用信道收额外业务。当主用信道损坏时，为保证主用业务的传输，发端将主用业务发到备用信道上，收端将切换到备用信道选收主用业务，此时额外业务被终结，主用业务传输得到恢复。这种倒换方式称之为双端倒换（收/发两端均进行切换），倒换速率较慢，但信道利用率高。由于额外业务的传送在主用信道损坏时要被终结，所以额外业务也叫做不被保护的业务。

1∶n 是指一条备用信道保护 n 条主用信道，这时信道利用率更高，但一条备用信道只能同时保护一条主用信道，所以系统可靠性降低了。1∶n 保护方式中 n 最大只能到 14，这是由 K1 字节的 5～8 位限定的，K1 的 5～8 位的值从$(0\ 001)_2$～$(1\ 110)_2$（即 1～14）指示要求倒换的主用信道编号。

三、华为 OptiX 155/622H 设备的硬件结构

（一）OptiX 155/622H 的结构示意图（后面板）

OptiX 155/622H 后面板的结构示意图如图 3-7 所示。其中 IU1～IU3 可插 OI2，SP1，

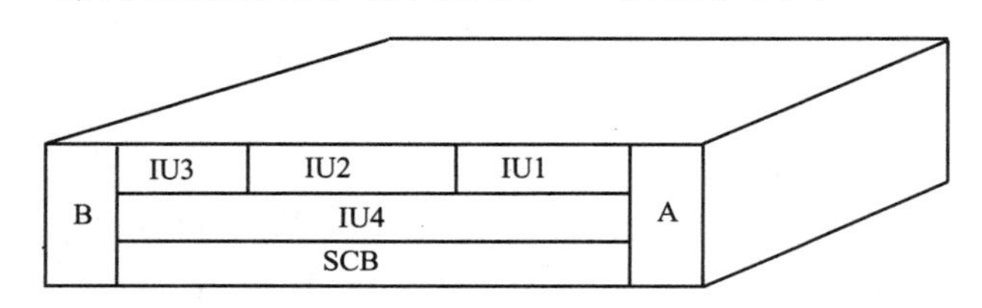

图 3-7 OptiX 155/622H 结构示意图（后面板）

SM1，IU4 板位可插 PD2。A 为电源滤波板和风扇过滤网。B 为风扇板。

（二）前　面　板

OptiX 155/622H 前面板如图 3-8 所示。

图 3-8　OptiX 155/622H 前面板示意图

前面板左侧开关为告警切除开关：置于 OFF，可切除告警声；置于 ON，允许发出告警声。前面板右侧为指示灯，具体含义与后面板的指示灯一致。

（三）后面板接口

OptiX 155/622H 设备后面板的接口及说明见表 3-2。

表 3-2　OptiX 155/622H 设备接口及说明

序号	标号	说　明	
1	IN Ⅰ	外同步时钟源	外时钟接口 1，输入
	IN Ⅱ		外时钟接口 2，输入
	OUT Ⅰ		外时钟接口 1，输出
	OUT Ⅱ		外时钟接口 2，输出
2	RST	复位键（RESET）	
3	ETN	设备指示灯	以太网灯
	RUN		运行灯
	R		严重告警灯
	Y		一般告警灯
	FAN		风扇告警灯
4	ALMCUT	告警切除开关	
5	RS-232 1	RS-232 串口	网管 MODEM 接口
	RS-232 2		透明传输串行通信口
	RS-232 3		
6	PHONE	RJ11 公务电话接口	
7	ETHERNET	RJ45 以太网接口	
8	AUI	AUI 以太网接口	
9	PGND、GND、−48 V、BGND	双电源接口	
10	POWER（ON、OFF）	电源开关	
11	←) (←	SDH 光接口	
12	8 7 6 5 4 3 2 1	PDH 电接口 2 mm HM 连接器	

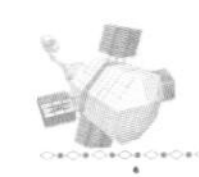

(四)指 示 灯

OptiX 155/622H 设备在正面与背面都有着相同的指示灯,这些指示灯的颜色及含义见表 3-3。

表 3-3 指示灯的颜色及含义

灯位	颜色	意 义
ETN	黄色	以太网指示灯。当设备作为网关与网管终端利用网线相连时,灯亮起。否则,灯熄灭
RUN	绿色	运行灯。设备正常开工后,运行灯 2 s 闪烁一次。否则,设备运行不正常
RALM	红色	严重告警灯。出现级别为危急的告警时,严重告警灯亮
YALM	黄色	一般告警灯。出现级别为主要或次要的告警时,一般告警灯亮
FAN ALM	黄色	风扇告警灯。当风扇板上至少一个风扇停止工作时,风扇告警灯亮

设备的指示灯的闪烁次数都有一定的含义,说明如下:

1. RUN(运行灯)

当运行灯 RUN 快速闪动(每秒钟亮灭 5 次),表示设备处于未开工状态。设备未开工的可能原因是设备上电后,未配置数据。

当运行灯 RUN 亮 1 s、灭 1 s(每 2 s 亮灭 1 次)时,表示本板处于开工状态,即单板上电后对系统的配置数据正常。

2. YALM、RALM(告警灯)

当告警灯 YALM 和 RALM 都没有亮起时,表示本板无告警发生。

当红色告警灯 RALM 亮起时,表示设备有危急告警事件发生。

当黄色告警灯 YALM 亮起时,表示本板有非危急告警事件发生。

四、OptiX 2500+(Metro3000)设备介绍

(一)系统构成

OptiX 2500+(Metro3000)光传输设备由机柜、子架、扩展子架及若干可选插入式电路板和相关附件构成,可灵活配置为终端复用器 TM、分插复用器 ADM、再生中继器 REG。OptiX2500+(Metro3000)光传输设备可实现 STM-1、STM-4 和 STM-16 各等级间的在线升级。

OptiX 2500+(Metro3000) 光传输系统由网元(可配置成 TM、ADM 、REG)、网管计算机终端设备和光缆线路组成 ,网元和一定拓扑结构的光缆线路连接组成光传输网。

OptiX 系列 SDH 光传输系统还包括 SDH 网络管理系统(OptiX iManager),用户可以通过网管终端与 OptiX 光传输设备连在网管终端上,并可对设备及其构成的网络进行配置、维护、监视等操作, 无论是在本地还是在远程网管中心,授权许可的用户都可以使用 OptiX iManager 对全网或指定网元进行维护。

光传输网按全网或子网的方式进行管理网络时可以设置一个或多个网元作为网关网元(GNE),并安装网管系统对网络子网及网元进行管理和维护。由 OptiX 2500+(Metro3000)光传输设备组成的同步传输网络中,某一站点由一个或若干个机柜组成。机柜承载工作子架,每个子架可按设备配置要求插入若干电路板,从而构成各种类型的网元,当该站为网络的网关网元时,该站设有网管系统。

OptiX 2500+(Metro3000)系统是华为技术有限公司开发的支持ATM/IP等宽带业务的STM-16多业务光传输系统，其具有大容量的交叉连接矩阵和多系统的配置能力，可接入各种级别的SDH业务、在同一平台上实现多业务的传输，通过ATM/IP层处理实现业务的汇聚，能够方便地实现传输网络的业务调度和带宽管理，可应用于各种层次的网络。目前主要适用于省内干线网和较复杂、要求较高的本地中继网。OptiX 2500+(Metro3000)系统结构如图3-9所示。

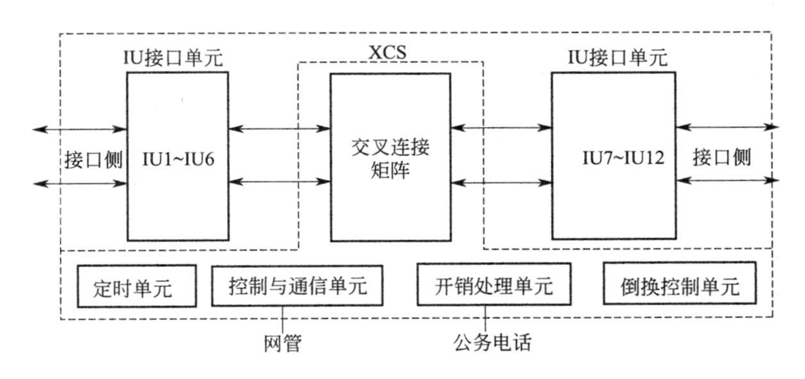

图3-9 OptiX 2500+(Metro3000)系统结构

(二)华为OptiX 2500+(Metro3000)传输系统的功能特点

该设备具有强大的交叉连接能力、灵活的组网能力及多业务接入能力，单子架可上下504个2 M，双子框可以上下1 008个2 M，并可灵活配置成ADM、TM、REG等设备。华为OptiX 2500+除了支持SDH设备传输的各种业务外，还增强了对数据业务传输的支持能力，实现对ATM业务、IP业务的有效传输，通过VP-Ring实现数据业务的带宽共享，大大提高了传输的带宽利用率。同时系统保留了SDH设备灵活的组网和业务调度能力，在单个设备上实现了语音、数据等多种业务的传输，可以很好地适应城域网当前和未来发展的需求。

华为OptiX 2500+(Metro3000)传输系统功能如下：

1. 强大的多系统支持能力

OptiX 2500+(Metro3000)具有强大的交叉连接能力，交叉矩阵包括以下两种规格：

(1)采用XCS交叉板，设备提供128×128 VC-4的高阶交叉矩阵和2 016×2 016 VC-12(或96×96 VC-3)的低阶交叉矩阵。

(2)采用XCL/XCE交叉板，设备提供48×48 VC-4的高阶交叉矩阵和1 008×1 008 VC-12(或48×48 VC-3)的低阶交叉矩阵。

2. 面向网络发展的扩容能力

OptiX 2500+(Metro3000)的PDH/SDH接口板采用兼容一体化设计。设备可以配置为STM-4或STM-16系统，STM-4系统可以升级为STM-16系统。用户在做网络规划时，只需考虑系统的初期容量，从而降低初期投资费用，将来可以根据需要进行扩容升级。

3. 灵活的配置

OptiX 2500+(Metro3000)的配置相当灵活，每个网元既可配置为单个的STM-4/STM-16 TM或ADM系统，也可配置为STM-1、STM-4 、STM-16接口组合的多ADM系统，并可实现多系统间的交叉连接。OptiX2500+(Metro3000)可在单子架上实现多套TM或ADM系统和 TM、ADM 的混合系统的功能,并支持多系统间的业务调度和保护,可作为一个中等容量的本地交叉连接设备使用,大大增强了设备的组网能力和网络的调度能力。

4. 强大的组网能力

由于采用大规模的交叉连接矩阵且全面考虑对软件的设计,OptiX2500+(Metro3000)能提供强大的组网能力,满足在传输网中心局应用时的复杂组网要求。支持多种网络拓扑结构,包括点对点、链形、环形、枢纽形和网孔形等。

5. 完善的保护机制

设备级别的保护可通过支路、定时、交叉连接等单元的冗余热备份保护来实现。网络级别的保护包括线形网、环形网的复用段保护,以及任意类型网络的子网连接保护。1 : n 的网络保护应用时可以利用保护通道传送额外业务。宽带业务在环上支持 SDH 层的复用段保护和 ATM 层的单向 VP-Ring 保护。

6. 功能完善的网络管理系统

提供基于 PC 机的网元管理系统 OptiX iManager NES、基于工作站的网络管理系统 OptiX iManager RMS 和跨平台的子网级网络管理系统 OptiX iManager T2000。OptiX iManager 可对 OptiX 2500+(Metro3000)组成的复杂网络进行集中操作、维护和管理(OAM),实现电路的自动配置和调度,保证网络安全运行。

7. 完备的同步状态消息 SSM 管理功能

OptiX 2500+(Metro3000)提供同步时钟的同步状态消息 SSM 管理功能,可以避免系统在时钟倒换时形成定时环路,同时也可以使系统在所跟踪的同步定时信号降级时,下游节点不必等到检测出同步定时信号超过劣化门限就可以及时倒换输入时钟源或转入保持工作状态,以提高全网的同步运行质量。此外,SSM 管理功能可以简化同步网的规划设计。

任务实施

一、链形网工程设计

在进行 SDH 设备的链形组网设计时,首先要了解实际情况,明确设计条件,然后根据设计条件进行具体的设计,如群路光接口(传输速率、工作波长、各站的应用模式是 TM、ADM,还是 REG)、支路接口(接口的速率等级。对于 2 M 接口,还要清楚接口是 75 Ω 还是 120 Ω,是否采用单元保护)等。

(一)设计组网结构

通常将一个网元的东光口与另一个网元的西光口相连,假设 A、B、C、D 站组成一个链形网,无保护链组网结构如图 3-10 所示,有保护链组网结构如图 3-11 所示。

方案一:无保护链(二纤)

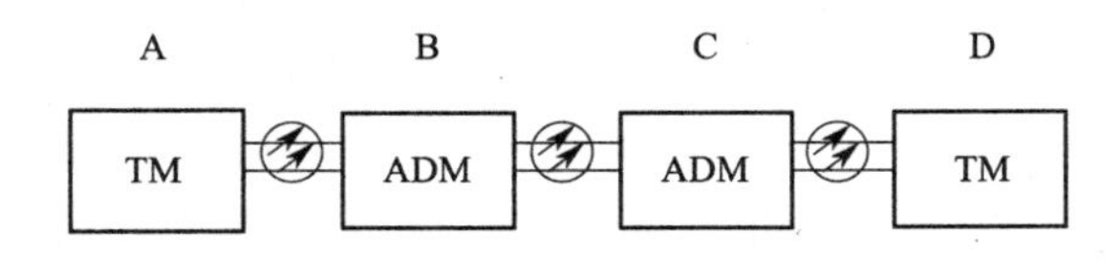

图 3-10 链形网方案一

方案二:有保护链(四纤)

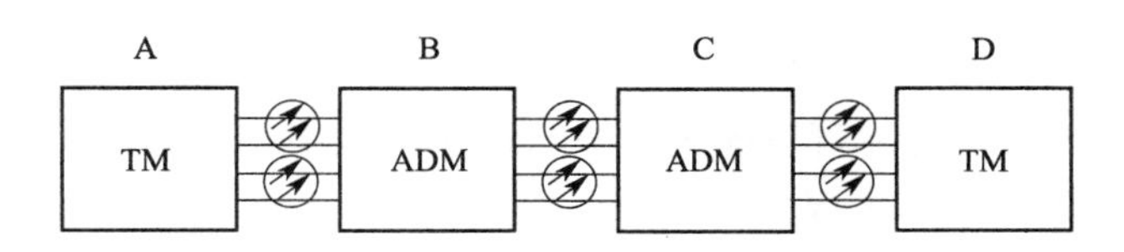

图 3-11 链形网方案二

(二)设计业务矩阵

组网结构确定下来后,根据实际需要进行业务分配,确定各站之间的业务量,并用业务矩阵表示出来。如果 A 站到 B 站有 63 个 2 Mbit/s,A 站到 C 站有 63 个 2 Mbit/s, A 站到 D 站有 63 个 2 Mbit/s,B 站到 C 站有 63 个 2 Mbit/s,用业务矩阵可以清楚地看到各站之间的业务的量及每个站上下业务的总量。SDH 链形网工程业务矩阵表见表 3-4。

表 3-4 SDH 链形网工程业务矩阵表

站　名	A	B	C	D	总　计
A		63	63	63	189
B	63		63		126
C	63	63			126
D	63				63
总　计	189	126	126	63	504

(三)完成时隙分配

业务矩阵确定以后即可以对 SDH 链形网络的链路进行时隙分配,时隙分配图是对 SDH 网元进行业务设置的依据,图 3-12 就是表 3-4 所示的业务矩阵的一种时隙分配图(假设支路板插在第 1-4 槽位,且每块支路板上有 63 个 2 M 通道)。

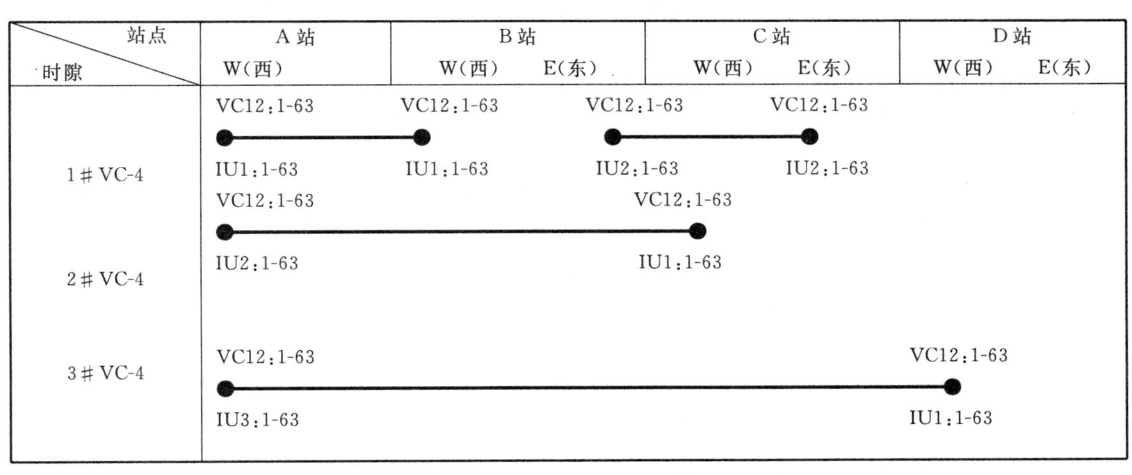

图 3-12 时隙分配方案

图中 W、E 分别表示网元的西向和东向,连线表示网元间的连接,黑点表示业务上下。如 A 站 W(西)1＃VC-4 VC-12:1～63 表示西向第一个 VC-4 的 1～63 个 VC-12 时隙,IU1 表示网元上第 1 个支路板位,IU1:1-63 表示第 1 个支路板上的第 1～63 个 2 M 通道。注意:中间站B站在配置业务时，除了要配置到A站和C站的63个本地业务之外，还要配置A站到C站的穿通业务。

（四）确定系统结构

根据设计条件和业务矩阵就可以确定系统结构和系统中各站的结构。对于链形网，端站为终端复用设备（TM），如果不带保护，一个系统只用到东向侧或西向侧的群路接口；如果带保护，则需要两个群路端口来提供主备用的保护。链路站的中间站为分插复用设备（ADM），如果是无保护链，要用到一个东向侧及一个西向侧的群路接口；如果是有保护链，要用到两个东向侧及两个西向侧的群路接口。群路接口确定后，根据业务矩阵来确定支路板的类型和数量。

二、硬件安装

硬件安装技术难度不是很大，但很重要（安装不好将影响传输质量），要求很细致。完善的安装流程，一方面可以确保设备安装的质量，另一方面也是对设备以后的正常运行提供可靠的保证。安装的流程如图3-13所示。

（一）安装前准备

为了使施工有序、顺利地进行，在正式开工前做好各种准备和检查工作，主要有：

（1）施工人员的安排和准备。通常以厂家施工人员为主，用户单位技术人员为辅。

（2）施工技术文书的准备。施工时必须准备的文书有：机房设计书、施工详图、安装手册等。

（3）工具、仪表的准备。一般情况下，专用工具仪表由厂家自带，通用的工具仪表由用户提供。硬件安装时所需的通用工具仪表大致有：卷尺、镊子、平口螺丝刀、十字螺丝刀、活动扳手、电工刀、单面刀片、斜口钳、尖嘴钳、电烙铁、锉刀、手锯、撬杠、万用表等。

（4）施工条件的检查。在工程安装前，要对机房、电源、地线、中继线、光缆等做必要的检查，查看是否符合施工要求。对不符合施工要求的项目，施工前要加紧改造完，以免留下隐患。机房的面积、高度、承重、门窗、墙面、沟槽布置、防静电条件、照明、温度、湿度、消防必须符合规范或厂家提出的要求。

（5）对电源的要求。对交流电要求除市电外还应有油机作为备用电源；对直流配电设备要求有足够的输出功率，输出在规定的范围内且保持稳定；另外还必须备用一定容量的蓄电池，以保证供电故障发生时传输设备继续运行。

（6）地线要符合要求。良好的接地是传输设备稳定工作的基础，是其防雷击、抗干扰的首要保证条件，施工前必须检查地线是否符合要求。

（7）对中继线和光缆的要求。还要检查中继线和光缆是否已引入机房，并在DDF架和ODF架上连接好。

（二）开箱验货

安装准备完成之后，在有厂家技术人员在场的情况下开箱验货。需要检验的主要内容有：运输过程是否有损坏，机架、子架、单板外观是否完好，有无划伤和损坏。特别需要强调的是，任何时候接触单元板和设备上金属部件都必须戴防静电手腕。对照装箱单核对型号和数量是否相符合。

（三）机架安装

在安装准备完成、开箱验货正确后，就可以开始机架安装。机架的安装有两种情况：一是

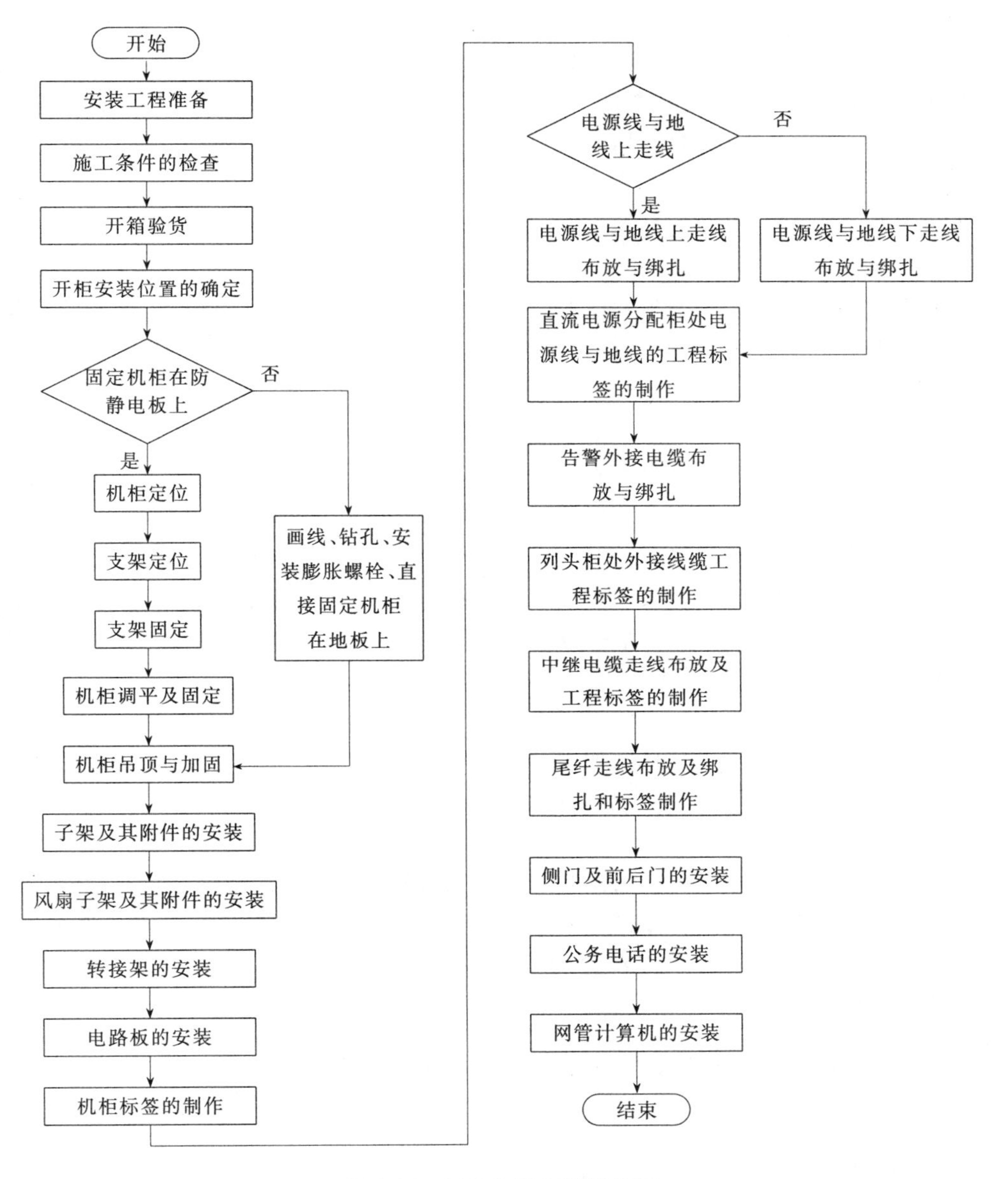

图 3-13 设备硬件安装流程图

安装在水泥地上，可以按机房布置图在设计的位置直接用膨胀螺钉将机架固定在地板上；二是机房有防静电地板，此时需要在设计位置用膨胀螺钉将支架（底座）固定在水泥地上，将支架调到适当高度，以使机架底与机房地板平齐，然后用螺丝将机架固定在支架上。为了进一步使机架稳定，两种情况都可以考虑吊顶，即用连接件将机架固定连接在天花板上。各公司一般在机架的顶部安装有电源分配柜，有机房电源引入端子和保护地接线柱，机架固定好以后，将电源线和保护地线按规范接好，安装好的机架应达到设计施工规范中的要求，应有良好可靠地接地。

（四）子架安装

机架安装好以后，将子架安装在机架的适当高度。子架安装时，至少两人托抚安装，很多公司的设备在子架的下面还要安装一个风扇子架。

（五）单元板的安装

在安装单元板之前应将机架、子架内的杂物彻底清除干净。戴上防静电手腕，将单元板从防静电包装袋中取出，检查是否有损伤、元件脱落等明显损坏现象，然后按照子架各槽道规定的单元板名，依次插入各个电路板，切勿插错槽道。

（六）电缆、光纤的连接

子架安装好以后就可以开始电缆、光纤的连接。

（七）电源电缆、告警电缆的连接

一般各公司的设备子架和架顶的电源分配柜要有一个电源线缆相连接，用于给子架提供电源；子架和架顶的总告警板会有一根告警电缆相连接，用于收集子架的告警信号。

（八）信号电缆的连接

外部信号电缆主要用于设备数字信号的连接，对于 2 M 支路信号既可以使用 120 Ω 对称电缆连接，也可以采用 75 Ω 同轴电缆相连，应根据所用设备的具体接口而定。连接线时在接口区与电接口板相对应的位置上安装好适配器（将 120 Ω 接口转换为 75 Ω 接口），然后用电缆将所有的信号连至 DDF 架或相应的设备上。从设备到 DDF 架的电缆可经过机框两侧上线到架顶的走线槽，经走线槽到 DDF 架；有防静电地板时，电缆可经过机框的两侧下线到地板夹层中，经地板夹层到达 DDF 架。为了维护方便，每根电缆都应做好编号，电缆较多时应分两边捆扎进入机柜，捆扎时扎线间距要均匀。

（九）时钟信号线

设备使用外时钟时，从外时钟源（如 BITS 大楼综合定时供给系统）到设备接线区的外时钟接口要有一根同轴电缆相连，用于给设备提供参考时钟。

（十）光缆的布放与连接

光传输设备的光口一般都在单元板的前面板上，安装光缆时应将连接器小心地对准光口适度用力插入，避免损伤光适配器的陶瓷内管。光纤要成对布放，需要弯曲时要弯成圆形，曲率半径一般不小于 8 cm，成对的光纤要理顺、绑扎，使用扎带时不得用力勒紧，最好加上保护套管，并不得有其他电缆压在光纤上面。

三、利用 155/622M SDH 传输设备组成链形 SDH 网络

（一）数据配置过程

（1）登录华为 T2000 网管（用户名：admin 密码：××××），如图 3-14 所示。

（2）新建子网，如图 3-15 所示。

（3）创建子网下的网元即拓扑对象（采用 OptiX 155/622H），并配置网元（如单板），配置界面如图 3-16 所示。

（4）对网元之间的纤缆进行组网（链形），如图 3-17 所示。

（5）配置网络保护方式，如图 3-18 所示。

（6）配置各网元的时钟优先级，实现网络同步，如图 3-19 所示。

（7）配置公务电话，如图 3-20 所示。

（8）配置业务，并查询路径视图，如图 3-21 所示。

图 3-14　登录界面

创建子网

基本属性 对象选择

子网路径： root/

子网名称：

子网背景： 无

说明

确定 取消 应用

图 3-15 创建子网界面

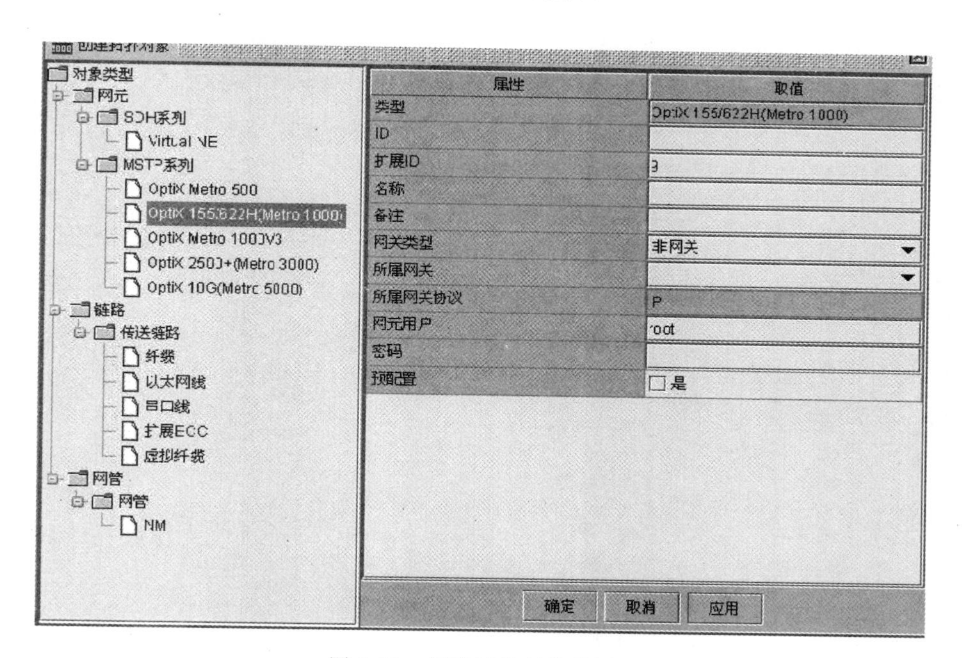

图 3-16 创建拓扑对象界面

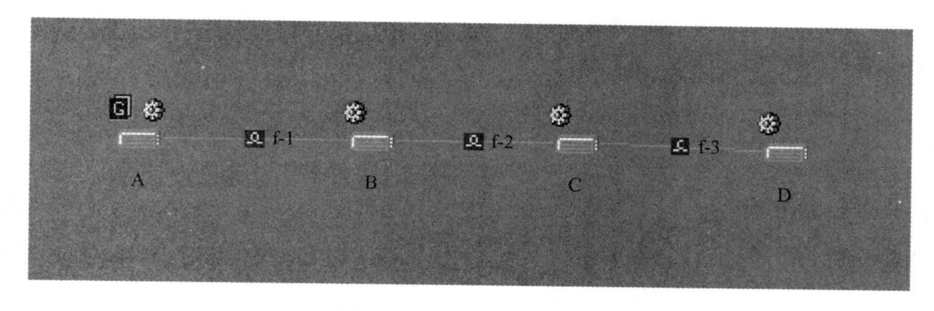

图 3-17 链形组网示意图

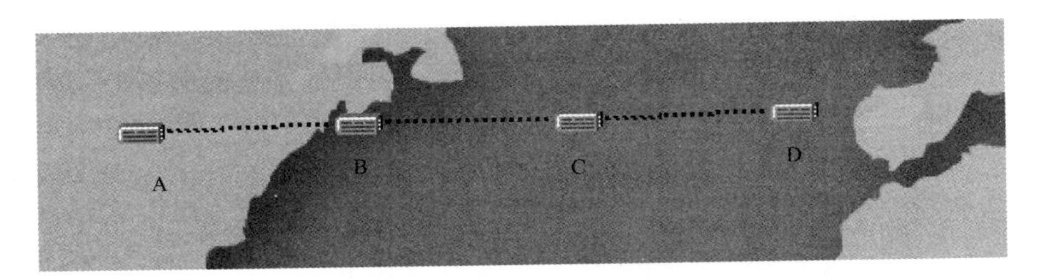

图 3-18　保护视图(无保护链)示意图

时钟源	外部时钟源模式
外部时钟源1	2M Bit/s
内部时钟源	-

图 3-19　时钟优先级配置示意图

常规　高级　广播数据口

呼叫等待时间(s)　9

拨号模式　脉冲

电话号码

会议电话　999　　电话1　102

电话2　　电话3

已选公务电话端口　　备选公务电话端口

1-OI2D-1

1-OI2D-2

<<

图 3-20　公务电话配置示意图

评　价

通过对下面所列评分表的各项内容的考核,综合学生学习讨论过程中的表现,评定出学生的成绩。

评价总分 100 分,分三部分内容:(1)过程考核共 30 分,从工作计划提交、仪器仪表使用规范、操作熟练程度方面考核;(2)成果考核共 20 分,从任务完成情况、技术报告方面考核;(3)综合能力考核共 50 分,从知识掌握能力、成果讲解能力、小组协作能力、创新能力四个方面进行考核。考核表见表 3-5。

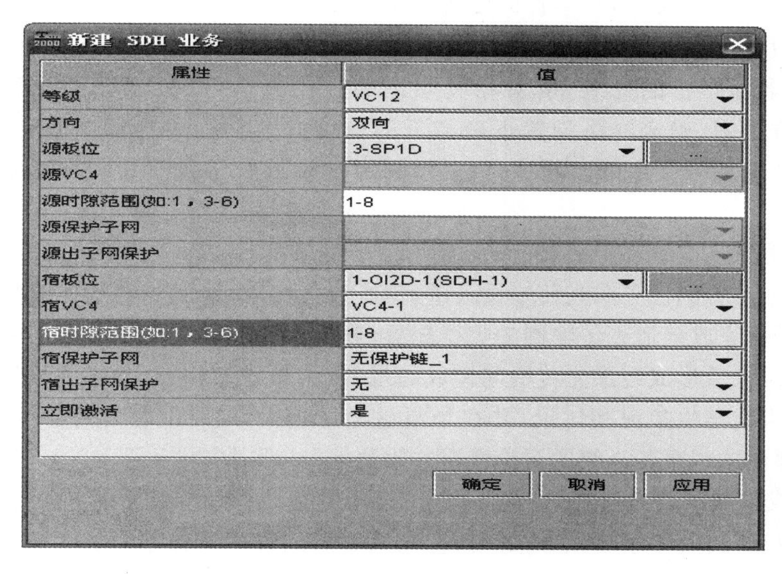

图 3-21 配置业务示意图

表 3-5 考核项目指标评价体系

评价内容			自我评价	教师评价	其他评价
过程考核(30%)	工作计划提交(10%)				
	仪器仪表使用规范(10%)				
	操作熟练程度(10%)				
成果考核(20%)	任务完成情况(15%)				
	技术报告(5%)				
综合能力考核(50%)	知识掌握能力(30%)	链形网的组网及业务特点(10%)			
		设备硬件安装流程(10%)			
		网管数据配置(10%)			
	成果讲解能力(5%)				
	小组协作能力(5%)				
	创新能力(5%)				
	态度方面(是否耐心、细致)(5%)				

教学策略讨论

完成本任务(设计方案、硬件安装、软件设置)，建议总课时安排为8个课时，而且在教学中教师的角色发生了改变，从传统的教室讲授变为辅助指导，因此建议教师可以从以下几个部分完成：

1. 咨询阶段

首先将全班同学分成若干个项目小组，小组同学结合相关知识点进行自主学习(教师主要是引导作用)，拟定链形网的设计方案，完成计划的时间安排、前期工作准备阶段。在该阶段中教师的职责是负责准备相关资料，同时，列出本项任务需要同学们掌握的重要专业知识点，并对必要的知识点进行必要的讲解(课时安排 2 课时)。

2. 计划阶段

学生根据老师布置的任务,准备相关知识的查找和学习、拟定配置方案、数据配置过程、画出配置方案图、确定网络配置正确与否的检验方案。教师的职责是检查学生配置方案,针对学生的配置方案中的问题进行解答,并配合小组同学验证方案的正确性(课时安排 1 课时)。

3. 实施阶段

各小组根据布置的任务和光传输设备进行学习讨论。小组同学利用实训室 SDH 设备组成链形光传输网;完成链形光传输网的数据配置;利用误码仪检验组网配置的正确性;各小组经过自主学习讨论后形成链形光传输网构成的报告,画出该结构图,并掌握该网络的优缺点。教师的职责是组织学生参观和讨论,并在小组讨论过程中,随时准备解答学生一切可能的问题。同时,教师注意观察各小组的讨论情况并收集问题(课时安排 4 课时)。

4. 总结、成果展示及考核

每个小组应将自己小组所做方案和如何完成数据配置的过程进行展示和讲解,老师完成对该小组的同学的考核(课时安排 1 课时)。

就以上设计内容展开讨论,并将讨论记录于下:

(1)讨论记录:______________________________

____

____

____

____

____

____

(2)讨论心得记录:______________________________

____

____

____

____

____

____

____

____

____

____

任务 2 SDH 设备环形网组网及数据配置

任务描述

某市 A、B、C、D 四地需要组建新的通信线路,其节点分布如图 3-22 所示。各节点之间的

业务需求见表 3-6。

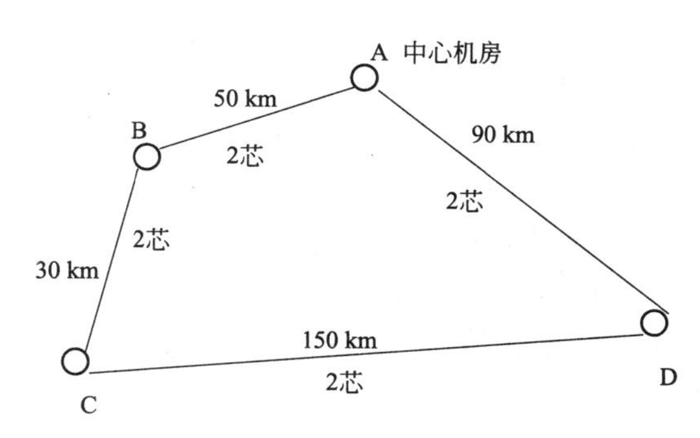

图 3-22　节点分布示意图

表 3-6　各节点业务矩阵表

站　名	A	B	C	D	总　计
A		63	63	63	189
B	63		63		126
C	63	63			126
D	63				63
总　计	189	126	126	63	504

各地之间的业务需要提供网络级保护，对于中心节点 A 还需要设备级单板保护。

任务分析

SDH 的网络中环形网是用得最多的一种网络拓扑结构，因为它的最大特点是具有自愈能力。环形网组网就是将涉及的所用节点串联起来，首尾相连。要完成环形组网工程设计及数据配置，首先同样要分析设计条件，根据设计条件进行具体的工程设计，完成设计方案（网络拓扑结构及保护方式、业务矩阵、时隙安排、系统结构、公务等），然后完成硬件设备安装，最后在网管上完成软件设置（即数据配置）。

相关知识

一、自 愈 环

（一）自愈环的概念和分类

所谓自愈是指在网络发生故障，例如光纤断时无需人为干预，网络自动地在极短的时间内（ITU-T 规定为 50 ms 以内）使业务自动从故障中恢复传输，使用户几乎感觉不到网络出了故障。其基本原理是网络要具备发现替代传输路由，并重新建立通信的能力。

（二）自愈环的分类

按网元节点间的光纤数：分为二纤环和四纤环。

按环上业务的方向：分为单向环和双向环。

按保护的业务级别：分为通道保护环和复用段保护环。

因此 SDH 自愈环类型有：二纤单向通道倒换环、二纤单向复用段倒换环、四纤双向复用段倒换环、二纤双向复用段倒换环。

二、各种自愈环的工作原理

(一)二纤单向通道倒换环

工作原理:“首端桥接、末端倒换”或并发优收(即1+1方式)。

正常时:A—C的业务(A—C)同时送到工作纤S1和保护纤P1,分别经逆时针和顺时针到达C点,在节点C处,按照通道信号的质量优劣确定选择其中一路作为分路信号,正常时选择工作纤S1送来的信号;同理C—A的业务(C—A)送到工作纤S1和保护纤P1,分别经逆时针和顺时针到达A点。同样以光纤S1携带的业务信号为主信号,在接收端节点A分路,如图3-23(a)所示。

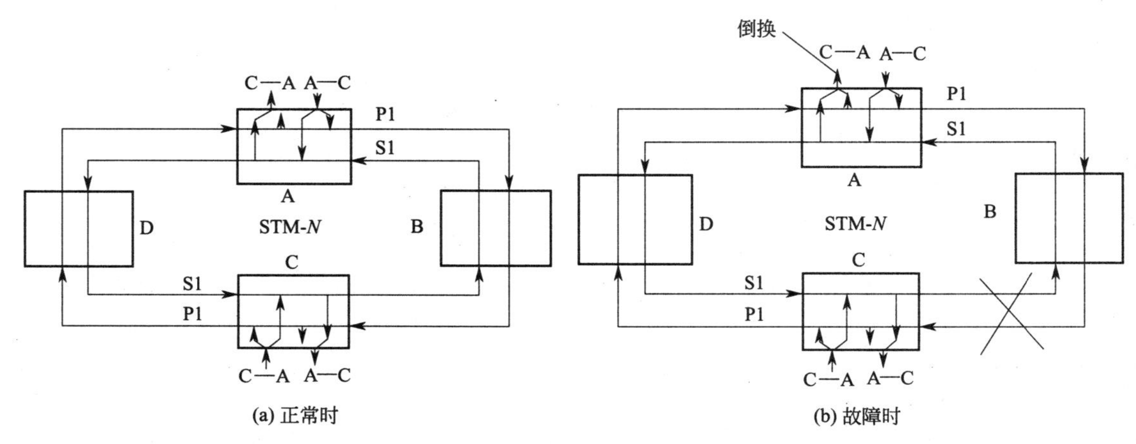

图3-23 二纤单向通道倒换环

故障时:若B—C之间的光缆断开时,A—C的业务未受影响;C—A的业务在A点将开关由工作纤倒换到保护光纤上,接收保护光纤来的信号,如图3-23(b)所示。

(二)二纤单向复用段倒换环

工作原理:环中每一节点的高速线路上都有一保护倒换开关。正常时信号仅在S1光纤中传输,保护光纤P1空闲。

正常时:A—C的业务经工作纤S1沿顺时针到C点,保护纤空闲或传低级别的业务。

C—A的业务经工作纤S1沿顺时针到A点,保护纤空闲或传低级别的业务,如图3-24(a)

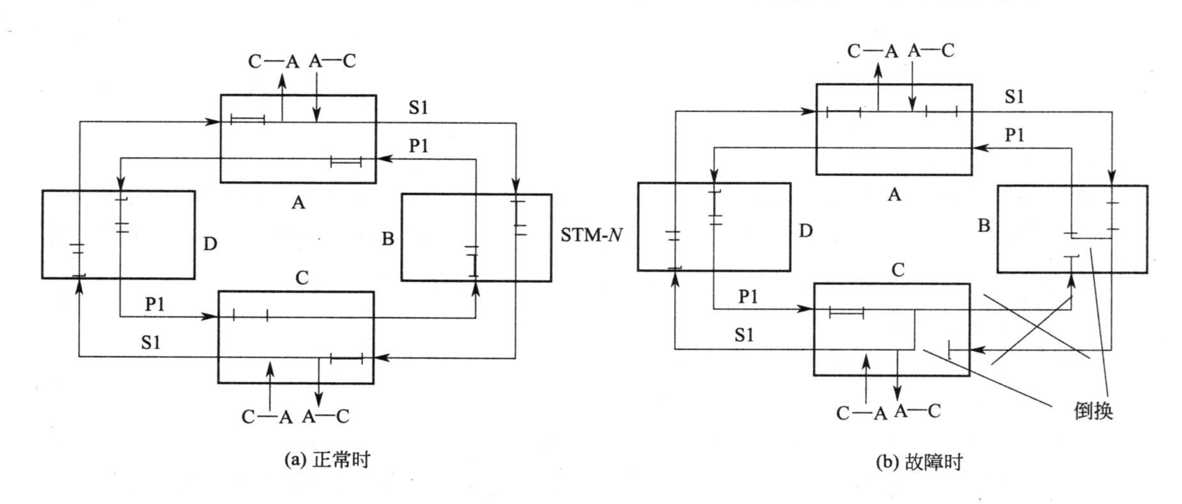

图3-24 二纤单向复用段倒换环

所示。

故障时：若 B—C 之间的光缆断开时，则相邻的 B、C 节点按 APS 协议执行环回功能，如图 3-24(b)所示。

(三)四纤双向复用段倒换环

工作原理：两根工作纤(S1、S2)和两根保护纤(P1、P2)，正常时仍然由工作纤传业务信号，保护光纤空闲。由于是复用段倒换环，环中每一节点的高速线路上都有一保护倒换开关。

正常时：A—C 的业务经工作纤 S1 沿顺时针到 C 点；C—A 的业务经工作纤 S2 沿逆时针到 A 点，如图 3-25(a)所示。

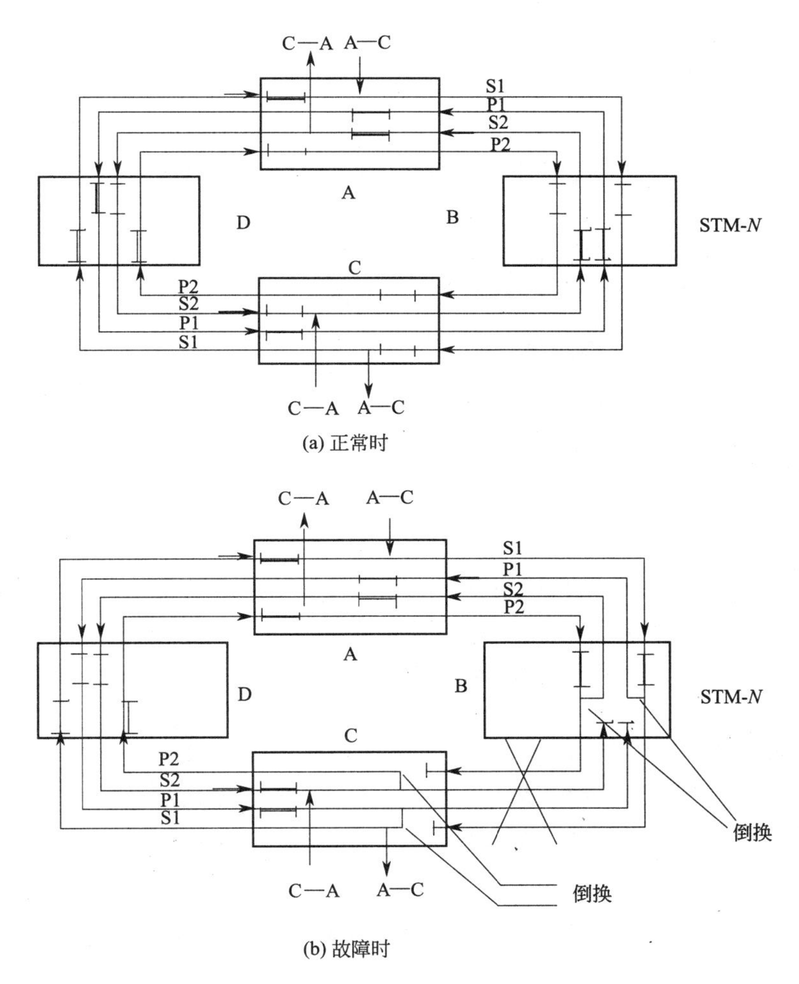

图 3-25　四纤双向复用段倒换环

故障时：若 B—C 之间的光缆断开时，则相邻的 B、C 节点按 APS 协议执行环回功能，如图 3-25(b)所示。

特点：双 ADM 系统、光纤数量多、成本高、业务容量大[最大：$M\times$(STM-N)]。

(四)二纤双向复用段倒换环

工作原理：利用时隙交换技术将 S1 的业务信号和 P2 的保护信号置于一根光纤(称 S1/P2 光纤)，前一半时隙传 S1 的业务信号，后一半时隙传 P2 的保护信号，同理 S2/P1 光纤。

正常时：A—C 的业务经 S1/P2 光纤前一半时隙沿顺时针到 C 点；C—A 的业务经 S2/P1

光纤前一半时隙沿逆时针到A点，如图3-26(a)所示。

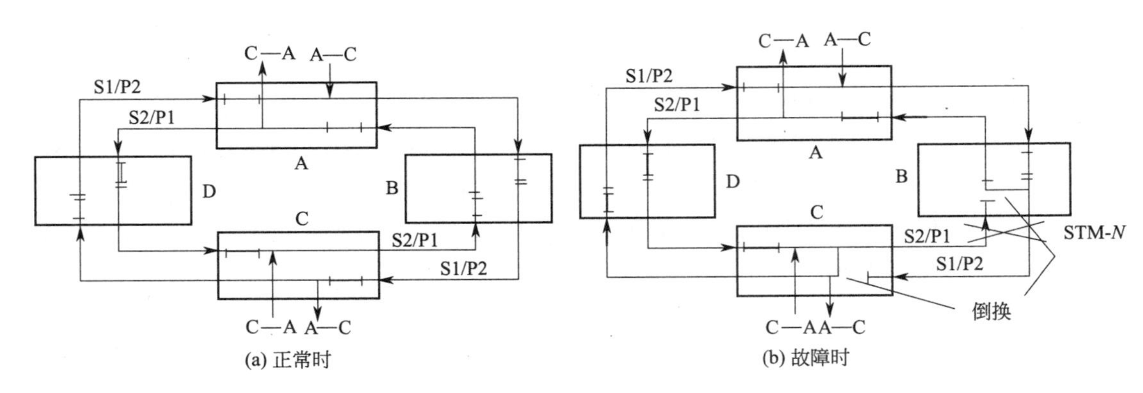

(a) 正常时　　(b) 故障时

图3-26　二纤双向复用段保护环

故障时：若B—C之间的光缆断开时，则相邻的B、C节点按APS协议执行环回功能，如图3-26(b)所示。

特点：单ADM系统、业务容量较大[最大业务容量：$M\times$(STM-N)/2]。

(五)二纤单向通道保护环和二纤双向复用段保护环比较

当前组网中常见的自愈环为二纤单向通道保护环和二纤双向复用段保护环，下面将二者比较如下。

1. 业务容量仅考虑主用业务

单向通道保护环的最大业务容量是STM-N，二纤双向复用段保护环的业务容量为$M/2\times$(STM-N)，M是环上节点数。

2. 复杂性

二纤单向通道保护环无论是从控制协议的复杂性还是操作的复杂性上来说，都是各种倒换环中最简单的，由于不涉及APS的协议处理过程，因而业务倒换时间最短；二纤双向复用段保护环的控制逻辑则是各种倒换环中最复杂的。

3. 兼容性

二纤单向通道保护环仅使用已经完全规定好了的通道AIS信号来决定是否需要倒换，与现行SDH标准完全相容，因而也容易满足多厂家产品兼容性要求；二纤双向复用段保护环使用APS协议决定倒换，而APS协议尚未标准化，所以复用段倒换环目前都不能满足多厂家产品兼容性的要求。其两种自愈环的比较结果见表3-7。

表3-7　二纤单向通道保护环和二纤双向复用段保护环区别

特点＼环类型	二纤单向通道保护环	二纤双向复用段保护环
保护的信号	通道信号	复用段信号
倒换的条件	TU-AIS	LOS、LOF、MS-AIS、MS-EXC
信道利用率	1+1，利用率低	1∶1，利用率高
业务容量(最大)	STM-N	$M/2\times$(STM-N)
协议复杂性	不需APS，简单	需APS协议
兼容性	好	不好
适合的网络	接入网	骨干网、中继网

任务实施

一、工程设计方案

（一）工程设计条件分析

设计前必须详细了解整个工程的基本情况，主要包括：各站的站电源（－24 V、－48 V等）、主信道光接口（群路光接口）传输速率、各站的应用模式是 ADM 还是 REG、传输距离短、中还是长、支路接口是什么、支路接口（接口的速率等级；对 2 M 接口，还要清楚接口是 75 Ω还是 120 Ω，是否采用单元保护）等。除此之外，还要分析整个网上的业务分配，是集中型业务还是均匀型业务。

通过前面的任务描述，考虑到未来业务量的需求的增加，线路上的带宽使用 2.5 Gbit/s，网络管理系统安装在中心节点 A 站。

（二）网路结构和保护方式

环形网根据其保护倒换的方式不同可分为二纤单向通道保护环、二纤单向复用段倒换环、四纤双向复用段倒换环和二纤双向复用段倒换环，设计时应根据具体情况进行选择。一般如果业务量主要汇集在一个节点上（集中型业务），可以考虑采用简单、经济、倒换速度快的二纤单向通道倒换环。对于各个节点之间均有较大的业务量，而且节点需要较大的业务量分插能力，可以考虑采用双向复用段倒换环。究竟采用二纤方式，还是四纤方式，则应根据容量要求和经济性综合比较。在本次工程中，由于节点之间是两根光纤，虽然从节点之间的业务分配来看，业务类型属于集中型业务，但是如果考虑到未来用户业务量的需求，采用二纤双向复用段倒换环也是可以的。

（三）时隙分配

对于业务分配表中所示的业务，如果采用二纤单向通道保护环，业务时隙配置如图 3-27 所示。如果采用二纤双向复用段倒换环，其时隙分配如图 3-28 所示。需要注意示意图中所示的时隙分配不是唯一的。

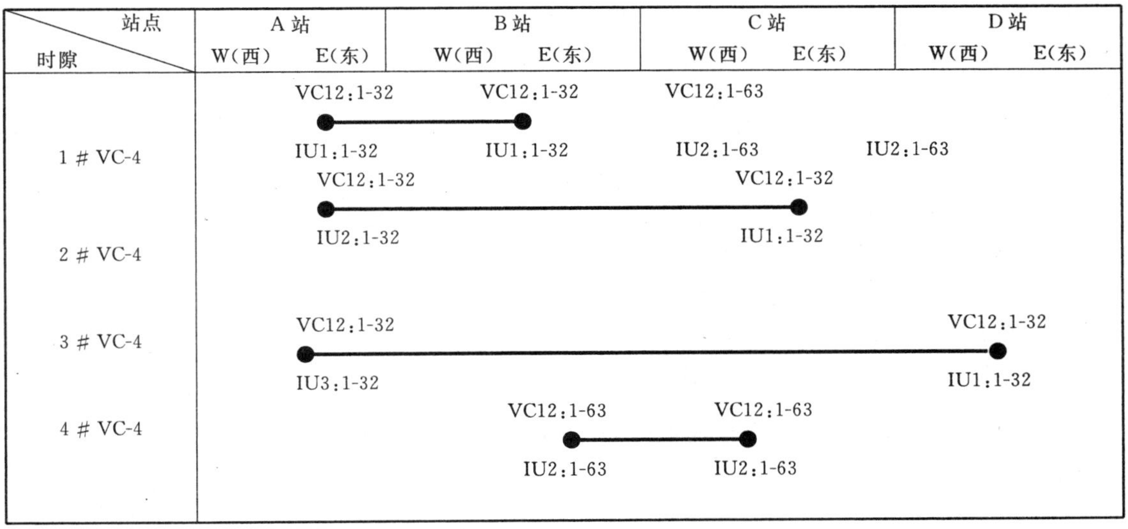

时隙＼站点	A站 W(西)	A站 E(东)	B站 W(西)	B站 E(东)	C站 W(西)	C站 E(东)	D站 W(西)	D站 E(东)
1 # VC-4		VC12:1-32 IU1:1-32		VC12:1-32 IU1:1-32	VC12:1-63 IU2:1-63		IU2:1-63	
		VC12:1-32 IU2:1-32				VC12:1-32 IU1:1-32		
2 # VC-4								
3 # VC-4		VC12:1-32 IU3:1-32					VC12:1-32 IU1:1-32	
4 # VC-4				VC12:1-63 IU2:1-63	VC12:1-63 IU2:1-63			

注：图中所有业务为单向业务。

图 3-27　二纤单向通道保护环时隙分配示意图

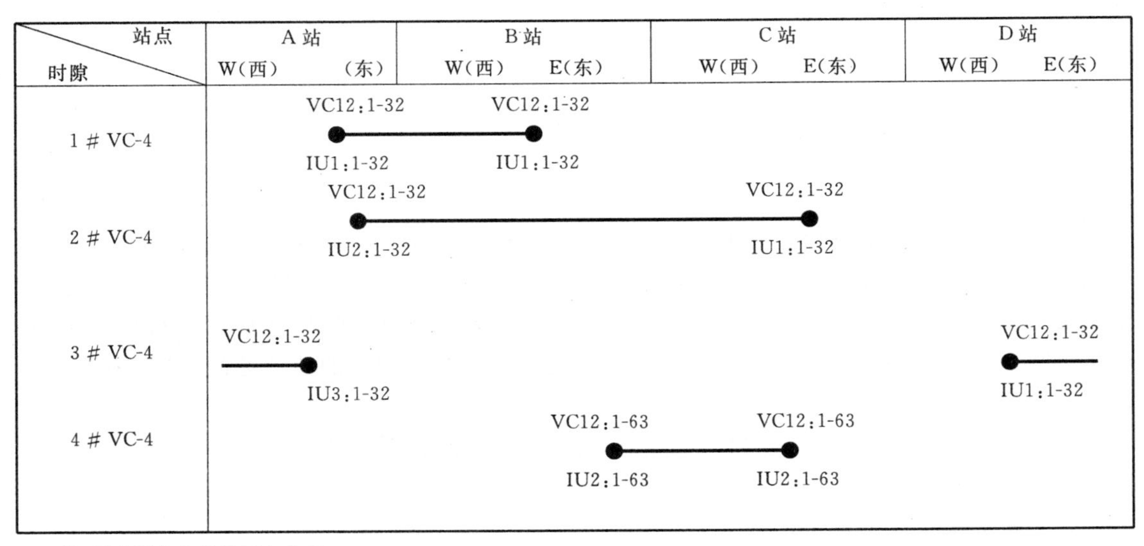

注:图中所有业务为双向业务。

图 3-28 双向复用段倒换环时隙分配示意图

(四)设备硬件配置

网元设备采用华为公司 OptiX 2500+(Metro3000)作为 STM-16 级别的 MADM 硬件配置。

1. A 站(NE1)硬件配置(见表 3-8)

(1)选择单板类型

A 站 NE1 硬件配置安排情况见表 3-8。

表 3-8 NE1 硬件配置安排

单板类型	配置单板	配 置 说 明
业务单板	2 块 S16 板	网元需要两个 STM-16 光口组成一个 STM-16 环,所以选用两块 S16 板
	4 块 PQ1 3 块 E75S 1 块 FB1 1 块 EIPC	网元 NE1 在本地要上下 96 个 E1 业务,支路板选用 3 块 PQ1 和 3 块 E75S 接口板。由于业务需要进行 TPS 保护,所以还需要 1 块 PQ1 板,1 块电接口保护倒换转接板 FB1 和 1 块电接口保护倒换控制板 EIPC
系统必配的单板	2 块 XCS	交叉板需要进行备份保护,因此选用两块 XCS 交叉板
	1 块 SCC	1 块必用的主控板 SCC
	1 块 PBU	1 块电源备份板 PBU 对业务处理板的电源进行备份

(2)选择单板板位

A 站(NE1)的设备配置的前面板和后面板分别如图 3-29 和图 3-30 所示。

2. B 站(NE2)硬件配置(见表 3-9)

(1)选择单板类型

B 站 NE2 硬件配置安排情况见表 3-9。

表 3-9 NE2 硬件配置安排

单板类型	配置单板	配 置 说 明
业务单板	2 块 S16 板	网元需要两个 STM-16 光口组成一个 STM-16 环,所以选用两块 S16 板
	2 块 PQ1 2 块 E75S	网元 NE2 在本地要上下 96 个 E1 业务,支路板选用两块 PQ1 和两块 E75S 接口板

续上表

单板类型	配置单板	配 置 说 明
系统必配的单板	2 块 XCS	交叉板需要进行备份保护，因此选用两块 XCS 交叉板
	1 块 SCC	1 块必用的主控板 SCC
	1 块 PBU	1 块电源备份板 PBU 对业务处理板的电源进行备份

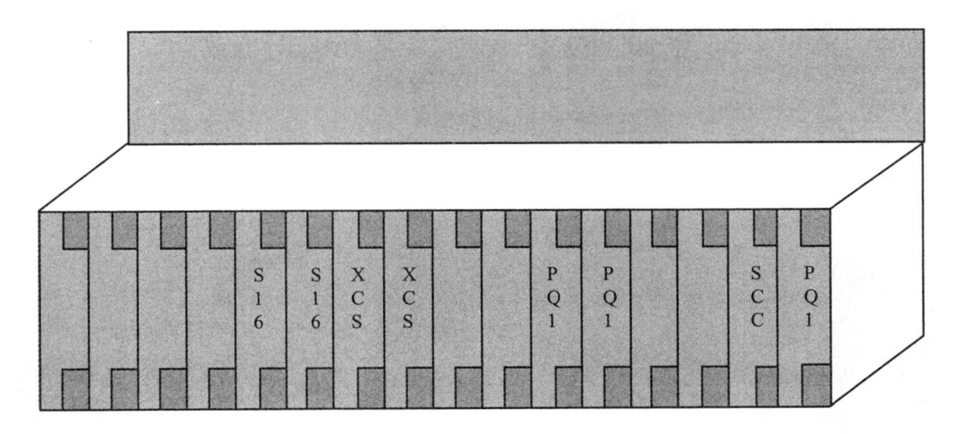

图 3-29 A 站(NE1)的设备配置(前面)

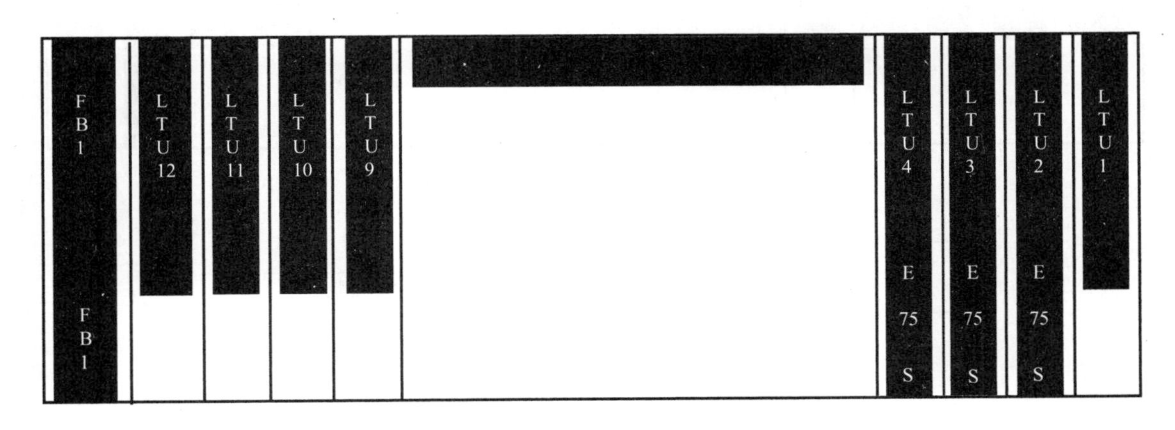

图 3-30 A 站的设备配置(后面接口区)

(2)选择单板板位

B 站(NE2)的设备配置的前面板和后面板，分别如图 3-31 和图 3-32 所示。

其余站点与之类似，不再赘述。

(五)同步设计

根据本网络时钟需求，设置 NE1 为主时钟网元，在网元 NE1 设置 BITS 的时钟 ID=1，设置内部时钟源 ID=2，全网启用 SSM 模式。在正常情况下，NE1 站跟踪主用 BITS，其他网元从线路上跟踪到 NE1 站，最终全网的时钟统一到一个基准源 BITS；当发生断纤时，受影响节点依据 SSM 协议，时钟源自动倒换，最后全网的时钟仍然统一于主用 BITS 基准源；当主用 BITS 失效时，NE1 站依据 SSM 协议而跟踪其内部时钟，全网的时钟仍然能统一于唯一的基准源。时钟跟踪如图 3-33 所示。

(六)网络公务图

根据公务需求，本网络的公务电话和会议电话规划如图 3-34 所示，公务电话号码设为四

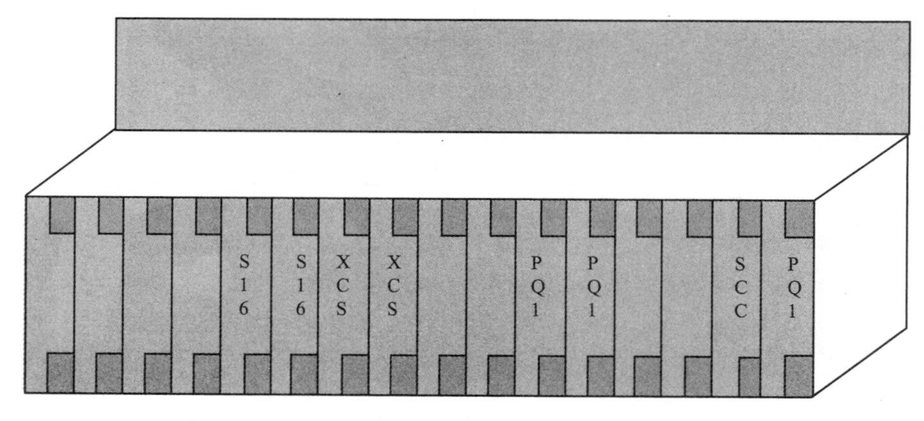

图 3-31　B 站(NE2)的设备配置(前面)

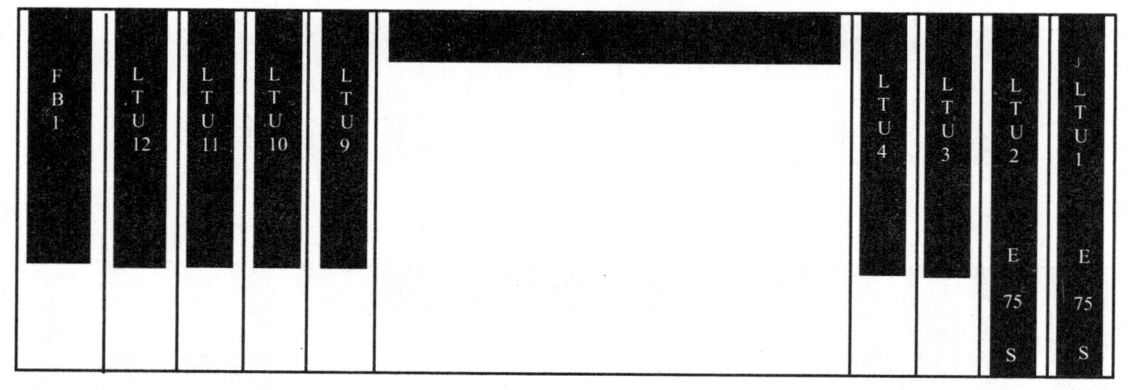

图 3-32　B 站的设备配置(后面接口区)

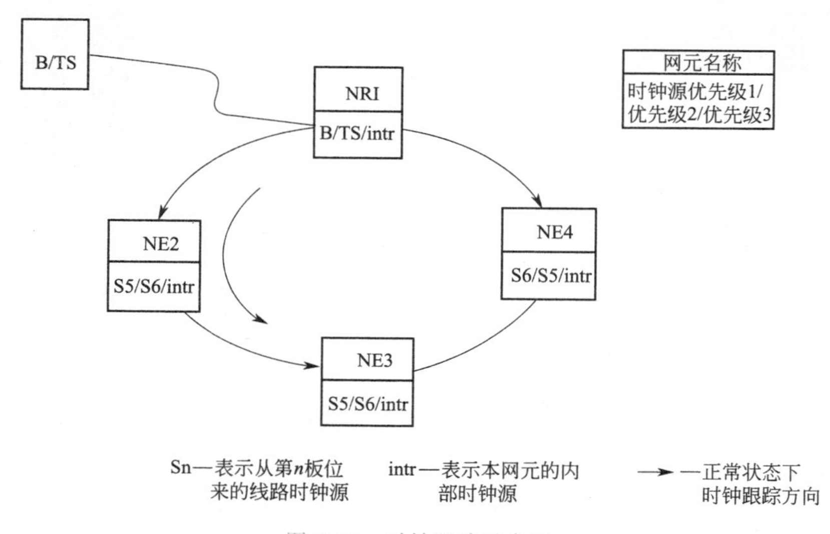

图 3-33　时钟跟踪示意图

位,第一位为子网号,二到四位为用户号,建议用户号后两位与网元 ID 相同。

二、软件设置(配置)

(1)登录华为 T2000 网管服务端和客户端(用户名:admin 密码:T2000),如图 3-35 所示。

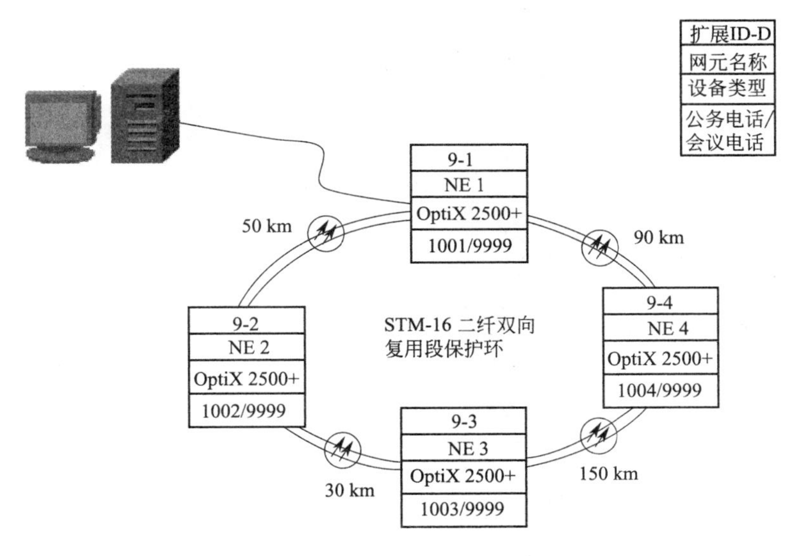

图 3-34　网络公务号码示意图

图 3-35　登录网管界面

(2)新建子网,如图 3-36 所示。

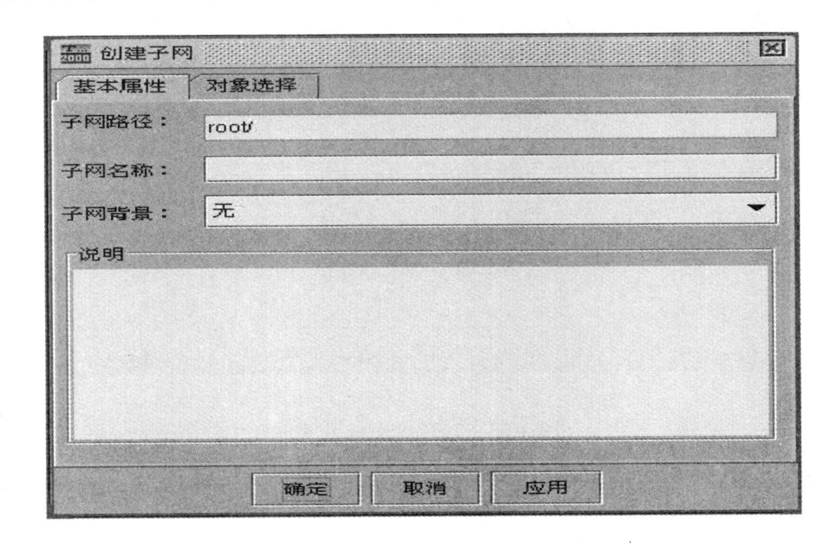

图 3-36　创建子网示意图

(3)创建子网下的网元即拓扑对象(采用 OptiX 155/622H),并配置网元(如单板),如图 3-37 所示。

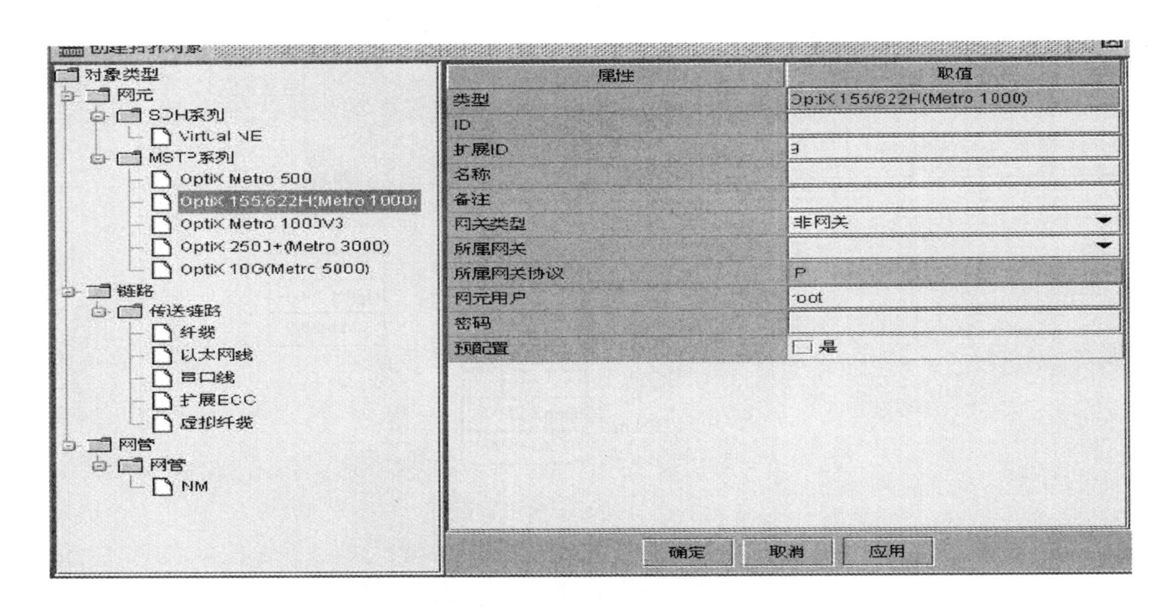

图 3-37　创建拓扑对象示意图

(4)网元之间的纤缆进行组网(环形),如图 3-38 所示。

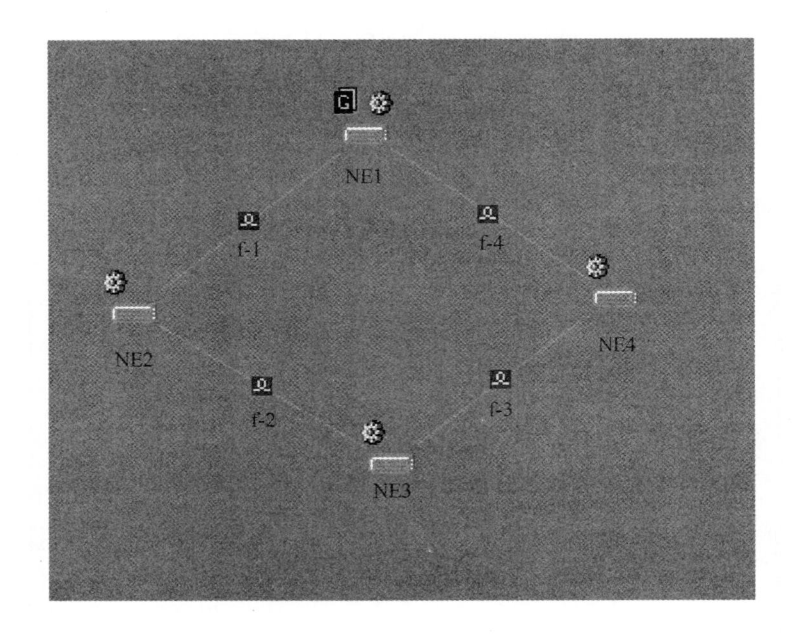

图 3-38　环形组网示意图

(5)配置保护子网(采用二纤单向通道倒换环或二纤双向复用段倒换环),如图 3-39 所示。

(6)配置各网元的时钟优先级,实现网络同步,并查看时钟视图,如图 3-40 所示。

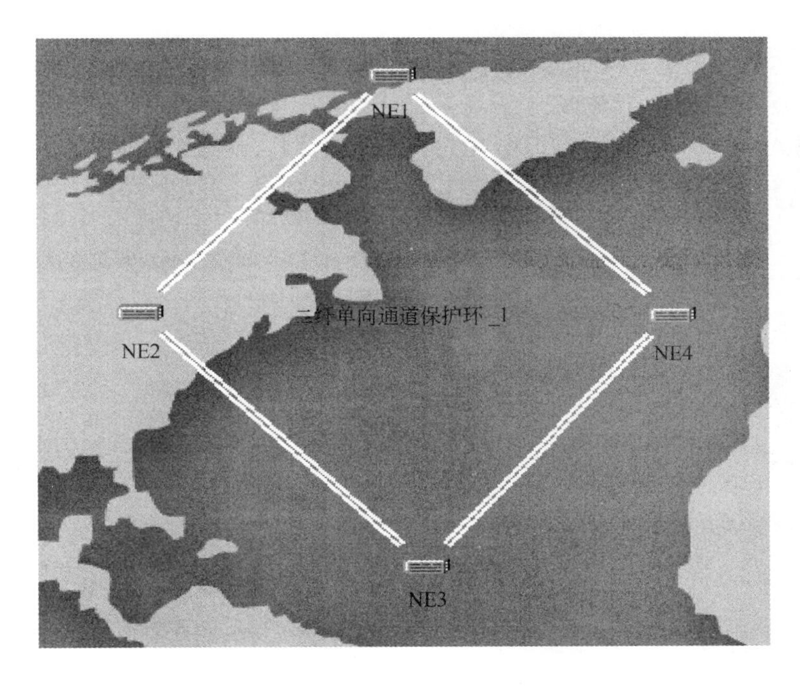

图 3-39 保护子网示意图

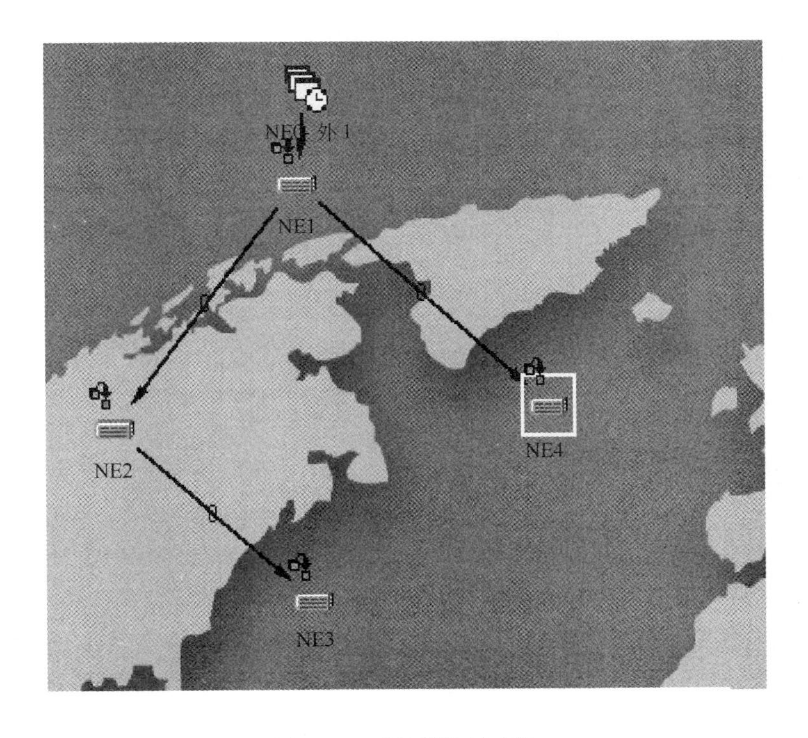

图 3-40 时钟视图示意图

(7)配置公务电话,如图 3-41 所示。

(8)配置业务,并查询路径视图,如图 3-42 所示。

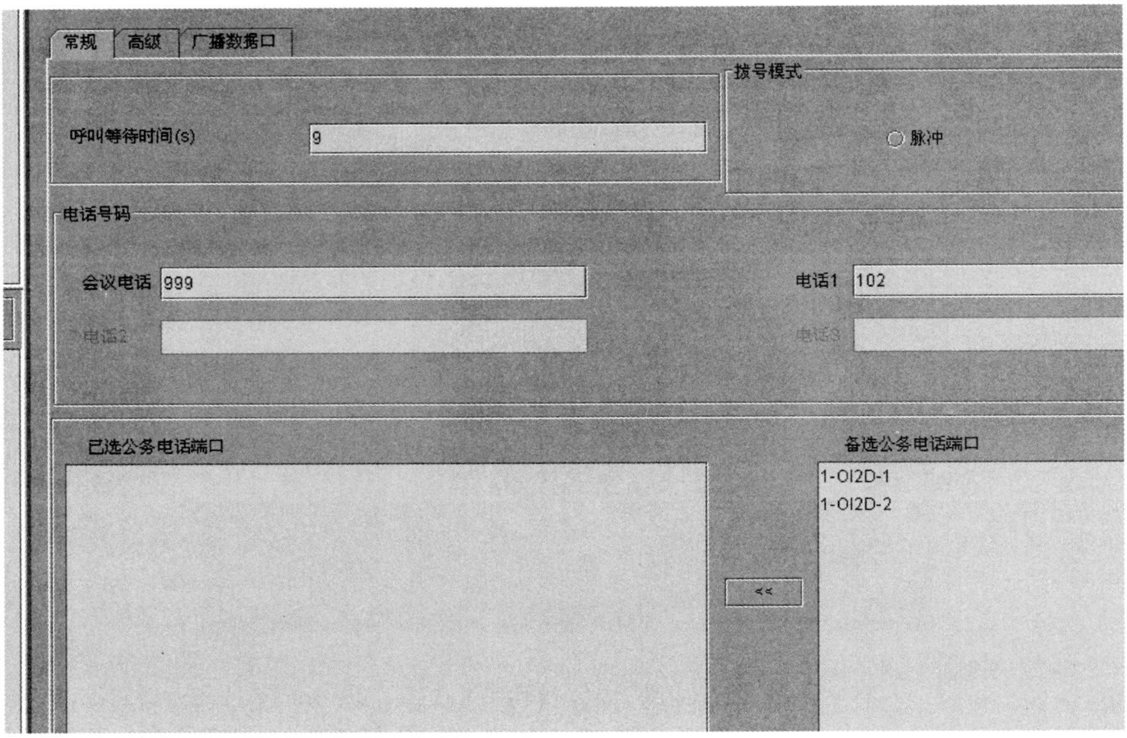

常规　高级　广播数据口

拨号模式

呼叫等待时间(s)　9

脉冲

电话号码

会议电话　999

电话1　102

电话2

电话3

已选公务电话端口

备选公务电话端口

1-OI2D-1

1-OI2D-2

<<

图 3-41　公务电话配置示意图

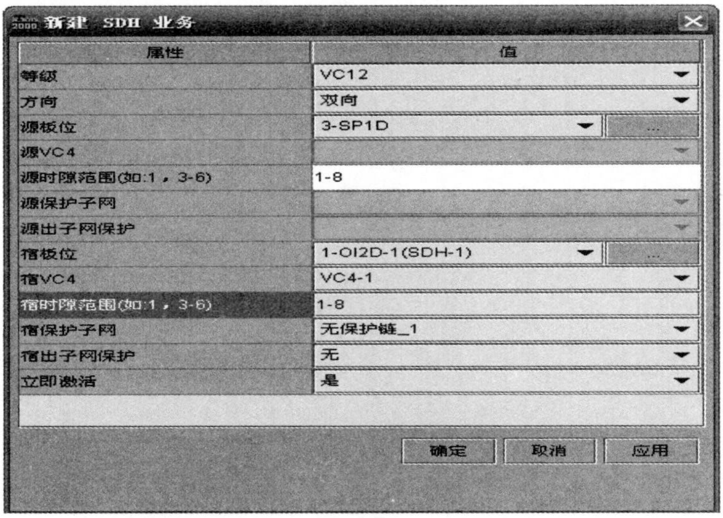

新建 SDH 业务

属性	值
等级	VC12
方向	双向
源板位	3-SP1D
源VC4	
源时隙范围(如:1，3-6)	1-8
源保护子网	
源出子网保护	
宿板位	1-OI2D-1(SDH-1)
宿VC4	VC4-1
宿时隙范围(如:1，3-6)	1-8
宿保护子网	无保护链_1
宿出子网保护	无
立即激活	是

确定　取消　应用

图 3-42　业务配置示意图

评　　价

通过对表 3-10 的各项内容的考核，综合学生学习讨论过程中的表现，评定出学生的成绩。

评价总分 100 分，分三部分内容：(1)过程考核共 30 分，从工作计划提交、仪器仪表使用规

范、操作熟练程度方面考核;(2)成果考核共 20 分,从任务完成情况、技术报告方面考核;(3)综合能力考核共 50 分,从知识掌握能力、成果讲解能力、小组协作能力、创新能力四个方面进行考核。

表 3-10 考核项目指标评价体系

<table>
<tr><th colspan="3">评价内容</th><th>自我评价</th><th>教师评价</th><th>其他评价</th></tr>
<tr><td rowspan="3">过程考核(30%)</td><td colspan="2">工作计划提交(10%)</td><td></td><td></td><td></td></tr>
<tr><td colspan="2">仪器仪表使用规范(10%)</td><td></td><td></td><td></td></tr>
<tr><td colspan="2">操作熟练程度(10%)</td><td></td><td></td><td></td></tr>
<tr><td rowspan="2">成果考核(20%)</td><td colspan="2">任务完成情况(15%)</td><td></td><td></td><td></td></tr>
<tr><td colspan="2">技术报告(5%)</td><td></td><td></td><td></td></tr>
<tr><td rowspan="7">综合能力考核(50%)</td><td rowspan="3">知识掌握能力(30%)</td><td>各种自愈环的原理及特点(10%)</td><td></td><td></td><td></td></tr>
<tr><td>组网设计方法(10%)</td><td></td><td></td><td></td></tr>
<tr><td>网管数据配置(10%)</td><td></td><td></td><td></td></tr>
<tr><td colspan="2">成果讲解能力(5%)</td><td></td><td></td><td></td></tr>
<tr><td colspan="2">小组协作能力(5%)</td><td></td><td></td><td></td></tr>
<tr><td colspan="2">创新能力(5%)</td><td></td><td></td><td></td></tr>
<tr><td colspan="2">态度方面(是否耐心、细致)(5%)</td><td></td><td></td><td></td></tr>
</table>

教学策略讨论

任务总课时建议安排 8 课时。教师通过引导、小组工作计划、小组讨论、成果展示多种教学方式提高学生的自主学习能力。因此老师可以从以下几个部分完成:

1. 咨询阶段

首先将全班同学分成若干个项目小组,小组同学结合相关知识点进行自主学习(教师主要是引导作用),拟定环形网的设计方案,完成计划的时间安排、前期工作准备阶段。在该阶段中教师的职责是负责准备相关资料,同时,列出本项任务需要同学们掌握的重要专业知识点,并对必要的知识点进行必要的讲解(课时安排 2 课时)。

小组同学通过查找资料掌握如下知识点:

(1)环形网的特点。

(2)各种自愈环网的业务容量(最大业务容量和最小业务容量)。

(3)华为 OptiX 2500+、155/622M SDH 传输设备单板功能,指示灯及各接口的含义。

(4)利用 155/622M SDH 传输设备组成 SDH 环形网络,且会配置。

(5)在网管上进行环形网数据配置。

(6)对环形光传输 SDH 网进行误码性能测试,并验证数据配置的正确性。

小组同学通过阅读 OptiX 2500+、155/622H 设备说明书需了解:

(1)设备数据配置步骤。

(2)设备误码性能测试方法。

2. 计划阶段

学生根据老师布置的任务,准备相关知识的查找、学习,拟定配置方案、数据配置过程、画出配置方案图、确定网络配置正确与否的检验方案。教师的职责是检查学生配置方案,

针对学生的配置方案中的问题进行解答，并配合小组同学验证方案的正确性（课时安排1课时）。

3. 实施阶段

各小组根据布置的任务和光传输设备进行学习讨论。小组同学利用实训室SDH设备组成环形光传输网；完成环形光传输网的数据配置；利用误码仪检验组网配置的正确性；各小组经过自主学习讨论后形成环形光传输网构成的报告，画出该结构图，并完成设备的硬件安装和软件配置。教师的职责是组织学生参观和讨论，并在小组讨论过程中，随时解答学生一切问题。同时，教师注意观察各小组的讨论情况并收集问题（课时安排4课时）。

4. 总结、成果展示及考核

每个小组应将自己小组所做方案和如何完成数据配置的过程进行展示和讲解，老师完成对该小组的同学的考核（课时安排1课时）。

就以上内容展开讨论，并将讨论记录于下：

(1)讨论记录：____

____

____

(2)讨论心得记录：____

____

____

____

____

任务3 SDH设备业务配置

任务描述

C市GX电信分公司收到用户开通一条2 M电路的申请，传输组技术支撑在中心网管上调链路。

任务分析

要实现2 M业务的开通，应满足以下几个条件。

1. 硬件资源是否满足

(1)通过查看规划图，了解本地网相关设备的配置情况。本次链路经过的设备是华为公司的OptiX155/622H的设备，使用的网管是T2000(V1.2版本)，采用环带链的拓扑结构，在环上采用二纤单向通道保护环，链路采用无保护链。

(2)查看本地的DDF架配置情况，了解是否有空余的2M接口，如果没有(或已用完)，应考虑从备品库中取出添加。如果有，应该检查2 M头是否存在短路、断路或开路现象，确保2 M链路的顺利开通。

2. 软件资源是否满足

(1)通过登录T2000网管，结合时隙规划资料，查看相应的VC4、VC12是否有空余。

有，应该规划出一条合理的链路出来，要求经过的路径最短，并且应该有保护(二纤单向通道保护环)。没有的话，分两种情况：

①支路资源不满足。应添加相应的支路单板。

②线路资源不满足。应添加相应的线路单板。

(2)通过登录T2000网管，结合工程规划图，查看相应的保护，本次采用的是二纤单向通道保护环，并且业务还要出子网，经过无保护链到达。应该注意SNCP的配置。

3. 根据相关的验收规范对开通链路做误码率测试和保护倒换测试

链路配置完成后，根据相关的验收规范对开通链路做误码率测试和保护倒换测试。

(1)误码率测试。误码率(Bit Error Ratio，BER)是衡量数据在规定时间内传输的精确性的指标。误码率＝传输中的误码/所传输的总码数×100％。如果有误码就有误码率。

(2)保护倒换测试。该测试完成链路在发生故障，如断纤或中间站点断电失效时，业务不会中断，并要求倒换时间不能超过50 ms。

相关知识

一、华为OptiX155/622H槽位分布

OptiX155/622H槽位分布为IU1为光接口板位，OI2/OI4/SB2；IU2、IU3为光/电接口板位，OI2/OI4/SB2，SP1/SP2/SM1/HP2/PL3；IU3为环境监控，EMU；IU4为电接口板位，PD2/PM2/TDA；SCB为系统控制板位，X42，SCC，STG，OUP2。A为防尘网，电源滤波板，POI；B为风扇板位，FAN，如图3-43所示。

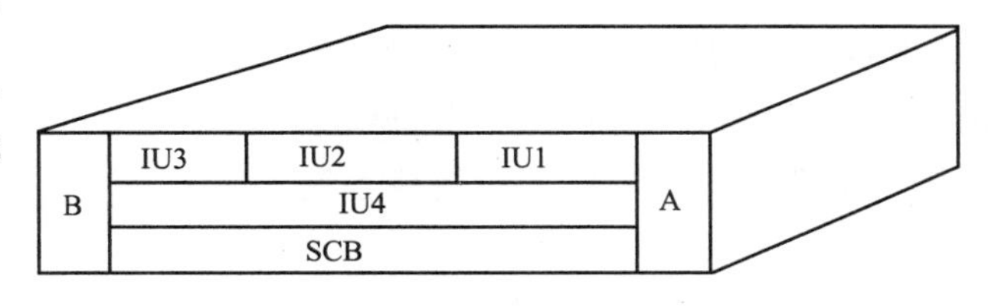

图3-43　OptiX155/622H槽位

二、SDH设备的保护机制

目前，在国内光传输网络组建过程中，单纯的链状、环状结构已经不能适应实际应用的需要。多种网络互联业务保护方案的出现使得单一拓扑结构的光传输网络保护方案得到了补充和加强。

通信保护技术对传统故障处理模式的影响：在传统的故障处理模式下，故障发生时人工的倒换操作将持续少则几分钟多则数小时的时间，倒接期间业务无法得到及时恢复，这是传统的故障处理无法克服的自身的弊端。与传统的人工故障处理方式不同，现代通信网络有多种保护方式。无需人工倒换，具备自愈功能的网络系统能够在50 ms时间内完成业务的自动保护切换，这对通信网络的发展有着重要意义。

光传输网络的自愈保护无需人为干预，网络可以在极短的时间内从故障中自动恢复所携带的业务，使用户感觉不到网络已经出现了故障。其基本原理就是在网络出现故障的时候，受到该故障影响的业务能够通过其他路径连接到目的节点。SDH网络的主要优点之一是可利用不同的基本网络结构组合，使整个传输网具有应付网络故障的能力，提高网络运行的可靠性。SDH网络的自愈保护方案在实际中应用较多的有如下两类：

（一）路径保护

其保护方式包括："1+1"线性复用段保护、二纤单向复用段专有保护环、二纤双向复用段共享保护环、二纤单向通道保护环、二纤双向通道保护环、四纤双向复用段共享保护环。上述几种传统的保护方式在实际中应用最多，专业的维护人员对它们十分熟悉，这里就不一一详细介绍了。下面着重介绍基于业务的子网连接保护(SNCP)。

（二）子网连接保护(SNCP)

子网连接保护(SNCP)是指对某一子网连接预先安排专用的保护路由，一旦子网发生故障，专用保护路由便取代子网承担在整个网络中的传送任务，如图 3-44 所示。

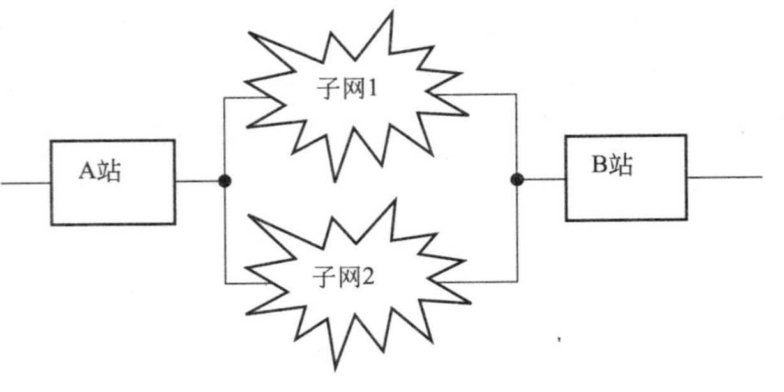

图 3-44　子网连接保护示意图

SNCP 的基本工作原理：SNCP 每个传输方向的保护通道都与工作通道走不同的路由，如图 3-46 所示，节点 A 和 B 之间通过 SNCP 传送业务，即节点 A 通过桥接的方式分别通过子网 1(工作 SNC)和子网 2(保护 SNC)将业务传向节点 B，而节点 B 则通过一个倒换开关，按照倒换准则从两个方向选取一路业务信息。SNCP 采用的是双发选收的工作方式。

SNCP 在网络中的配置保护连接方面具有很大的灵活性，能够应用于干线网、中继网、接入网等网络，以及树形、环形、网状的各种网络拓扑，其保护结构为"1+1"方式，即每一个工作连接都有一个相应备用连接。当同时在复用段实行保护时，传输信号将有可能被双重保护。

SNCP 的子网是广义上的子网，即一条链或一个环都是一个子网。在网络结构日趋复杂的情况下，SNCP 是唯一的可适用于各种网络拓扑结构且倒换速度快的业务保护方式。SNCP 作为通道层的保护还可用于不同的网络结构中，如网状网及环网等。

三、小　结

SNCP 保护是一种基于业务的保护方式，它对各种传输网络都有较大的适应性，不依赖于厂家、线路和设备，具有极为灵活的组网和应用价值。此外维护人员也可随时根据网络的情况，将 SNCP 的工作、保护通道进行实时的切换，以并发优收的原则保证业务的高度可靠。

任务实施

一、检查现有保护、槽位和线路资源

通过 T2000 网管的保护视图查看网络的保护方式，如图 3-45 所示，环上使用二纤单向通道保护环，链路采用无保护链。

通过 T2000 网管的查看器查看单盘的配置情况，图 3-46 为 IU3 槽位的 SP1D 支路单板和 IU1 和 IU2 槽位的 OI2D 光线路单盘时隙配置情况，有没有空余的 2 M。

图 3-45　保护视图

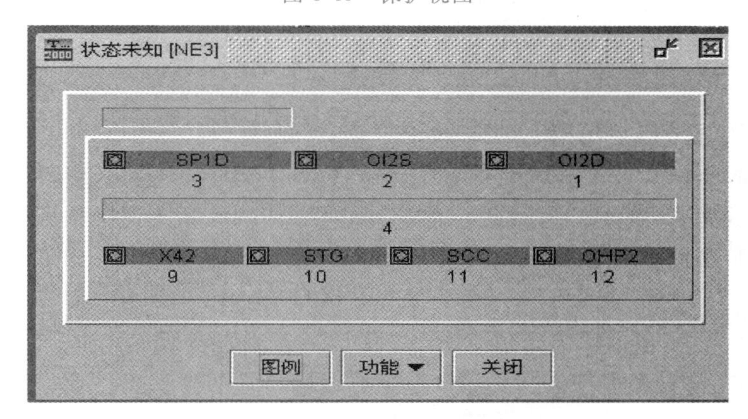

图 3-46　网元单板配置

二、设计业务矩阵

组网结构确定下来后，根据实际需要进行业务分配，确定各站之间的业务量，并用业务矩阵表示出来。如果 NE1 站到 NE4 站有 16 个 2 Mbit/s，NE1 站到 NE3 站有 10 个 2 Mbit/s，NE1 站到 NE2 站有 10 个 2 Mbit/s，NE2 站到 NE3 站有 10 个 2 Mbit/s，用业务矩阵可以清楚地看到各站之间的业务的量，以及每个站上下业务的总量。现在需要增加一个从 NE1 站到 NE4 站的 2 M 链路，业务矩阵见表 3-11。

表 3-11　SDH 链形网工程业务矩阵表

站　名	NE1	NE2	NE3	NE4	总　计
NE1		10	10	16+1	37
NE2	10		10		20
NE3	10	10			20
NE4	16+1				17
总　计	37	20	20	17	94

注：表中“6+1”表示在原来的 16 个 2 M 业务中增加一个 2 M 业务。

三、完成时隙分配

业务矩阵确定以后即可以对 SDH 环带链形网络的链路进行时隙分配，时隙分配图是对 SDH 网元进行业务设置的依据，图 3-47 就是表 3-11 所示的业务矩阵的一种时隙分配图(假设支路板插在第 1-4 槽位，且每块支路板上有 63 个 2 M 通道)。

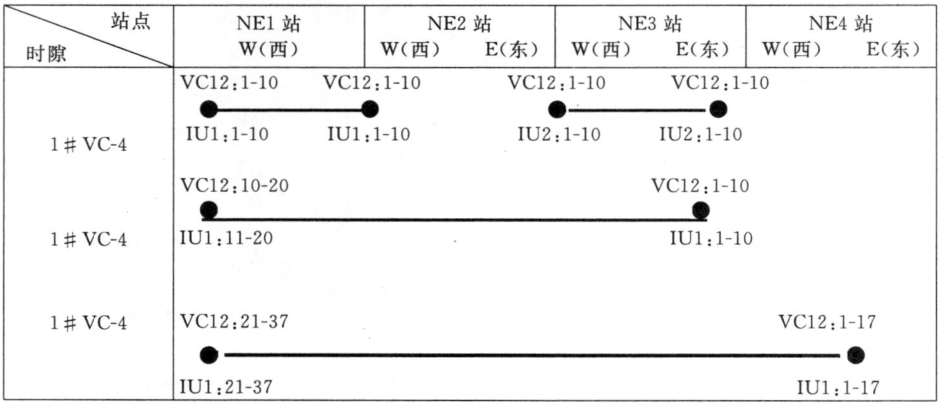

站点/时隙	NE1 站 W(西)	NE2 站 W(西)	NE2 站 E(东)	NE3 站 W(西)	NE3 站 E(东)	NE4 站 W(西)	NE4 站 E(东)
1＃VC-4	VC12:1-10 ● IU1:1-10	VC12:1-10 ● IU1:1-10		VC12:1-10 ● IU2:1-10	VC12:1-10 ● IU2:1-10		
1＃VC-4	VC12:10-20 ● IU1:11-20				VC12:1-10 ● IU1:1-10		
1＃VC-4	VC12:21-37 ● IU1:21-37						VC12:1-17 ● IU1:1-17

图 3-47　业务矩阵的时隙分布图

图 3-47 中 W、E 分别表示网元的西、东向。如 A 站 W(西)1＃VC-4 VC-12:1-10 表示西向第一个 VC-4 的 1～10 个 VC-12 时隙，IU1 表示网元上第 1 个支路板位，IU1:1-10 表示第 1 个支路板上的第 1 到第 10 个 2 M 通道。注意：中间站 B 站在配置业务时，除了要配置到 A 站和 C 站的 10 个本地业务之外，还要配置 A 站到 C 站的穿通业务。

四、在 T2000 网管上做业务配置

一般在 T2000 网管上做的交叉连接分为本地连接和非本地连接。

本地连接：又称为上下业务，是指支路单板与群路单板之间的映射。一般自接入网层的业务信号，需要经过传输设备来进行长距离传输，把业务信号收容进来就要做相应的本地连接映射到群路单板，传到光纤中送出去。

非本地连接：又称为穿通时隙，是指群路单板与群路单盘之间的映射。一般在业务配置当中，沿路经过的站点都做穿通时隙。

根据两种连接方式分别做的两种连接如图 3-48 和图 3-49 所示。

五、提高训练

问题：如果 C 市的 NE1 站点没有足够的支路资源，要保证业务的正常开通，应该如何来实现？

分析：如果支路资源不足，解决的办法就是扩容。扩容的方法有三种：第一，在设备硬件资源允许的条件下，可以在空余的槽位上添加备用支路板；第二，槽位资源比较紧张，可以采用升级支路单板(采用这种方式，会造成原支路板上的业务中断，原业务需要重新配置)；第三，槽位上使用的单板已达到最大的容量，可以考虑增加扩展子架(工程中核心机房常用)。

操作：(1)通过网管查看所用设备槽位上支路板的型号；(2)掌握设备的支路备板使用情况；(3)掌握设备的扩展子架支持情况；(4)采用适合本地经济适用的扩容方案。

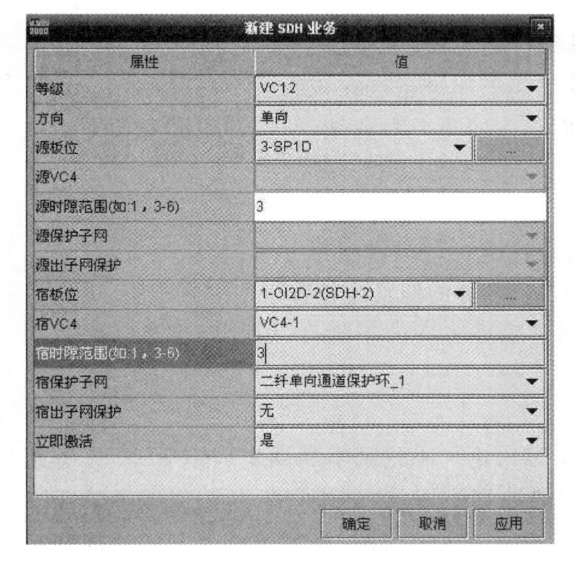

图 3-48　环形业务配置

图 3-49　链形业务配置

想一想：如果 C 市的 NE3 与 NE4 间光路资源不足，应该怎样来实现业务的开通？

评　价

通过对表 3-12 各项内容的考核，综合学生学习讨论过程中的表现，评定出学生的成绩。评价总分 100 分，分三部分内容：(1)过程考核共 30 分，从工作计划提交、仪器仪表使用规范、操作熟练程度方面考核；(2)成果考核共 20 分，从任务完成情况、技术报告方面考核；(3)综合能力考核共 50 分，从知识掌握能力、成果讲解能力、小组协作能力、创新能力四个方面进行考核。

表 3-12　考核项目指标评价体系

评价内容			自我评价	教师评价	其他评价
过程考核(30%)	工作计划提交(10%)				
	仪器仪表使用规范(10%)				
	网管配置熟练程度(10%)				
成果考核(20%)	任务完成情况(15%)				
	技术报告(5%)				
综合能力考核(50%)	知识掌握能力(30%)	各种组网的优缺点(10%)			
		业务配置方法(10%)			
		业务正确性验证(10%)			
	成果讲解能力(5%)				
	小组协作能力(5%)				
	创新能力(5%)				
	态度方面(是否耐心、细致)(5%)				

教学策略讨论

完成该任务，教师需将传统的讲授变为辅助，因此老师可以从以下几个部分完成：

1. 咨询阶段

将全班同学分成若干个项目小组，小组同学结合相关知识点进行自主学习（教师主要是引导作用），拟定配置方案，完成计划的时间安排及前期工作准备。在该阶段中的教师职责是负责准备相关资料，同时，列出本项任务需要同学们掌握的重要专业知识点，并对必要的知识点进行必要的讲解。

2. 计划阶段

学生根据老师布置的任务，准备相关知识的查找、学习，拟定配置方案、数据配置过程，画出配置方案图，确定网络配置的检验方案正确与否。教师的职责是检查学生配置方案，针对学生的配置方案中的问题进行解答，并配合小组同学验证方案的正确性，引导同学参与提高训练，做好必要的知识补充讲解。

3. 实施阶段

各小组根据布置的任务和光传输设备进行学习讨论。小组同学利用实训室 SDH 设备组成环带链形光传输网；完成环形和链形光传输网的数据配置；通过告警判断数据配置的正确性；各小组经过自主学习讨论后形成组网配置报告，画出该结构图，并掌握该类型网络的优缺点。教师的职责是组织学生参观和讨论，并在小组讨论过程中，随时解答学生一切问题。同时，教师注意观察各小组的讨论情况并收集问题，引导同学参与提高训练。

4. 总结、成果展示及考核

每个小组应将自己小组所做方案和如何完成数据配置的过程进行展示和讲解，老师完成对该小组的同学的考核。

就以上内容展开讨论，并将讨论记录于下：

（1）讨论记录：____

____

____

（2）讨论心得记录：____

____

____

任务 4　SDH /MSTP 设备以太网专线业务数据配置

任务描述

某县电信分公司组建网络如图 3-50 所示。位于 NE1 的 A、B 两个公司需要通过 MSTP 设备传输数据业务到 NE5，要求 A、B 公司的业务完全隔离，A 公司和 B 公司均可提供 100 Mbit/s以太网电接口，A 公司和 B 公司均需要 10 Mbit/s 的带宽。

任务分析

以太网业务在 MSTP 网络中的应用形式有以太网专线 EPL、以太网虚拟专线 EVPL、以太网专用局域网业务 EPLAN、以太网虚拟专用局域网业务 EVPLAN 四种。本次任务采用 OptiX 2500＋（Metro 3000）设备，完成以太网业务的数据配置。在这四种以太网业务类型中，根据 A、B 公司的业务完全隔离，各自需要 10M 带宽的要求，将选择以太网专线。那么

将位于 NE1 的 A、B 两个公司的以太网交换机通过 100 Mbit/s 以太网电接口分别连接到 OptiX 2500＋(Metro 3000)设备上以太网接口板的 100 Mbit/s 电接口——MAC1 端口和 MAC2 端口上。位为 NE5 的 A、B 公司同样这样连接到 MSTP 设备上。在 NE1 与 NE5 之间的线路上，A 公司的业务通过一条 VC TRUNK1 通道传送，B 公司的业务通过另一条 VC TRUNK2 通道传送，VC TRUNK1 和 VC TRUNK2 均绑定 5 个 VC-12。

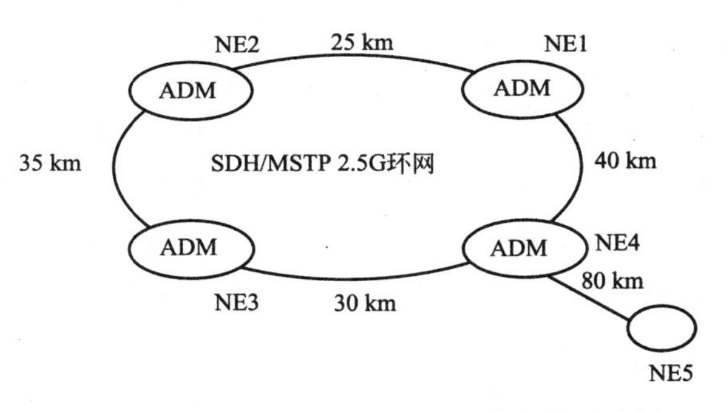

图 3-50　某县电信分公司 SDH 网络拓扑示意图

相关知识

一、MSTP 的概念和发展进程

MSTP 是指基于 SDH 平台同时实现 TDM、ATM、以太网等业务的接入、处理和传送，并提供统一网管的多业务节点。MSTP 完整概念首次出现于 1999 年 10 月的北京国际通信展。2002 年底，华为公司主笔起草了 MSTP 的国家标准，该标准于 2002 年 11 月经审批之后正式发布，成为我国 MSTP 的行业标准。其出发点是对大家所熟悉和信任的 SDH 技术，特别是该技术的保护恢复能力和延时性能，加以改造以适应多业务应用。MSTP 支持数据传输，减少了机架数、机房占地、功耗及机架间互连，简化了电路指配，加快了业务提供速度，改进了网络的扩展性，节省了运营维护和培训成本，还可提供如视频点播等新的增值业务。

MSTP 技术发展到现在经历了三个阶段，新技术的不断出现是 MSTP 技术不断发展的根本基础，各个阶段的特点如下所述：

1. 第一阶段

在 SDH 设备上增加支持以太网业务处理板卡，仅解决了数据业务在 MSTP 中“传起来”的问题。引入 PPP 和 ML-PPP 映射方式，实现点对点的数据传输，没有数据带宽共享和统计复用，所以分组数据业务的传送效率还是低，导致资源浪费；不支持以太环网，数据的保护倒换时间长。

2. 第二阶段

支持以太网二层交换为主要特征。以太网二层交换功能是指在一个或多个用户以太网接口与一个或多个独立的基于 SDH 虚容器的点到点通道之间，实现基于以太网链路层的数据包交换。这阶段的 MSTP 可保证以太网业务的透明性，以太网数据帧的封装采用 GFP/LAPS 或 PPP；支持虚级联的 VC 通道组网；提供基于 LCAS 机制的带宽调整能力；可提供基于802. 3x的流量控制、多用户隔离和 VLAN(虚拟局域网)划分、基于 STP(生成树协议)/RSTP 的以太网业务层保护，以及基于 802. 3p 的优先级转发等多项以太网方面的支持和改进。但第二阶段 MSTP 仍存在明显的缺陷：不能提供良好的 QoS 支持；基于 STP/RSTP的业务层保护倒换时间太慢，无法满足电信运营级的要求；VLAN 的 4 096 地址空间使其在核心节点的扩展能力很受限制，不适合大型城域公网应用；带宽共享是对本地接口而言，不具备全局意义。

3. 第三阶段

支持以太网业务 QoS 为特色。在以太网和 SDH 中引入智能的中间适配层如 RPR(弹性分组环)、MPLS(多协议标记交换)技术,并结合多种先进技术提高设备的数据处理与 QoS 支持能力,克服了第二阶段 MSTP 所存在的缺陷。VC 虚级联更好地解决了与传统 SDH 网互联的问题,同时提高了带宽的利用率;GFP 提高了数据封装的效率,更加可靠,多物理端口复用到同一通道减少了对带宽的需求,支持点对点和环网结构,并实现不同厂家间的数据业务互联;LCAS 大大提高了以太网透传业务的可靠性和带宽的利用率;RPR/MPLS 解决了基于以太网二层环的公平接入和保护的问题,并通过双向利用带宽大大提高了带宽利用率。多协议标记交换(MPLS)是一种可在第二层媒质上进行标记交换的网络技术,它吸取了 ATM 高速交换的优点,把面向连接引入控制,是介于 2～3 层的 2.5 层协议,它结合了第二层交换和第三层路由的特点,将第二层的基础设施和第三层的路由有机地结合起来。第三阶段 MSTP 技术可有效地支持 QoS,多点到多点的连接、用户隔离和带宽共享等功能,能够实现业务等级协定(SLA)增强、阻塞控制及公平接入等。此外,第三阶段 MSTP 还具有相当强的可扩展性。可以说,第三代 MSTP 为以太网业务发展提供了全面的支持。

二、MSTP 的功能原理

多业务传送平台(MSTP)是指基于 SDH 平台,同时实现 TDM、ATM、以太网等业务接入、处理和传送功能,并能提供统一网管的多业务传送平台,其功能模型如图 3-51 所示。

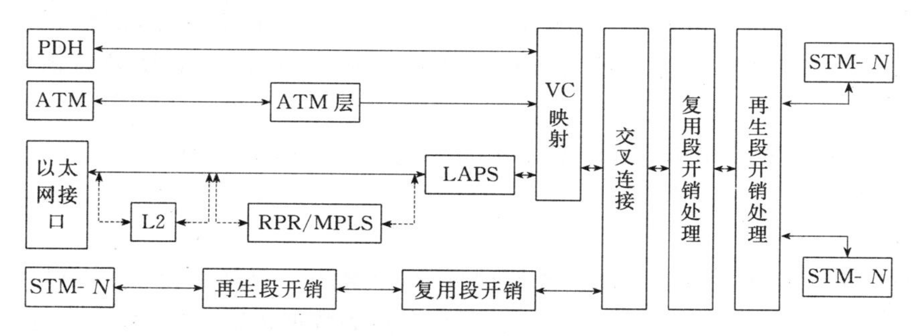

图 3-51 MSTP 的功能模型

由图中可以看出,MSTP 的关键就是在传统的 SDH 上增加了 ATM 和以太网的承载能力,其余部分的功能模型没有改变。一方面,MSTP 保留了固有的 TDM 交叉能力和传统的 SDH/PDH 业务接口,继续满足话音业务的需求;另一方面,MSTP 提供 ATM 处理、Ethernet 透传及 Ethernet L2 交换功能来满足数据业务的汇聚、梳理和整合的需要。对于非 SDH 业务,MSTP 技术先将其映射到 SDH 的虚容器 VC,使其变成适合于 SDH 传输的业务颗粒,然后与其他的 SDH 业务在 VC 级别上进行交叉连接,整合后一起在 SDH 网络上进行传输。MSTP 支持话音、GE、ATM 等多种业务接口。

对于 ATM 的业务承载,在映射入 VC 之前,普遍的方案是进行 ATM 信元的处理,提供 ATM 统计复用,提供 VP/VC(虚通道/虚电路)的业务颗粒交换,并不涉及复杂的 ATM 信令交换,这样有利于降低成本。

对于以太网承载,应满足对上层业务的透明性,映射封装过程应支持带宽可配置。在这个前提之下,可以选择在进入 VC 映射之前是否进行二层交换。对于二层交换功能,良好的实现

方式应该支持如STP、VLAN、流控、地址学习、组播等辅助功能。

下面分析该任务中的以太网业务在MSTP网络中的实现方式：

以太网信号经以太网处理模块完成流控、VLAN处理、二层交换、性能统计等功能，利用GFP(通用成帧规则)、LAPS(链路接入规程-SDH)、PPP等协议封装映射到SDH系统不同的虚容器中。以太网接入功能可以分为透传、二层交换、环网等。

1. 以太网业务在MSTP上的透传

最简单的一种功能，成本也最低。对于客户端的以太网信号不做任何二层处理，直接将数据包封装到SDH的虚容器VC中，如图3-52所示。

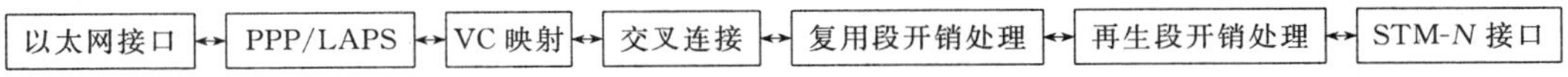

以太网接口 ↔ PPP/LAPS ↔ VC映射 ↔ 交叉连接 ↔ 复用段开销处理 ↔ 再生段开销处理 ↔ STM-*N*接口

图3-52 以太网业务透传功能基本模型

2. 二层交换

基于MSTP网络可以支持以太网二层交换功能，即能够在一个或多个用户侧以太网物理接口与一个或多个独立的系统侧VC通道之间，实现基于以太网链路层的数据包交换功能，其功能模型如图3-53所示。

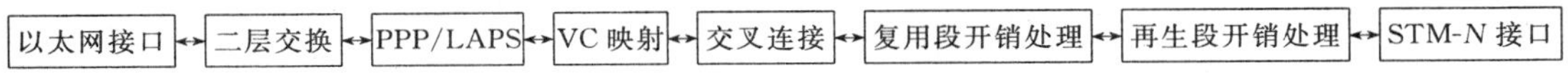

以太网接口 ↔ 二层交换 ↔ PPP/LAPS ↔ VC映射 ↔ 交叉连接 ↔ 复用段开销处理 ↔ 再生段开销处理 ↔ STM-*N*接口

图3-53 以太网二层交换功能基本模型

3. 以太环网

利用SDH的虚容器VC作为虚拟环路，实现所有环路节点带宽动态分配、共享。部分MSTP设备可利用二层交换实现简单的以太环网，但存在无法保证各个节点带宽的公平接入，以及对于环路业务的QoS无法实现端到端的保证的缺点。因此目前国际上比较认可的解决方案是弹性分组环(RPR)技术。RPR可以实现业务优先级处理和带宽的公平使用。在MSTP设备中可采用内嵌RPR来实现以太环网功能，支持拓扑自动发现和环网智能保护，支路数据业务提供小于50 ms的快速分组环保护，可以保护由于节点失效或链路失效产生的故障。

三、MSTP的关键技术

(一)以太网业务的封装协议

以太网业务的封装，是指以太网信号在映射进SDH的虚容器VC之前所进行的处理。

因为以太网业务数据帧长度是不定长的，这与要求严格同步的SDH帧有很大区别，所以需要使用适当的数据链路层适配协议来完成对以太网数据的封装，然后才能映射进SDH的虚容器VC之中，最后形成STM-*N*信号进行传送。

目前主要有三种链路层适配协议可以完成以太网数据业务的封装，即点到点协议PPP、链路接入SDH规程LAPS与通用成帧规范GFP。

GFP(General Framing Procedure)是目前流行的一种比较标准的封装协议，它提供了一种把信号适配到传送网的通用方法。业务信号可以是协议数据单元PDU如以太网MAC帧，也可以是数据编码如GE用户信号。

GFP既可以应用于传送网元如SDH，也可以应用于数据网元如以太网交换机。当用于传送网元时，网元可以支持多种数据接口，若数据为PDU信号，则采用帧映射GFP-P方式，若数据为 8/10Byte 编码信号，则采用透明映射 GFP-T 方式；当用于数据网元时，采用帧映射 GFP-F 方式。

相对于 PPP 和 LAPS，GFP 协议更复杂一些，但其标准化程度更高，用途更广。GFP 帧的结构比较复杂，如图 3-54 所示。

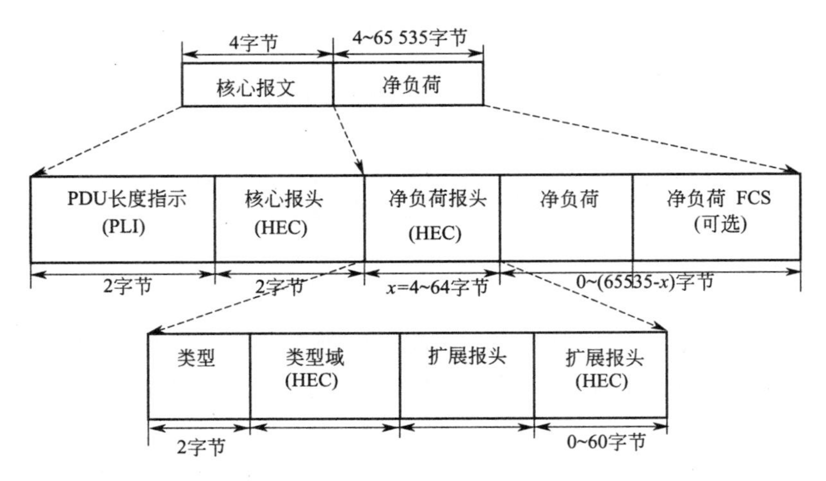

图 3-54 GFP 帧的结构

GFP 封装的特点：

1. 支持多种业务信号

GFP 既可以应用于传送网元，也可以应用于数据网元；既支持多种 PDU 信号如以太网、IP 业务信号等，又支持对延时性能要求较高的超级码块信号，如 GE、DVB ASI、FICON、ESCON用户业务信号。

2. 强大的扩展能力

GFP 帧可以进行三种形式的扩展，即无扩展、线性帧扩展、环形帧扩展，从而可支持点到点、点到多点的链形网或环形网。

3. PLI 减少了边界搜索时间

GFP 在帧头提供了 PLI，用于指示帧中 PDU 的长度，所以在接收端可方便地从数据流中提取 GFP 帧中的 PDU，而且根据 PLI 可以很快地找到 GFP 的帧尾，大大减少了边界搜索的时间。

4. 先进的定帧方式

PPP 与 LAPS 利用一些特殊字符如帧标志 F 进行定帧和提供控制信息。

GFP 采用类似于 ATM 中基于差错控制的定帧方式，即利用 HEC 字段和它之前的 2 个字节的相关性来识别帧头的位置，避免了 PPP 与 LAPS 透明处理带来的带宽不定的问题。

5. 可提供端到端的带内管理

GFP 的用户管理帧可以提供用户信号的一些相关管理信息，而控制帧中的管理帧可以提供更多的 OAM 信息，从而可实现端到端的各种管理功能。

GFP 也存在一些缺点，如协议比较复杂，GFP 帧占用的开销比较大，所以封装效率较低。

（二）虚级联技术

所谓虚级联，就是将分布在不同 STM-N 中的 X 个 VC（可以同一路由，也可不同路由）用

字节间插复用方式级联成一个虚拟结构的VCG进行传送。也就是把连续的带宽分散在几个独立的VC中,到达接收端再将这些VC合并在一起。

与相邻级联不同的是,在虚级联时,每个VC都保留自己的POH。虚级联利用POH中的H4(VC3/VC4级联)或K4(VC-12级联)指示该VC在VCG中的序列号。

虚级联写为VC4-*X*v、VC12-*X*v等,其中*X*为VCG中的VC个数,v代表"虚"级联。

以太网典型业务信号的映射方式可参考表3-13。

表3-13 以太网典型业务信号的映射方式

以太网信号	虚容器级联组(VCG)
10 Mbit/s、100 Mbit/s	VC-12-*X*v
	VC-3
	VC-3-2v
	VC-4
1 Gbit/s	VC-4-7v

作为MSTP核心技术之一的虚级联技术,使传送数据业务的带宽得到了进一步细化和优化,克服了传统SDH设备的业务颗粒限制。虚级联的使用,更降低了对中间传送系统的要求,使承载数据业务的VC(虚容器)可以顺利通过现有网络,满足全程全网和后向兼容的要求。同时,虚级联还能更充分地利用网络剩余带宽,从而有效降低组网成本,为SDH传送网提供了一种更加灵活的通道容量组织方式,以更好的满足数据业务的传输。

但是虚级联的实现技术比较复杂,需要特殊的硬件支持,而且业务提供速度相对较慢,还可能产生传输时延。因为处于不同STM-*N*中的VC的传送路径可能不一样,所以到达接收端可能会产生时延。根据虚级联工作方式,相应网络设备接受端为了重组虚级联组中的虚容器,必须具有补偿时延和确定虚容器在虚级联组中唯一序列标号两个功能;并且单一物理通道的损坏可能会对整个虚级联产生致命影响。

为了增强虚级联的健壮性和安全性,出现了链路容量调整方案LCAS。

(三)链路容量调整机制(LCAS)

1. 简介

链路容量调整机制LCAS(Link Capacity Adjustment Scheme),就是利用虚级联VC中某些开销字节传递控制信息的,在源端与宿端之间提供一种无损伤、动态调整线路容量的控制机制。

高阶VC虚级联利用H4字节,低阶VC虚级联利用K4字节来承载链路控制信息,源端和宿端之间通过握手操作,完成带宽的增加与减少,成员的屏蔽、恢复等操作。

LCAS包含两个意义,一是可以自动删除VCG中失效的VC或把正常的VC添加到VCG之中,即当VCG中的某个成员出现连接失效时,LCAS可以自动将失效VC从VCG中删除,并对其他正常VC进行相应调整,保证VCG的正常传送;失效VC修复后也可以再添加到VCG中。二是自动调整VCG的容量,即根据实际应用中被映射业务流量大小和所需带宽来调整VCG的容量,LCAS具有一定的流量控制功能,无论是自动删除、添加VC还是自动调整VCG容量,对承载的业务并不造成损伤。

LCAS技术是提高VC虚级联性能的重要技术,它不但能动态调整带宽容量,而且还提供了一种容错机制，大大增强了 VC 虚级联的健壮性。

2. 链路容量自动调整

LCAS 可以根据 VCG 中的成员状态自动调整 VCG 容量。

(1)VCG 容量添加(添加成员)

当业务流量需求变大时，需要在 VCG 中添加成员 VC，或当因失效而被删除的 VC 修复后，将自动把该 VC 添加到 VCG 中。

添加一个成员 VC 时，该成员将被分配一个新的序列号，该序列号比当前在 CTRL 代码中为“EOS”或“DNU”状态的最高序列号大“1”。

利用 ADD 命令实施成员的添加。在 ADD 命令之后，相应 MST=OK 的第一个成员将被分配一个新的最高序列号，并改变它的 CTRL 代码为“EOS”；与此同时，原来占用最高序列号的成员 VC 将更改其 CTRL 代码为“NORM”。

(2)VCG 容量减少(删除成员)

当业务流量需求变小时，需要在 VCG 中删除成员，或 VCG 中某成员出现失效，需要将其删除。

当宿端检测出 VCG 的某成员 VC 失效时，便把后向控制包中该成员的 MST 置为“失效”，源端收到后就将该 VC 的 CTRL 代码改为“DNU”，并把它从 VCG 中删除，VCG 中最后一个成员的 VC 的 CTRL 代码将被置为“EOS”。

总之，伴随虚级联技术的大量应用，LCAS 的作用越来越重要。它可以通过网管实时地对系统所需带宽进行配置，在系统出现故障时，可以在对业务无任何损伤地情况下动态地调整系统带宽，不需要人工介入，大大提高了配置速度。

(四)内嵌弹性分组环(RPR)的 MSTP

PR 技术是一种在环形结构上优化数据业务传送的新型 MAC 层协议，能够适应多种物理层(如 SDH、以太网、DWDM 等)，可有效地传送数据、话音、图像等多种业务类型。它融合了以太网技术的经济性、灵活性、可扩展性等特点，同时吸收了 SDH 环网的 50 ms 快速保护的特点，并同时具有拓扑自动发现、环路带宽共享、公平分配、严格的业务分类(COS)等技术优势，目标是在不降低网络性能和可靠性的前提下提供更加经济有效的城域网解决方案。

(五)以太网业务类型

根据 ITU-T G. etnsrv，MSTP 承载以太网业务的类型有 4 种：EPL、EVPL、EPLAN、EVPLAN业务，通过对华为以太网板卡性能分析可知 EFSO(快速以太网交换处理板)均能支持这些业务。在华为设备中这 4 种业务描述如下：

1. EPL 业务

即以太网专线。可采用点到点的透传、共享 MAC 端口的业务汇聚、共享 VC TRUNK 三种方式。其中点到点的透传方式是 EPL 业务有两个业务接入点，实现对用户 MAC 帧点到点的透传，在线路上独享带宽，业务延迟小，且和其他业务完全隔离，安全性高，这种业务适合于对价格不太敏感、对 QoS 十分关注的重要客户(如政府机关、金融、证券、公安等大客户)的专线应用。共享 MAC 端口的 EPL 业务可汇聚实现点到多点的组网，通过 VLAN 标签的识别，可以使多条 EPL 业务共享 MAC 端口或共享 VC TRUNK，节省端口资源和带宽资源。共享带宽的用户以自由竞争的方式来抢占带宽，适用于业务高峰错开的不同用户共享(如小区用户和网吧用户，业务高峰分别在晚上和白天)。

2. EVPL 业务

即以太网虚拟专线。不同用户可共享 VC TRUNK 通道带宽，通过使用 VLAN 嵌套、MPLS (Multiprotocol Label Switching)标签等实现通道共享技术，提供带宽共享，对共享通道中的相同 VLAN 数据进行标识、区分，实现点到点或点到多点的业务。EPVL 与 EPL 的区别：EPL 提供了多个用户的数据，虽然可以共享同一个 VC TRUNK 通道带宽，但共享通道中不能有所带 VLAN 相同的不同用户的数据，否则单板将不能从相同的 VLAN 数据中区分出属于不同用户的数据(或者不同的 PORT 端口接入的数据中不能含有相同的 VLAN ID，否则单板将不能区分出属于不同 PORT 端口的数据)，因此 EVPL 业务通常用于多个用户 VLAN ID 相同的情况下，业务通过 MPLS 标签隔离，采用 Martini MPLS L2 VPN 封装格式，支持外层标签和内层标签的识别。

3. EPLAN 业务

即以太网专用局域网业务。该业务由多条 EPL 专线组成，实现多点之间的业务连接。通过虚拟网桥(VB)可以实现以太网数据的二层交换，并可以实现以太网业务的多点动态共享，符合数据业务的动态特性，节省了带宽资源。为了避免广播风暴，对于以太网 EPLAN 业务不设置成环。如果以太网 EPLAN 业务配置成环。则在网络中必须启动生成树 RSTP 协议，以避免广播风暴的出现。

4. EVPLAN 业务

即以太网虚拟专用局域网业务。可以实现多点业务的动态共享，并且通过 MPLS 标签隔离可支持相同 VLAN 数据接入。EVPLAN 与 EPLAN 相比，增加了 MPLS 的封装，利用 MPLS 的标签对相同 VLAN 的数据进行再次区分，实现在同一个 VC TRUNK 上传送来自不同 VB 的相同 VLAN 的数据，实现不同用户多点带宽动态共享和彼此数据隔离的需求。EVPLAN业务通过 VLAN ID 和 MPLS 标签的双重隔离，达到不同用户的业务隔离和同一用户间不同部门的业务隔离。与 EPLAN 的不同之处在于以太网业务在网络中任意两点之间必须有相连接的 LSP(Label　Switch　Path)，形成 MESH 网络结构，此外 EVPLAN 的业务特性还可以有效地避免广播风暴。

任务实施

一、工程准备

开始配置设备前，需检查以下准备项目是否完成：

(1)网元侧检查各网元的 ID 设置是否正确。设备已安装完毕，并完成单站调测；设备的纤缆、电缆连接正确，无 R-LOS 等紧急告警。各网元的以太网单板及其接口板已经正确安装完毕。

(2)华为 T2000 网管侧服务器端程序可以正常启动、客户端程序可以正常启动、网管与网关网元之间的通信正常(检查在网管计算机能 ping 通网关网元的 IP 地址)。

(3)文件检查：工程规划信息已经具备。T2000 客户端可使用 F1 键调用联机帮助。设备随机手册与 T2000 随机手册已经具备。

二、工程规划

(一)各网元的单板信息

根据增加的业务类型和业务量，需要在网元上增加以太网单板。NE1 和 NE5 各增加 1 块

EFS0 板，其他网元不变。NE1 的单板信息如图 3-55 所示，NE5 的单板信息如图 3-56 所示。

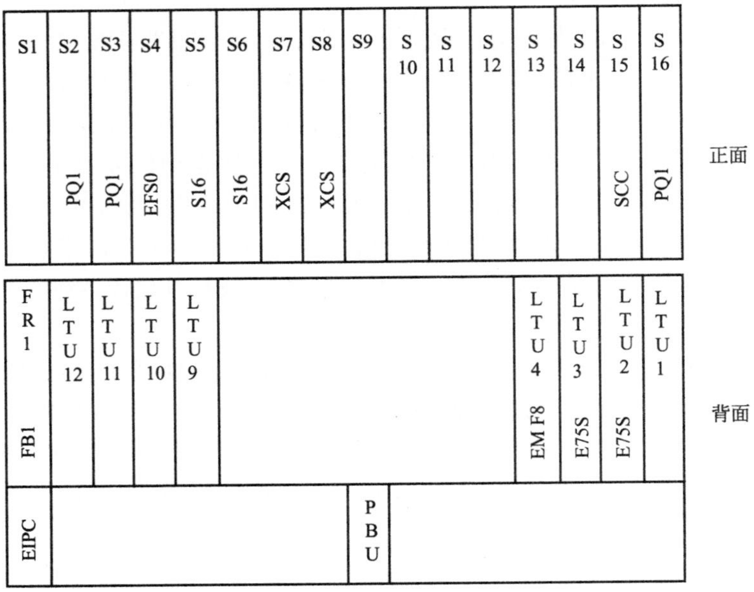

正面

S1	S2	S3	S4	S5	S6	S7	S8	S9	S10	S11	S12	S13	S14	S15	S16
	PQ1	PQ1	EFS0	S16	S16	XCS	XCS							SCC	PQ1

背面

FR1	LTU12	LTU11	LTU10	LTU9		LTU4	LTU3	LTU2	LTU1
FB1						EMF8	E75S	E75S	
EIPC					PBU				

图 3-55　NE1 的配置信息

正面

S1	S2	S3	S4	S5	S6	S7	S8	S9	S10	S11	S12	S13	S14	S15	S16
	PQ1		EFS0			XCS	XCS	SL4			PL3			SCC	

背面

FB1	LTU12	LTU11	LTU10	LTU9		LTU4	LTU3	LTU2	LTU1
			C34S			EMF8		E755	
					PBU				

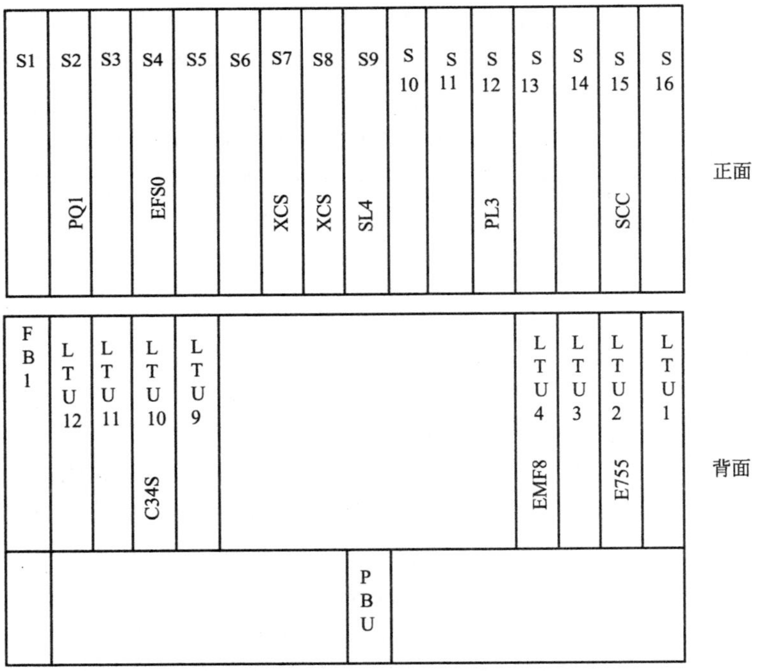

图 3-56　NE5 的配置信息

（二）SDH 组网图

采用 OptiX 2500＋(Metro 3000)设备，其组成的 SDH 组网图如图 3-57 所示。

（三）以太网业务组网图

本次任务中实现以太网业务组网和端口分配如图 3-58 所示。

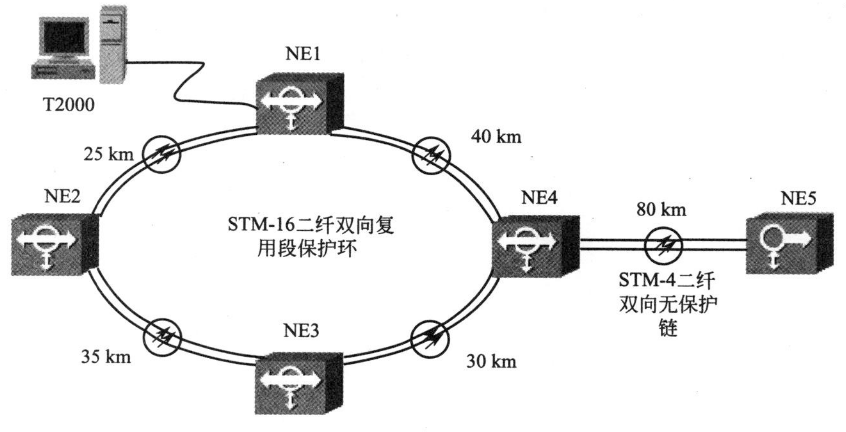

图 3-57 SDH 组网图

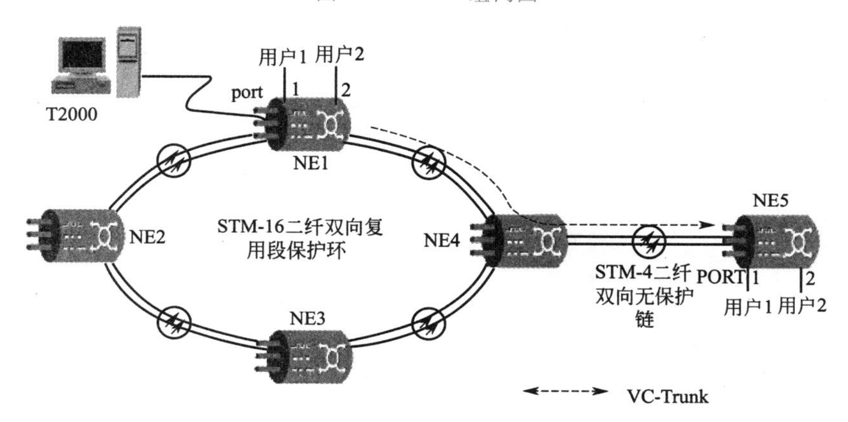

图 3-58 以太网业务组网和端口分配

(四)SDH 时隙分配图

SDH 时隙分配图如图 3-59 所示。

Ring

站点 / 时隙	NE 1	NE 2		NE 3		NE 4		NE 1
	6-S16-1	5-S16-1	6-S16-1	5-S16-1	6-S16-1	5-S16-1	6-S16-1	5-S16-1
2＃VC4							VC12:1-10 ←—● 4-EFS0:1-10	

Line

站点 / 时隙	NE 4	NE 5
	9-SL4-1	9-SL4-1
2＃VC4	VC12:1-10 ←—● 4-EFS0:1-10	

———→ 转接

●——— 上下

图 3-59 以太网业务的 SDH 时隙分配图

注:4-EFSO:1-10 表示网元中第 4 板位的 EFSO 板,占用 1-10＃VC-12 时隙;

9-SL4:表示网元中第 9 板位的 SL4 板(单路 STM-4 光接口板)。

图中箭头表示业务穿通,黑点表示业务上下。

(五)以太网业务配置图

NE1、NE5 网元的以太网业务配置如图 3-60 所示。

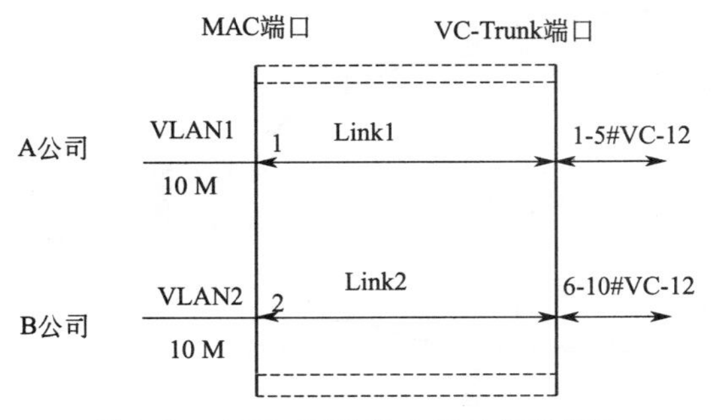

图 3-60 NE1、NE5 以太网业务配置图

(六)数据配置过程

1. 配置以太网单板

选用单板类型 EFSO(快速以太网交换处理板),槽位第 4 板位,配置过程见表 3-14。

表 3-14 以太网单板配置步骤

步　骤	操　作
1	在主视图上,双击 NE1 网元图表,打开网元板位图
2	依照 NE1DE 单板配置图,在槽位“4”上,单击右键,在出现的单板中选择“EFS”
3	确认 EFSO 板已经配置到 4 槽位,单击<关闭>
4	按照步骤 1～3 的方法,创建 NE5 的以太网单板

2. 配置以太网接口板

网管侧逻辑接口板类型选择 EMT8,配置步骤见表 3-15。

表 3-15 以太网接口板配置步骤

步　骤	操　作
1	在主视图 NE1 网元图标上单击右键,选择<网元管理器>
2	在单板树中选择<4-EFS 单板>,在功能树中选择<配置/接口板管理>
3	单击<新建>或者在右边的接口板列表中单击鼠标右键,选择<新建>,在右边的接口板列表中的<网管侧逻辑接口板类型>项下选择“EMF8”板,单击<应用>。返回“操作成功”提示框,单击<关闭>
4	按照步骤 1～3 的方法,创建 NE5 的以太网接口板

3. 创建出子网光口

首先对子网光口进行配置,配置步骤见表 3-16。

表 3-16 子网光口配置步骤

步　骤	操　作
1	在主视图中,在菜单条中选择<配置/保护视图>,进入保护视图
2	在拓扑图中单击“NE1”的图标,选中 NE1 单击右键,在出现的右键菜单中,选择<出子网光口管理>
3	一般情况下出子网光口已经由 T2000 创建完毕,如果 T2000 没有创建出子网光口,请按照下列步骤创建出子网光口
4	在“网元出子网光口管理”窗口中,选择 NE1:在左边的“未创建光口”窗口中,选择要创建的以太网板光口,即“4-EFS-1(SDH-1)”。单击【创建】按钮,NE1 的出子网光口创建完毕,如图 3-61 所示,完成后单击<关闭>
5	检查 NE5 的出子网光口是否已经创建,如果没有则按照步骤 4 进行创建,完成后单击<关闭>

配置完成后，子网光口创建完成，其配置图如图 3-61 所示。

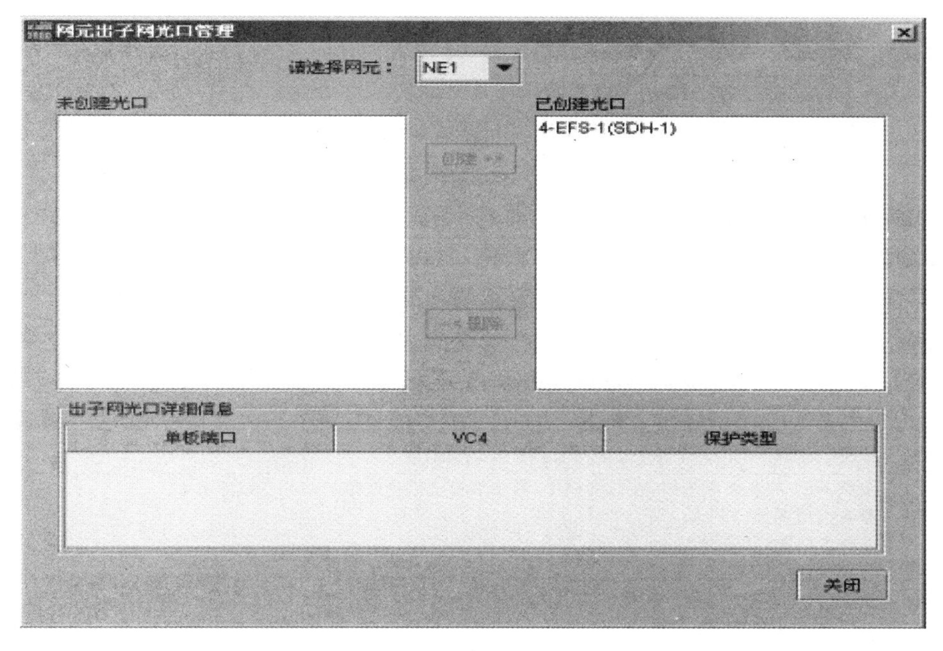

图 3-61 创建出子网光口

4. 配置以太网接口

选择“外部端口”，对 PORT1 和 PORT2 进行设置，端口使能设置为“使能”，工作模式为“100M 全双工”，TAG 属性为“TAG aware”。

配置 NE1 的以太网接口，配置步骤见表 3-17。

表 3-17 NE1 以太网接口配置步骤

步骤	操作
1	在主视图中 NE1 的网元图标上单击右键，选择<网元管理器>
2	在对象树中选择<4-EFS 单板>，在功能树中选择<配置/以太网接口管理/以太网接口>，单击<确定>
3	选择“外部端口”，对 PORT1 和 PORT2 端口进行如下设置： 选择“基本属性”选项卡，设置 PORT1 和 PORT2 端口使能为“使能”，工作模式为“100M 全双工”，单击<应用>。选择“TAG 属性”选项卡，设置 MAC1 和 MAC2 的 TAG 为“Tag aware”，单击<应用>，配置 NE1 的以太网接口如图 3-62 所示

配置完成后，NE1 以太网接口的配置图如图 3-62 所示。

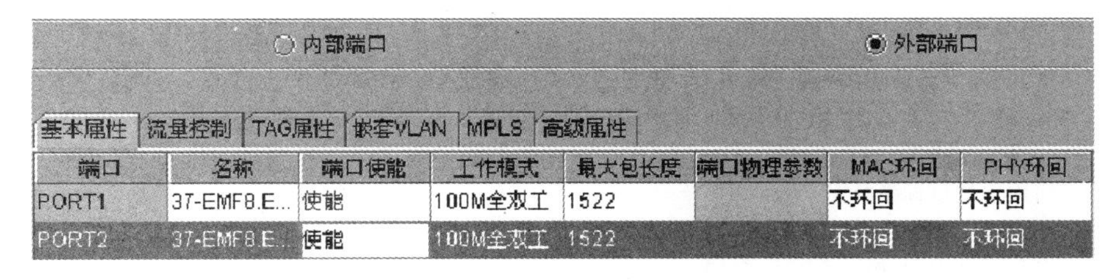

图 3-62 配置 NE1 以太网接口

配置 NE5 的以太网接口，配置步骤见表 3-18。

表 3-18　NE5 以太网接口配置步骤

步　　骤	操　　作
1	在主视图中 NE5 的网元图标上单击右键，选择＜网元管理器＞
2	在对象树中选择＜4-EFS 单板＞，在功能树中选择＜配置/以太网接口管理/以太网接口＞，单击＜确定＞
3	选择“外部端口”，对 PORT1 和 PORT2 端口进行如下设置： 选择“基本属性”选项卡，设置 PORT1 和 PORT2 端口使能为“使能”，工作模式为“100M 全双工”，单击＜应用＞。选择“TAG 属性”选项卡，设置 MAC1 和 MAC2 的 TAG 为“Tag aware"，单击＜应用＞

5. 创建以太网专线业务

首先在网元 1 上进行以太网专线业务配置，配置步骤见表 3-19。

表 3-19　以太网专线业务配置步骤

步　　骤	操　　作
1	在主视图中 NE1 的网元图标上单击右键，选择＜网元管理器＞
2	在对象树中选择＜4-EFS 单板＞，在功能树中选择＜配置/以太网业务/以太网专线＞，单击＜确定＞
3	单击＜新建＞，出现＜新建以太网专线业务＞对话框
4	依照 NE1 的业务配置图，在对话框中，做如下设置以创建用户 1 的专线业务： 业务类型选择“EPL”。 业务方向选择“双向”。 源端口选择“PORT1”。 源端口 VLAN ID 设置为“1”。 宿端口选择“VC TRUNK1”。 宿端口 VLAN ID 设置为“1”。 单击＜应用＞
5	重复步骤 4，创建用户 2 的专线业务。在对话框中，做如下设置： 业务类型选择“EPL”。 业务方向选择“双向”。 源端口选择“PORT2”。 源端口 VLAN ID 设置为“2”。 宿端口选择“VC TRUNK2”。 宿端口 VLAN ID 设置为“2”。 单击＜确定＞
6	按照步骤 1～5 的方法，依照 NE5 的业务配置图配置以太网专线业务，如图 3-63 所示

配置完成后，以太网专线业务配置图如图 3-63 所示。

6. 配置绑定通道

VC TRUNK1 绑定 2＃VC-4 的 1-5＃VC-12，VC TRUNK2 绑定 2＃VC-4 的 6-10＃VC-12。配置步骤见表 3-20。

表 3-20　绑定通道配置步骤

步　　骤	操　　作
1	在主视图中 NE1 的网元图标上单击右键，选择＜网元管理器＞
2	在对象树中选择＜4-EFS 单板＞，在功能树中选择＜配置/以太网业务/以太网专线业务＞，单击＜确定＞
3	选择“绑定通道”选项卡
4	在上方的列表中选定用户 1 的专线业务，单击＜配置＞，出现“绑定通道配置”对话框
5	配置 VC TRUNK1 的绑定通道，在对话框中进行如下设置： 可配置端口选择“VC TRUNK1”。 级别设置为“VC-12-*X*v”。 方向设置为“双向”。 可选 VC4 选择“VC4-2”。 逐一在可选时隙中选择 VC-12-1～VC-12-5； 单击＜确定＞

续上表

步　骤	操　作
6	在上述的列表中选定用户 2 的专线业务，单击＜配置＞，出现“绑定通道配置”对话框
7	配置 VC TRUNK2 的绑定通道，在对话框中进行如下设置： 可配置端口选择“VC TRUNK2”。 级别设置为“VC-12-Xv”。 方向设置为“双向”。 可选 VC4 选择“VC4-2”。 逐一在可选时隙中选择 VC-12-6～VC-12-10。 单击＜确定＞
8	按照步骤 1～7 的方法，配置 NE5 的 VC TRUNK1 和 VC TRUNK2 的绑定通道，VC TRUNK1 的绑定通道进行如下设置： 可配置端口选择“VC TRUNK1”。 级别设置为“VC-12-Xv”。 方向设置为“双向”。 可选 VC4 选择“VC4-2”。 逐一在可选时隙中选择 VC-12-1～VC-12-5。 单击按钮【＞＞】。 单击＜确定＞。 VC TRUNK2 的绑定通道进行如下设置： 可配置端口选择“VC TRUNK2”。 级别设置为“VC-12-Xv”。 方向设置为“双向”。 可选 VC4 选择“VC4-2”。 逐一在可选时隙中选择 VC-12-6～VC-12-10。 单击按钮【＞＞】。 单击＜确定＞

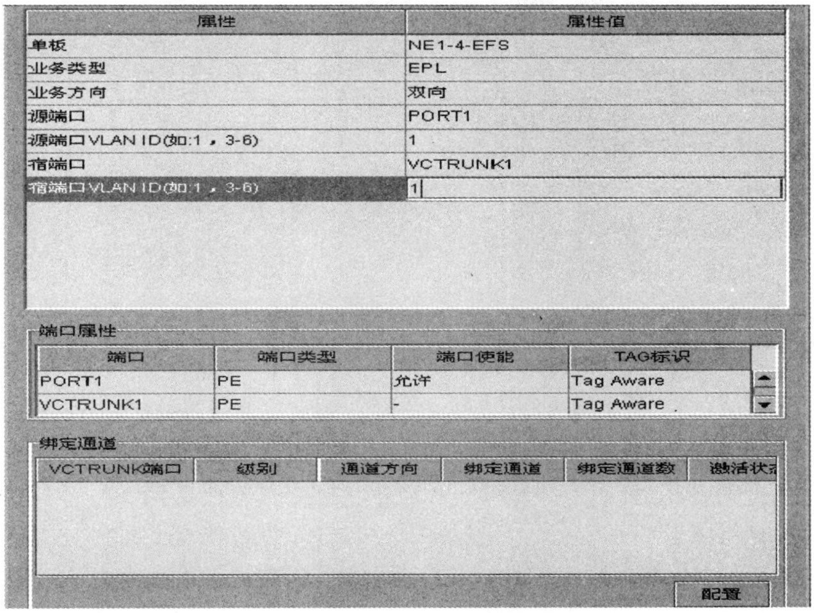

属性	属性值
单板	NE1-4-EFS
业务类型	EPL
业务方向	双向
源端口	PORT1
源端口 VLAN ID(如:1，3-6)	1
宿端口	VCTRUNK1
宿端口 VLAN ID(如:1，3-6)	1

端口属性

端口	端口类型	端口使能	TAG标识
PORT1	PE	允许	Tag Aware
VCTRUNK1	PE	-	Tag Aware

绑定通道

VCTRUNK端口	级别	通道方向	绑定通道	绑定通道数	激活状

配置

图 3-63　创建以太网专线业务

NE1 的 VC TRUNK1 绑定通道配置如图 3-64 所示。

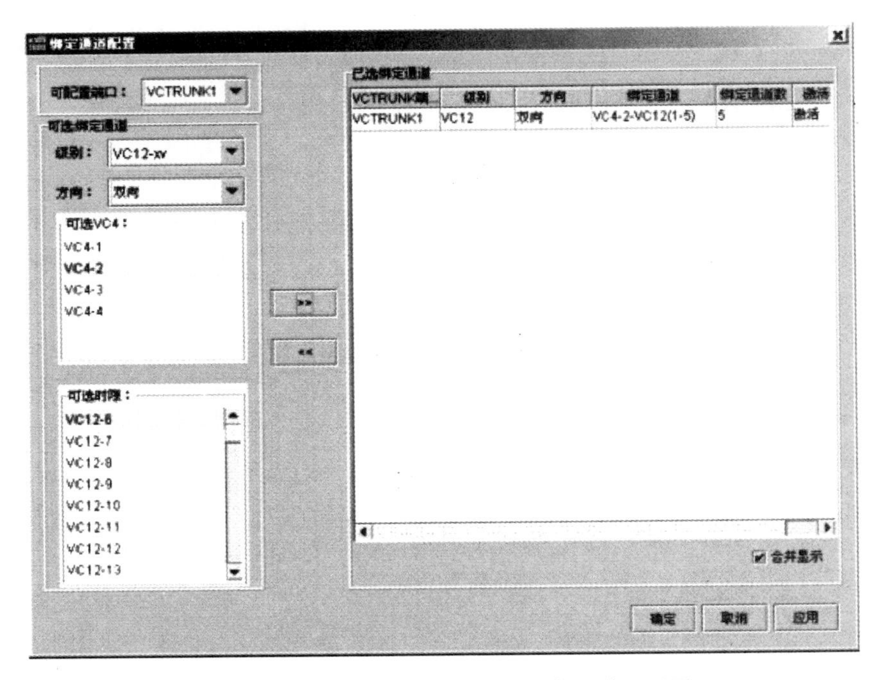

图 3-64　NE1 的 VC TRUNK1 绑定通道配置图

7. 配置 SDH 交叉连接

在 NE1 建立 4＃EFSO 板与 5＃S16 板 2＃VC-4 中 1-10 时隙的交叉连接；NE5 建立 6＃S16 板与 9＃SL4 板穿通业务；NE1 建立 4＃EFSO 板与 9＃SL4 板的交叉连接。NE1 的 VC TRUNK2绑定通道配置如图 3-65 所示。

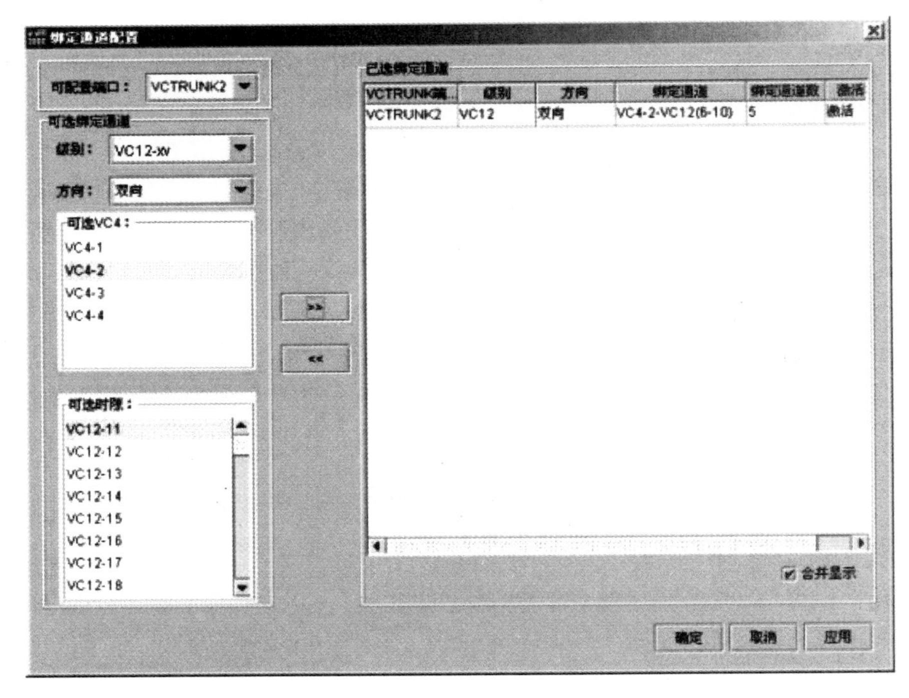

图 3-65　NE1 的 VC TRUNK2 绑定通道配置

评　　价

通过对表3-21的各项内容的考核，综合学生学习讨论过程中的表现，评定出学生的成绩。

评价总分100分，分三部分内容：(1)过程考核共30分，从工作计划提交、仪器仪表使用规范、操作熟练程度方面考核；(2)成果考核共20分，从任务完成情况、技术报告方面考核；(3)综合能力考核共50分，从知识掌握能力、成果讲解能力、小组协作能力、创新能力四个方面进行考核。

表3-21　考核项目指标评价体系

<table>
<tr><th colspan="3">评价内容</th><th>自我评价</th><th>教师评价</th><th>其他评价</th></tr>
<tr><td rowspan="3">过程考核
(30%)</td><td colspan="2">工作计划提交(10%)</td><td></td><td></td><td></td></tr>
<tr><td colspan="2">仪器仪表使用规范(10%)</td><td></td><td></td><td></td></tr>
<tr><td colspan="2">操作熟练程度(10%)</td><td></td><td></td><td></td></tr>
<tr><td rowspan="2">成果考核
(20%)</td><td colspan="2">任务完成情况(15%)</td><td></td><td></td><td></td></tr>
<tr><td colspan="2">技术报告(5%)</td><td></td><td></td><td></td></tr>
<tr><td rowspan="6">综合能力
考核
(50%)</td><td rowspan="2">知识掌握能力(30%)</td><td>各种以太网业务的原理及特点(10%)</td><td></td><td></td><td></td></tr>
<tr><td>网管数据配置(10%)</td><td></td><td></td><td></td></tr>
<tr><td colspan="2">成果讲解能力(5%)</td><td></td><td></td><td></td></tr>
<tr><td colspan="2">小组协作能力(5%)</td><td></td><td></td><td></td></tr>
<tr><td colspan="2">创新能力(5%)</td><td></td><td></td><td></td></tr>
<tr><td colspan="2">态度方面(是否耐心、细致)(5%)</td><td></td><td></td><td></td></tr>
</table>

教学策略讨论

任务安排总课时是8课时，老师在教学中主要是引导作用、小组工作计划、小组进行学习讨论、完成数据配置，并进行成果展示。因此老师从以下几个部分完成：

1. 咨询阶段

首先将全班同学分成若干个项目小组，小组同学结合相关知识点进行自主学习(教师主要是引导作用)，拟定配置方案及步骤，完成数据配置。要求同学们熟练地掌握以太网业务在MSTP网络中的配置、步骤、注意事项等。教师的职责是负责准备相关资料，同时，列出本项任务需要同学们掌握的重要专业知识点，并对必要的知识点进行必要的讲解。

小组同学通过查找资料掌握如下知识点：

(1)MSTP的基本概念及发展进程。

(2)MSTP的关键技术。

(3)MSTP网络中各种业务(主要是以太网业务)的实现原理。

(4)华为设备中以太网业务的类型。

(5)利用OptiX 155/622M (Merro 1000)传输设备配置以太网专线业务。

(6)利用OptiX 2500＋ (Merro 3000)传输设备配置以太网专线业务。

通过阅读OptiX 155/622H或OptiX 2500＋(Merro 3000)设备说明书了解：

(1)OptiX 155/622H设备以太网业务专线数据配置步骤。

(2)OptiX 2500＋(Metro 3000)以太网业务专线数据配置步骤。

(3)OptiX 155/622H 设备以太网 LAN 业务数据配置步骤。

(4)OptiX 2500＋(Metro 3000)设备以太网 LAN 业务数据配置步骤。

2. 计划阶段

学生根据老师布置的任务，准备相关知识的查找、学习，拟定配置方案、数据配置过程，画出配置方案图，确定网络配置正确与否的检验方案。教师职责是检查学生配置方案，针对学生的配置方案中的问题进行解答，并配合小组同学验证方案的正确性。

3. 实施阶段

小组根据布置的任务和光传输设备进行学习讨论。小组同学利用华为接入实训室 SDH 设备组成环形光传输网；完成在该网络中以太网专线业务的数据配置；完成在该网络中以太网 LAN 业务的数据配置。

教师职责是组织学生参观和讨论，并在小组讨论过程中，随时准备解答学生一切问题。同时，教师注意观察各小组的讨论情况，注意收集问题。

4. 总结、成果展示及考核

每个小组应将自己小组所做方案和如何完成数据配置的过程进行展示和讲解，老师完成对该小组的同学的考核。

就以上教学设计展开讨论，并将讨论记录于下：

(1)讨论记录：____

____

____

____

____

(2)讨论心得记录：____

____

____

____

____

____

____

任务 5　SDH 设备参数测试

任务描述

C 市 GX 电信分公司收到省公司割接扩容的设计文档，传输线路组技术支撑到工程现场对已安装 SDH 设备、光缆进行参数指标测试。

本次升级扩容割接的光缆链路经过××路段在原有的线路上增加一套保护设备，使用的是华为公司的 OptiX155/622H 的设备，为了更有效地起到保护作用，保证设备在故障发生时业务顺利倒换，现需要对割接后的连接到 SDH 设备的收光缆做接收灵敏度和动态范围测试，对 SDH 设备的发送光口做平均发送光功率测试，以及对具体的 2 M 电路做误码测

试。

任务分析

要完成上述的参数测试，最重要的是对相应的仪器仪表的使用。本次割接所使用到的仪表有：光功率计、2 M 误码仪、可变衰减器等。

一、光功率计的使用

（1）光功率计用于测量 630～1 650 nm 波长范围内，以 nW、μW、mW、dB 或 dBm 为单位的光功率。本次割接使用的是 1 310 nm 波长的光缆。

（2）测试前应对光功率计做检测，步骤如下：

第一步，在光功率计上安装合适的光适配头。

第二步，按下 ON/OFF 按键并保持 1 s，直到光功率值出现。

第三步，使用光跳线将光功率计与光源连接。

第四步，用“SETλ”按键设置光波长（1 310 nm）。

第五步，光功率测量的结果及设置的波长会在 LCD 上显示出来，如图 3-66 所示。

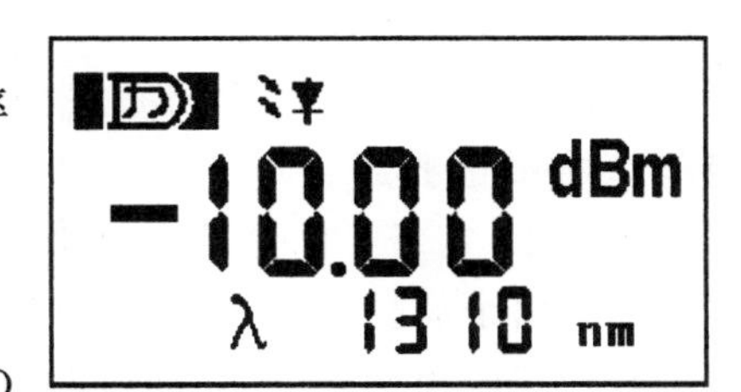

图 3-66 光功率计测量结果显示

第六步，确认此仪表的确正常工作。

（3）选择合适的适配头，常用的有 SC、ST、LC、MU、UNIV2.5（2.5 mm 通用）、UNIV1.25（1.25 mm 通用）。

二、2 M 误码仪的使用

2 M 误码仪性能测试正确的连接关系，如图 3-67 所示。

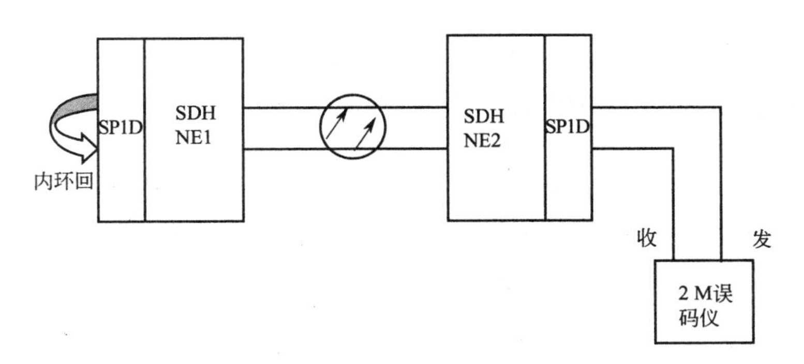

图 3-67 2 M 误码性能测试图

测试的链路应该构成闭合的回路，要求在被测链路的另一端做环回，环回分为：硬件环回和软件环回。在本工程中，我们采用硬件环回，在源端的 DDF 架上做 PDH 支路环回。

相关知识

一、光纤的种类

SDH 光传输网的传输媒质当然是光纤了，由于单模光纤具有带宽大、易于升级扩容和成

本低的优点，国际上已一致认为同步光缆数字线路系统只使用单模光纤作为传输媒质。光纤传输中有 3 个传输窗口，即适合用于传输的波长范围，有 850 nm、1 310 nm、1 550 nm。其中 850 nm 窗口只用于多模传输，用于单模传输的窗口只有 1 310 nm 和 1 550 nm 两个波长窗口。

光信号在光纤中传输的距离要受到色散和损耗的双重影响，色散会使在光纤中传输的数字脉冲展宽，引起码间干扰降低信号质量。当码间干扰使传输性能劣化到一定程度时，则传输系统就不能工作了，损耗使在光纤中传输的光信号随着传输距离的增加而功率下降，当光功率下降到一定程度时，传输系统就无法工作了。

为了延长系统的传输距离，人们主要在减小色散和损耗方面入手。1 310 nm 光传输窗口称之为零色散窗口，光信号在此窗口传输色散最小，1 550 nm 窗口称之为最小损耗窗口，光信号在此窗口传输的衰减最小。

ITU-T 规范了三种常用光纤：符合 G. 652 规范的光纤、符合 G. 653 规范的光纤、符合规范 G. 655 的光纤。其中 G. 652 光纤指在 1 310 nm 波长窗口色散性能最佳，又称之为色散未移位的光纤（也就是零色散窗口在 1 310 nm 波长处），它可应用于 1 310 nm 和 1 550 nm两个波长区；G. 653 光纤指 1 550 nm 波长窗口色散性能最佳的单模光纤，又称之为色散移位的单模光纤，它通过改变光纤内部的折射率分布，将零色散点从 1 310 nm 迁移到 1 550 nm 波长处，使 1 550 nm 波长窗口色散和损耗都较低，它主要应用于 1 550 nm 工作波长区；G. 654 光纤称之为 1 550 nm 波长窗口损耗最小光纤，它的零色散点仍在 1 310 nm 波长处，它主要工作于 1 550 nm 窗口，主要应用于需要很长再生段传输距离的海底光纤通信。G. 655 光纤（非零色散光纤）为传输 10 Gbit/s 与以 10 Gbit/s 为基群的 WDM 系统而设计的新型光纤，只工作在 1 550 nm 窗口，目的是在 1 550 nm 窗口工作波长区具有合理的较低色散。

二、光接口类型

光接口是同步光缆数字线路系统最具特色的部分，由于它实现了标准化，使得不同网元可以经光路直接相连，节约了不必要的光/电转换，避免了信号因此而带来的损伤（例如脉冲变形等），节约了网络运行成本。

按照应用场合的不同，可将光接口分为三类：局内通信光接口、短距离局间通信光接口和长距离局间通信光接口。不同的应用场合用不同的代码表示，见表 3-22。

表 3-22 光接口代码

应用场合	局内	短距离局间		长距离局间		
工作波长（nm）	1 310	1 310	1 550	1 310	1 550	
光纤类型	G. 652	G. 652	G. 652	G. 652	G. 652	G. 653
传输距离（km）	≤2	～15		～40	～60	
STM-1	I-1	S-1. 1	S-1. 2	L-1. 1	L-1. 2	L-1. 3
STM-4	I-4	S-4. 1	S-4. 2	L-4. 1	L-4. 2	L-4. 3
STM-16	I-16	S-16. 1	S-16. 2	L-16. 1	L-16. 2	L-16. 3

代码的第一位字母表示应用场合：I 表示局内通信；S 表示短距离局间通信；L 表示长距离局间通信。字母横杠后的第一位表示 STM 的速率等级：例如 1 表示 STM-1；16 表示

STM-16。第二个数字(小数点后的第一个数字)表示工作的波长窗口和所有光纤类型:1 和空白表示工作窗口为 1 310 nm,所用光纤为 G. 652 光纤;2 表示工作窗口为 1 550 nm,所用光纤为 G. 652 或 G. 654 光纤;3 表示工作窗口为 1 550 nm,所用光纤为 G. 653 光纤。

三、光接口参数

SDH 网络系统的光接口位置示意图如图 3-68 所示。

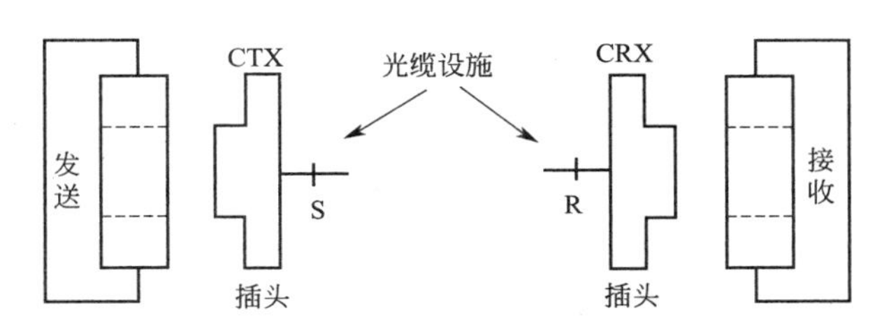

图 3-68　光接口位置示意图

图中 S 点是紧挨着发送机(Tx)的活动连接器(CTX)后的参考点,R 是紧挨着接收机(Rx)的活动连接器(CRX)前的参考点,光接口的参数可以分为三大类:参考点 S 处的发送机光参数、参考点 R 处的接收机光参数和 S—R 点之间的光参数。在规范参数的指标时,均规范为最坏值,即在极端的(最坏的)光通道衰减和色散条件下,仍然要满足每个再生段(光缆段)的误码率不大于 1×10^{-10} 的要求。

四、光线路码型

前面讲过,SDH 系统中,由于帧结构中安排了丰富的开销字节来用于系统的 OAM 功能,所以线路码型不必像 PDH 那样通过线路编码加上冗余字节,以完成端到端的性能监控。SDH 系统的线路码型采用加扰的 NRZ 码,线路信号速率等于标准 STM-*N* 信号速率。

ITU-T 规范了对 NRZ 码的加扰方式,采用标准的 7 级扰码器,扰码生成多项式为

$$G(X)=X^7+X^6+1$$

扰码序列长为 $2^7-1=127$(位)。这种方式的优点是:码型最简单,不增加线路信号速率;没有光功率代价,无需编码,发端需一个扰码器即可;收端采用同样标准的解扰器即可接收发端业务,实现多厂家设备环境的光路互连。

采用扰码器是为了防止信号在传输中出现长连"0"或长连"1",易于收端从信号中提取定时信息(SPI 功能块)。另外当扰码器产生的伪随机序列足够长时,也就是经扰码后的信号的相关性很小时,可以在相当程度上减弱各个再生器产生的抖动相关性(也就是使扰动分散、抵消)使整个系统的抖动积累量减弱。例如一个屋子里有三对人在讲话,若大家都讲中文(信息的相关性强),那么很容易产生这三对人互相干扰谁也听不清谁说的话;若这三对人分别用中文、英文、日文讲话(信息相关性差),那么,这三对人的对话的干扰就小得多了。

五、S 点参数——光发送机参数

(一)最大－20dB 带宽

单纵模激光器主要能量集中在主模,所以它的光谱宽度是按主模的最大峰值功率跌落到

－20dB 时的最大带宽来定义的。单纵模激光器光谱特性，如图 3-69 所示。

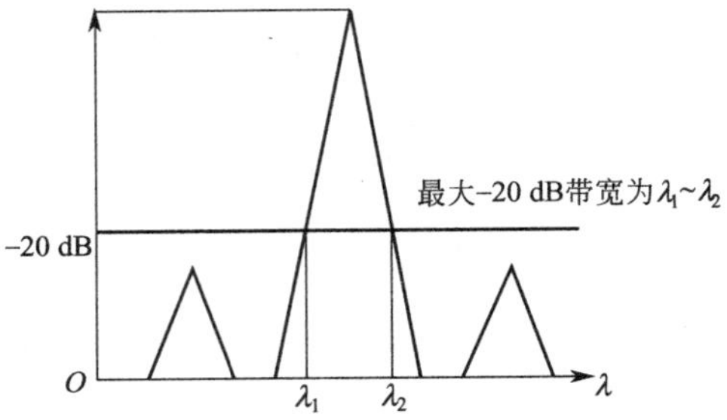

（二）最小边模抑制比（SMSR）

主纵模的平均光功率 P1 与最显著的边模的平均光功率 P2 之比的最小值。

$$\mathrm{SMSR}=10\lg(\mathrm{P1}/\mathrm{P2})$$

SMSR 的值应不小于 30 dB。

图 3-69　单纵模激光器光谱

（三）平均发送功率

在 S 参考点处所测得的发送机发送的伪随机信号序列的平均光功率。

（四）消光比（EX1）

定义为信号“1”的平均光功率与信号“0”的平均光功率比值的最小值。

$$\mathrm{EX}=10\lg(\mathrm{EX1})$$

ITU-T 规定长距离传输时，消光比为 10 dB（除了 L-16.2），其他情况下为 8.2 dB。

六、R 点参数——光接收机参数

（一）接收灵敏度

定义为 R 点处为达到 1×10^{-10} 的 BER 值所需要的平均接收功率的最小值。一般开始使用时、正常温度条件下的接收机与寿命终了时，处于最恶劣温度条件下的接收机相比，灵敏度余度大约为 2～4 dB。一般情况下，对设备灵敏度的实测值要比指标最小要求值（最坏值）大 3 dB左右（灵敏度余度）。

（二）接收过载功率

定义为在 R 点处为达到 1×10^{-10} 的 BER 值所需要的平均接收光功率的最大值。因为，当接收光功率高于接收灵敏度时，由于信噪比的改善使 BER 变小，但随着光接收功率的继续增加，接收机进入非线性工作区，反而会使 BER 下降。BER 曲线如图 3-70 所示。

图 3-70 中 A 点处的光功率是接收灵敏度，B 点处的光功率是接收过载功率，A—B 之间的范围是接收机可正常工作的动态范围。

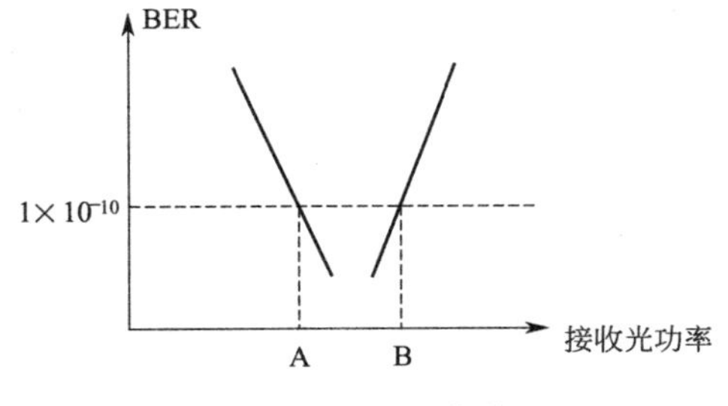

图 3-70　BER 曲线

华为光传输设备系列光板的光接口功率指标参考值如下：

华为光传输设备系列光板的光接口功率指标参考值，包括的设备型号有 OptiX Metro 3000，OptiX Metro 1000，OptiX Metro 1000V3，下面就不同速率级别的光板光口功率指标做一个整理：

STM-1 速率级别的系列光板（工作波长，平均发送光功率，最差灵敏度，最小过载点）：

I-1（1 310 nm，－15～－8 dBm，－23 dBm，－14 dBm）；

S-1.1（1 310 nm，－15～－8 dBm，－28 dBm，－8 dBm）；

L-1.1（1 310 nm，－5～0 dBm，－34 dBm，－10 dBm）；

L-1.2（1 550 nm，－5～0 dBm，－34 dBm，－10 dBm）。

STM-4 速率级别的系列光板（工作波长，平均发送光功率，最差灵敏度，最小过载点）：

I-4(1 310 nm,－15～－8 dBm,－26 dBm,－8 dBm);

S-4.1(1 310 nm,－15～－8 dBm,－28 dBm,－8 dBm);

L-4.1(1 310 nm,－3～2 dBm ,－28 dBm,－8 dBm);

L-4.2(1 550 nm,－3～2 dBm ,－28 dBm,－8 dBm)。

STM-16速率级别的系列光板(工作波长,平均发送光功率,最差灵敏度,最小过载点):

I-16(1 310 nm,－10～－3 dBm,－18 dBm,－3 dBm);

S-16.1(1 310 nm,－5～0 dBm,－18 dBm,0 dBm);

S-16.2(1 550 nm,－5～0 dBm,－18 dBm,0 dBm);

L-16.1(1 310 nm,－2～3 dBm,－27 dBm,－9 dBm);

L-16.2(1 550 nm,－2～3 dBm,－28 dBm,－9 dBm);

Le-16.2(1 550 nm,4～7 dBm,－28 dBm,－9 dBm)。

七、误码性能

误码是指经接收、判决、再生后,数字码流中的某些比特发生了差错,使传输的信息质量产生损伤。

(一)误码的产生和分布

误码可说是传输系统的一大害,轻则使系统稳定性下降,重则导致传输中断。从网络性能角度出发可将误码分成两大类:

1. 内部机理产生的误码

系统的此种误码包括由各种噪声源产生的误码,定位抖动产生的误码,复用器、交叉连接设备和交换机产生的误码,以及由光纤色散产生的码间干扰引起的误码。此类误码会由系统长时间的误码性能反映出来。

2. 脉冲干扰产生的误码

由突发脉冲诸如电磁干扰、设备故障、电源瞬态干扰等原因产生的误码。此类误码具有突发性和大量性,往往系统在突然间出现大量误码,可通过系统的短期误码性能反映出来。

(二)误码性能的度量

传统的误码性能的度量(G.821)是度量64 kbit/s的通道在27 500 km全程端到端连接的数字参考电路的误码性能,是以比特的错误情况为基础的。传输网的传输速率越来越高,以比特为单位衡量系统的误码性能产生其局限性。

目前高比特率通道的误码性能是以块为单位进行度量的(B1、B2、B3监测的均是误码块),由此产生出一组以“块”为基础的参数。这些参数的含义如下:

1. 误块

当块中的比特发生传输差错时,称此块为误块。

2. 误块秒(ES)和误块秒比(ESR)

当某一秒中发现1个或多个误码块时,称该秒为误块秒。在规定测量时间段内出现的误块秒总数与总的可用时间的比值称之为误块秒比。

3. 严重误块秒(SES)和严重误块秒比(SESR)

某一秒内包含有不少于30%的误块或至少出现一个严重扰动期(SDP)时,认为该秒为严重误块秒。其中严重扰动期指测量时,在最小等效于4个连续块时间或1 ms(取二者中较长时间段）时间段内所有连续块的误码率大于或等于 10^{-2} 或出现信号丢失。

在测量时间段内出现的 SES 总数与总的可用时间之比称为严重误块秒比（SESR）。

严重误块秒一般是由脉冲干扰产生的突发误块，所以 SESR 往往反映出设备抗干扰的能力。

4. 背景误块（BBE）和背景误块比（BBER）

扣除不可用时间和 SES 期间出现的误块称之为背景误块（BBE）。BBE 数与在一段测量时间内扣除不可用时间和 SES 期间内所有块数后的总块数之比称背景误块比（BBER）。

若这段测量时间较长，那么 BBER 往往反映的是设备内部产生的误码情况，与设备采用器件的性能稳定性有关。

（三）数字段相关的误码指标

ITU-T 将数字链路等效为全长 27 500 km 的假设数字参考链路，并为链路的每一段分配最高误码性能指标，以便使主链路各段的误码情况在不高于该标准的条件下连成串之后能满足数字信号端到端（27 500 km）正常传输的要求。表 3-23、表 3-24 和表 3-25 分别列出了 420 km、280 km、50 km 数字段应满足的误码性能指标。

表 3-23　420 km HRDS 误码性能指标

速率（kbit/s）	155 520	622 080	2 488 320
ESR	3.696×10^{-3}	待定	待定
SESR	4.62×10^{-5}	4.62×10^{-5}	4.62×10^{-5}
BBER	2.31×10^{-6}	2.31×10^{-6}	2.31×10^{-6}

表 3-24　280 km HRDS 误码性能指标

速率（kbit/s）	155 520	622 080	2 488 320
ESR	2.464×10^{-3}	待定	待定
SESR	3.08×10^{-5}	3.08×10^{-5}	3.08×10^{-5}
BBER	3.08×10^{-6}	1.54×10^{-6}	1.54×10^{-6}

表 3-25　50 km HRDS 误码性能指标

速率（kbit/s）	155 520	622 080	2 488 320
ESR	4.4×10^{-4}	待定	待定
SESR	5.5×10^{-6}	5.5×10^{-6}	5.5×10^{-6}
BBER	5.5×10^{-7}	2.7×10^{-7}	2.7×10^{-7}

（四）误码减少策略

1. 内部误码的减小

改善收信机的信噪比是降低系统内部误码的主要途径。另外，适当选择发送机的消光比，改善接收机的均衡特性，减少定位抖动都有助于改善内部误码性能。在再生段的平均误码率低于 10^{-14} 数量级以下时，可认为处于“无误码”运行状态。

2. 外部干扰误码的减少

基本对策是加强所有设备的抗电磁干扰和静电放电能力，例如，加强接地。此外在系统设计规划时留有充足的冗度也是一种简单可行的对策。

八、可用性参数

（一）不可用时间

传输系统的任一个传输方向的数字信号连续10 s期间内每s的误码率均劣于10^{-3}，从这10 s的第一秒钟起就认为进入了不可用时间。

（二）可用时间

若数字信号连续10 s期间内每s的误码率均优于10^{-3}，那么从这10 s的第一秒起就认为进入了可用时间。

（三）可　用　性

可用时间占全部总时间的百分比称之为可用性。为保证系统的正常使用，系统要满足一定的可用性指标，见表3-26。

表3-26　假设参考数字段可用性目标

长度(km)	可用性	不可用性	不可用时间/年
420	99.977%	2.3×10^{-4}	120 min/年
280	99.985%	1.5×10^{-4}	78 min/年
50	99.99%	1×10^{-4}	52 min/年

九、环回测试

通过将被测设备或线路侧的收发端进行短接，让被测的设备接收自己发出的信号来判断线路或端口是否存在断点。也可以在被环回的线路上挂测试仪器来测试被环回一段线路的传输质量。分为以下几种环回方式。

1. SDH光接口硬件环回

从信号流向的角度来讲，硬件环回一般都是内环回，因此我们也称之为硬件自环。光口的硬件自环是指用尾纤将光板的发光口和收光口连接起来，以达到信号环回的目的。硬件自环有两种方式，分为是本板自环和交叉自环（环回时要加光衰耗器）。其中，本板自环是将同一块光板上的光口“IN”和“OUT”用尾纤连接即可；交叉自环是用尾纤连接西向光板的“OUT”口和东向光板的“IN”口，或者连接东向光板的“OUT”口和西向光板的“IN”口。

2. SDH接口的软件环回

SDH接口的软件环回是指网管中的“VC-4环回”设置，也分为内环回和外环回。

3. PDH接口的硬件环回

从信号流向的角度来讲，硬件环回一般都是内环回。OptiX设备PDH口的硬件环回有两个位置：一个是在子架接线区；一个是在DDF。如果是2 M信号，在子架接线区的硬件环回就是指将接口板上同一个2 M端口的Tx、Rx用电缆连接；在DDF的硬件环回是指在DDF上将同一个2 M端口的收发用电缆连接。

4. PDH接口的软件环回

PDH接口的软件环回是指通过网管对PDH接口进行的“内环回”或“外环回”设置。通过对PDH接口的环回操作，再结合误码仪和外环回测试，可以测试某个2 M的传输全通道是否正常。

数据配置完成后，根据组网图连接好物理链路就可以对数据进行验证了。按照测试示意图进行连接，然后用误码仪测试误码，正常情况下，5 min 内误码应为 0。

任务实施

一、光接口参数测试

（一）发送光功率测试

测试仪器：光功率计一台。

测试方法：按图 3-71 连接好光功率计。测试前应该仔细地用酒精棉球或镜头纸清洗尾纤头和法兰盘。如果尾纤已经上 ODF 架，测试应该在 ODF 一侧进行。测量各线路板发光功率，注意选择对应波长，记录测试结果于单站调测记录表。对比测试结果和相应指标，如测试结果不符合指标，应查找原因，直至测试合格。测试完后需要用户随工人员签字确认记录的结果。

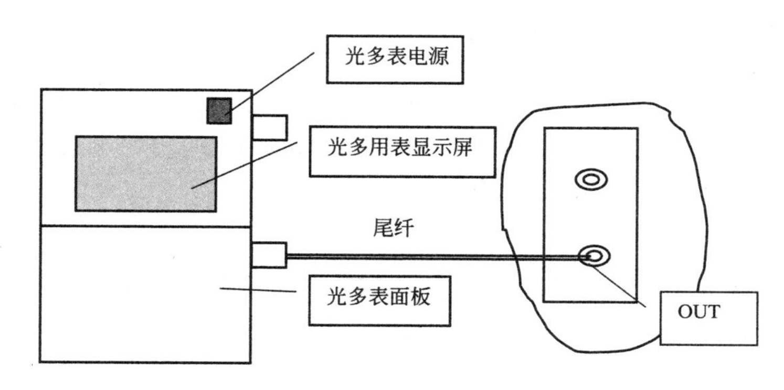

图 3-71 测试示意图

（二）光接收灵敏度测试

测试仪器：误码仪一台、可调光衰减器一只、光功率计一台

测试方法：在自环光路中串接可调光衰减器，并把可调光衰减器衰减挡位置零，然后用自环线把所测 2 M 口串接（即将 D75 同轴板上一排的 Rx 口和下一排的 Tx 口依次首位相连，如图 3-72 所示，如有 DDF 架，在 DDF 架侧串接），用误码仪测试串接的 2 M 口应无误码（也可能光功率过载而不通，加大光衰减值后应正常）。再逐步加大光衰减器的衰减值，直至出现误码，再减小衰减值，直至刚好无误码。观察至少 10 min，确保不再产生误码。然后拔下光板收光口的尾纤头连至光功率计，读出此时的接收光功率即为光接收灵敏度。记录测试结果于单站调测记录表。对比测试结果和相应指标，如测试结果不符合指标，应查找原因，直至测试合格。测试完后需要用户随工人员签字确认记录的结果。

（三）2 M 误码测试

采用链形组网方式时，实现 2 M 误码测试连接示意图如图 3-72 所示。

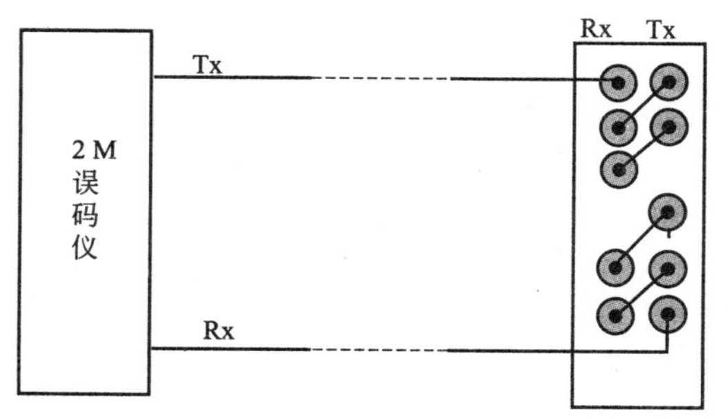

图 3-72 测试连接示意图

本次配置要求在 NE1、NE2 之间的 155H SDH 设备两端 IU3 槽位 SP1D 2 M 板的 1＃端口各上下一个 2 M 业务，并要在 NE1 IU3 槽位 SP1D 板上 1＃端口做内环回。数据配置过程如下：

（1）登录华为 T2000 网管（用户名：admin

密码:T2000)。

(2)新建子网。

(3)创建子网下的网元即拓扑对象(采用 OptiX 155/622H),并初始化网元(单板添加)。

(4)创建网元之间的纤缆进行组网(链形)。

(5)配置网络保护方式(无保护链)。

(6)配置各网元的时钟优先级实现网络同步。

(7)配置业务,并查询路径视图。

(8)在 NE1 网元 IU3 槽位的 SP1D 板上做 1#端口的内环回。

评　价

通过对表 3-27 的各项内容的考核,综合学生学习讨论过程中的表现,评定出学生的成绩。评价总分 100 分,分三部分内容:(1)过程考核共 30 分,从工作计划提交、仪器仪表使用规范、操作熟练程度方面考核;(2)成果考核共 20 分,从任务完成情况、技术报告方面考核;(3)综合能力考核共 50 分,从知识掌握能力、成果讲解能力、小组协作能力、创新能力四个方面进行考核。

表 3-27　考核项目指标评价体系

评价内容			自我评价	教师评价	其他评价
过程考核(30%)	工作计划提交(10%)				
	仪器仪表使用规范(10%)				
	操作熟练程度(10%)				
成果考核(20%)	任务完成情况(15%)				
	技术报告(5%)				
综合能力考核(50%)	知识掌握能力(30%)	技术指标分类(10%)			
		仪器仪表使用规范(10%)			
		仪表操作注意事项(10%)			
	成果讲解能力(5%)				
	小组协作能力(5%)				
	创新能力(5%)				
	态度方面(是否耐心、细致)(5%)				

教学策略讨论

任务总课时安排 4 课时。教师通过引导、小组工作计划制定、小组讨论、成果展示多种教学方式提高学生的自主学习能力,教师将从传统的讲授变为辅助。因此老师可以从以下几个部分完成:

1. 咨询阶段

将全班同学分成若干个项目小组,小组同学结合相关知识点进行自主学习(教师主要是引导作用),拟定配置测试方案,完成计划的时间安排、前期工作准备阶段。在该阶段中的教师职责是负责准备相关资料,同时,列出本项任务需要同学们掌握的重要专业知识点,并对必要的知识点进行必要的讲解(课时安排 1 课时)。

2. 计划阶段

学生根据老师布置的任务，准备相关知识的查找、学习，拟定测试方案、数据配置过程，画出测试方案图，确定网络配置正确与否的检验方案。教师的职责是检查学生配置方案，针对学生的测试方案中的问题进行解答，并配合小组同学验证方案的正确性(课时安排 1 课时)。

3. 实施阶段

各小组根据布置的任务和光传输设备进行学习讨论。小组同学利用实训室 SDH 设备组成链形光传输网；完成链形光传输网的数据配置；利用利用光功率计和误码仪检验保护设备参数的正确性。教师职责是组织学生规范操作测试仪表，讲解测试过程中的注意事项，随时解答学生一切问题。同时，教师注意观察各小组的讨论情况，注意收集问题(课时安排 1 课时)。

4. 总结、成果展示及考核

每个小组应将自己小组所做测试方案和如何完成数据配置通过仪表测试的过程进行展示和讲解，老师完成对该小组的同学的考核(课时安排 1 课时)。

就以上教学设计展开讨论，并将讨论记录于下：

(1)讨论记录：____

____

____

____

____

(2)讨论心得记录：____________________________________

____

____

____

____

____

____

____

任务 6　故障定位及处理

任务描述

通过具体的案例掌握告警信号流和故障定位原则，通过对故障现象的了解，及时高效地排除故障，降低经济损失。

任务分析

一、分析故障现象

本次链路经过的设备是华为公司的 OptiX155/622H 的设备，由 4 个网元构成一个无保护链，网元 1 对网元 4 的 2 M 链路不通，通过环回法查找故障点，并给出合理的处理意见，同时

应注意处理方法的正确性。实际组网如图 3-73 所示。

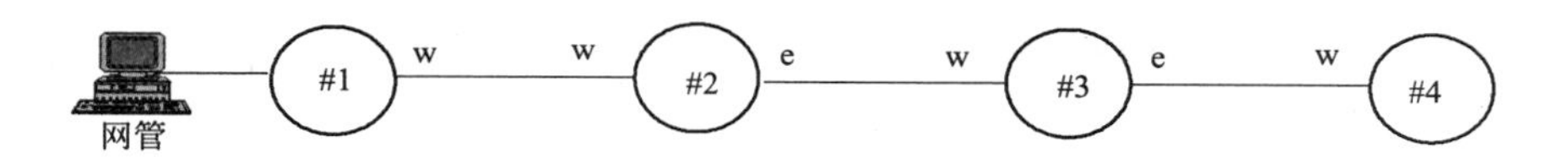

图 3-73　链形组网

图 3-73 中链形传输网的四个网元#1、#2、#3、#4 均为 OptiX 622 设备。各站点间的时隙分配见表 3-28。

时隙分配表 3-28 中的行(第 1 行除外)表示不同的 VC4,t1、t2、t3 分别表示网元中的第 1、2、3 板位的 2 M 支路板;支路板后面的数字表示 2 M 通道号,例如“t1:1-16”表示第一板位的支路板上的 1～16 个 2 M 通道;双箭头线上的数字表示所占用的 VC4 中的时隙号。

表 3-28　时 隙 分 配

VC4	站　名						
	站点 1		站点 2		站点 3		站点 4
1	t1:1-16	1-16 <······>	t1:1-16				
2	t2:1-16	17-32 <······>			t1:1-16		
	t3:1-16	33-48 <······>					t1:1-16

表中表示的业务为:

#1 站的第 1 板位的支路板上 1～16 个 2 M 通道,通过第 1 个 VC4 中的 1～16 时隙,与#2 站的第 1 板位的支路板上 1～16 个 2 M 通道互通业务;

#1 站的第 2 板位的支路板上 1～16 个 2 M 通道,通过第 1 个 VC4 中的 17～32 时隙,与#3 的第 1 板位的支路板上 1～16 个 2 M 通道互通业务;

#1 站的第 3 板位的支路板上 1～16 个 2 M 通道,通过第 1 个 VC4 中的 33～48 时隙,与#4 站的第 1 板位的支路板上 1～16 个 2 M 通道互通业务。

二、采用“环回法”排除故障

采用“环回法”排除故障可分四个步骤进行:

第一步:环回业务通道采样

通过咨询、观察和测试等手段,采样其中一个有故障的业务通道作为处理、分析的对象。对于同时出问题的业务,一般都具有一定的相关性,因此只要恢复其中的一个业务,其他的业务常常能自动得到恢复。另外,采样简化的思路,也常常使得故障的分析、处理显得更加清晰、简单。尤其是在出故障的业务比较复杂的情况下,采样简化的方法更加显得行之有效,甚至是故障定位思路的出发点或突破口。

环回业务通道采样简化的过程可以描述如下:从多个有故障的站点中选择其中的一个站点。从所选择一个站点的多个有问题的业务通道中选择其中的一个业务通道。由于自环第一个 VC4 通道,可能会影响 ECC 通信,因此尽量不要选择第一个 VC4 通道内的业务。对于所选择出来的业务通道,先分析其中一个方向的业务。

第二步:画业务路径图

画出所采样业务一个方向的路径图。在路径图中表示出该业务的源和宿、该业务所经过的站点、该业务所占用的VC4通道和时隙。

第三步:逐段环回,定位故障站点

根据所画出的业务路径图,采取逐段、逐站环回的方法,定位出故障站点。

第四步:初步定位单板问题

故障定位到单站后,通过线路、支路和交叉板环回,进一步定位可能存在故障的单板。最后结合其他方法,确认存在故障的单板,并通过换板排除故障。

三、误码处理

误码处理流程如图3-74所示。

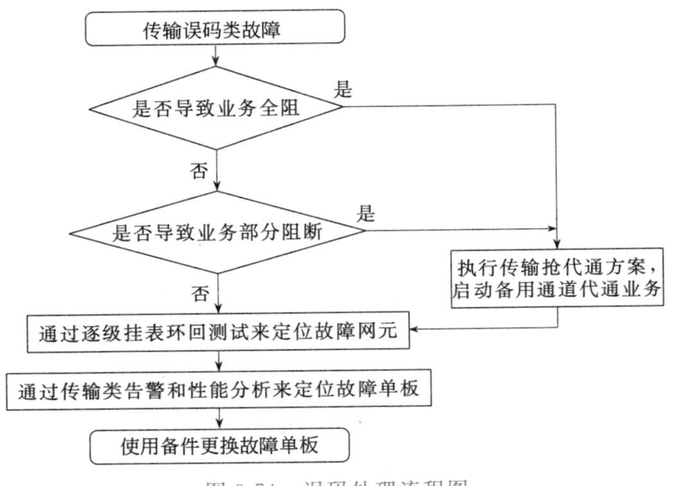

图3-74 误码处理流程图

相关知识

OptiX光传输系统经过工程安装期间技术人员的精心安装和调测,都能正常稳定地运行。但有时由于多方面的原因,比如受系统外部环境的影响、部分元器件的老化损坏、维护过程中的误操作等,都可能导致OptiX光传输系统进入不正常运行的状态。此时,就需要维护技术人员能够对设备故障进行正确分析、定位和排除,使系统迅速恢复正常。本任务主要介绍故障定位的基本思路及其常用的处理方法。

一、对维护人员的要求

故障的快速定位和及时排除,对维护人员的业务技能、操作规范、心理素质等均提出较高要求,因此,需对维护人员有如下要求。

1. 加强SDH基本原理,尤其是告警信号流的学习

要求维护人员对SDH传输系统告警信号流非常熟悉。对于影响业务和性能的各单板危急告警、主要告警,要掌握其产生的机理、相应的回传,以及对下游信号的影响。只有对每个告警的机理、影响都非常熟悉,才能更好地利用这些告警信息,对故障原因做出一个清晰的判断。

比如，对于 MS-AIS 告警，我们需知道，该告警是复用段告警指示信号，其产生的机理是系统检测到了复用段开销中 K2 字节的低 3 位为全“1”，其回传是 MS-RDI。系统检测到 MS-AIS 告警后，将下插全“1”信号，导致下游的高阶、低阶通道信号均为全“1”。因此，相应的支路板将检测到 TU-AIS 信号。要做到对告警信号流的熟悉，要求维护人员平时重视 SDH 基础知识、基本原理的学习。

2. 熟练掌握所维护传输设备的基本操作

要求维护人员熟练掌握网管设备、网元设备，以及相关测试仪表的基本操作。如告警、性能的设置和查询操作；线路板、支路板的内环回和外环回操作；复用段协议的启停操作；插拔单板操作；误码测试仪的使用等。维护人员平时要加强对网管操作手册、设备维护手册的学习，并利用可能的机会多实践、多锻炼，逐步达到熟练操作的程度。

3. 熟悉所维护局的情况

要求维护人员对所维护局的组网情况、保护模式、业务配置、机房设备的摆放非常清楚。对设备各种运行状态下，每个业务的源和宿、占用的时隙，以及经过的站点要非常清楚，平时要注意了解所维护局的情况，加强对工程文档的学习，并做好工程文档的维护工作。

4. 做好现场数据的采集与保存工作

在进行故障处理前，要求维护人员首先采集、保存现场数据，这是一步非常重要的工作。因为在故障的处理过程中，不可避免地会破坏当前数据，而详实的现场数据，对于查清故障原因是极其有用的。但实际当中很常见的一种情况是由于缺乏数据，虽然设备已经恢复正常运行了，但故障的真正原因却没有查清！这对运营者和设备供应商都是一个隐患。

需要现场采集保存的主要数据有系统告警及性能数据、各网元及单板的配置和运行状态数据、网管的操作日志等。另外，还要求维护人员做好操作记录，将排除故障过程中的每一步操作都认真记录下来。以上数据对于后续事故原因的分析是非常有用的。同时，可作为一个经验保留下来，为以后处理类似故障提供指导。

5. 加强心理素质锻炼

要求维护人员在排除故障的过程中沉着、冷静，避免误操作导致故障的扩大。如在做远端站点线路板软件环回的时候，慌乱中将 ECC 切断，导致无法对远端站点进行操作等。维护人员在进行故障处理的过程中，一般均需承受来自各方面的巨大压力，因此，要求维护人员平时要加强自身心理素质的锻炼，提高自身心理的承受能力。

二、故障定位的基本思路

(一)故障定位的关键

故障定位中，最关键的一步就是将故障点准确地定位到单站，这是每个维护人员在现场维护工作中必须牢固树立的信念。

由于传输设备自身的应用特点——站与站之间的距离较远，因此在进行故障定位时，首先将故障点准确地定位到单站，是极其重要和关键的。在将故障点准确地定位到单站之前怀疑这个站或那个站，这块板或那块板的问题，常常是徒劳的，往往只会延误问题的解决。一旦将故障定位到单站后，我们就可以集中精力通过数据分析、硬件检查、更换单板等手段来排除该站的故障。

(二)故障定位的原则

故障定位的一般原则可总结为四句话：“先外部，后传输；先单站，后单板；先线路，后支路；

先高级，后低级”。

“先外部，后传输”，就是说在定位故障时，应先排除外部的可能因素，如光纤断，交换故障或电源问题等。

“先单站，后单板”，就是说在定位故障时，首先要尽可能准确地定位出是哪个站的问题。从告警信号流中可以看出，线路板的故障常常会引起支路板的异常告警，因此在故障定位时，应按“先线路，后支路”的顺序排除故障。

“先高级，后低级”的意思就是说，我们在分析告警时，应首先分析高级别的告警，如危急告警、主要告警；然后再分析低级别的告警，如次要告警和一般告警。

（三）故障定位的常用方法

故障定位的常用方法和一般步骤，可简单地总结为三句话：“一分析，二环回，三换板”。当故障发生时，首先通过对告警事件、性能事件、业务流向的分析，初步判断故障点范围；接着，通过逐段环回排除外部故障，并最终将故障定位到单站乃至单板；最后，通过换板排除故障问题。当然，故障定位的方法不仅仅有以上三种，还有更改配置法、配置数据分析法、仪表测试法、经验处理法等。而且随着故障范围、故障类型的不同，所使用的故障定位方法也会有所不同。下面将对这些处理方法分别给予介绍。

1. 告警、性能分析法

我们知道，SDH 光同步传输系统相对于 PDH 的很大的一个优点，就是其帧结构里定义了丰富的、包含系统告警和性能信息的开销字节。因此，当 SDH 系统发生故障时，一般会伴随有大量的告警事件和性能数据的产生，通过对这些信息的分析，可大概判断出所发生故障的类型和位置。

使用告警、性能分析法，最关键的问题就是如何及时、方便、全面、真实地获取故障信息。故障信息的来源一般有两个渠道：一个渠道是通过网管软件查询传输系统当前或历史发生的告警事件和性能数据；另一个渠道是通过观察设备机柜和单板的运行、告警灯的闪烁情况了解设备当前的运行状况。这两个获取故障信息的途径各有优缺点，下面分别予以介绍。

(1)通过网管获取告警信息，进行故障定位

由于网管软件可对全网传输设备的运行情况进行监控和管理，因此通过网管软件获取的故障信息是非常全面的——不仅是一个站、一块板的故障信息，而且是全网设备的故障信息；另外，通过该渠道获取的故障信息也是非常确切的，可以知道当前设备存在什么告警，什么时间发生的，以前曾经发生过什么历史告警。性能不好时，指针调整有多少等。因此，当故障发生时，维护人员使用网管获取故障信息，可以将故障定位到较细、较准确的程度。但是，通过网管软件获取故障信息，维护人员有时也面临告警、性能事件太多，无从着手分析的情况。另外，该途径完全依赖于计算机、软件、通信三者的正常工作，一旦三者之一出问题，该途径获取故障信息的能力将大大降低，甚至于完全失去。

下面仅举一例对告警性能数据分析法给予说明。

在图 3-73 所示的链形组网中，网管计算机设在#1 站，此时若#1 站和#4 站间的 2 M 业务中断，从#1 站无法登录#4 站，且#3 站东向光板有 MS-RDI 告警和 HP-RDI 告警，#1 站与#4 站间的业务所对应的 2 M 通道有 LP-RDI 告警。则可判断为#4 站没有正确接收到#3 站发出的信号，而#3 站能正确接收到#4 站发出的信号。可能的故障原因是#3 站东向光板发送信号有问题，也可能是光路问题（包括光纤和光纤接头），还可能是#4 站光板的接收信号

问题。

另外，借助于网管软件，除了可以查询设备自己产生的告警或性能事件外，还可以通过修改配置，人工插入告警等方法，对故障进行定位。比如，若我们怀疑图 3-73 中#2 站与#3 站间光纤接反（即#2 站的东向光板接#3 站的东向光板），则可以通过网管在#2 站东向光板人工插入 HP-RDI（高阶通道远端接收缺陷指示告警），然后通过网管软件观察#3 站告警上报情况，若是西向光板上报 HP-RDI 告警，则说明#2 站的东向发送端接的是#3 站的西向接收端，光纤连接正确；若是#3 站的东向光板上报了 HP-RDI 告警，则说明#2 站东向发送端接到了#3 站的东向接收端，光纤接反，需要纠正。

（2）通过设备上的指示灯获取告警信息，进行故障定位

OptiX 光传输系统的设备上，设计有不同颜色的运行和告警指示灯，这些指示灯的亮、灭及闪烁情况反映出设备当前的运行状况或存在告警的级别。机柜顶上有红、黄、绿三个不同颜色的指示灯，指示灯状态含义见表 3-29。

表 3-29　机柜顶指示灯及含义

指示灯	名　称	状　态	
		亮	灭
红灯	危急告警指示灯	当前设备有危急告警，一般同时伴有声音告警	当前设备无危急告警
黄灯	主要告警指示灯	当前设备有主要告警	当前设备无主要告警
绿灯	电源指示灯	当前设备供电电源正常	当前设备供电电源中断

机柜顶指示灯可帮助维护人员及时了解整个设备的工作状况，当红灯亮时，表示设备检测到有危急告警事件发生，如光纤断或同步源丢失等；当黄灯亮时，表示设备检测到有主要告警事件发生，如 2 M 中继线中断等。不过需注意，仅仅通过机柜顶的告警指示灯判断设备的工作状况，会漏掉设备的次要告警（次要告警发生时，机柜顶指示灯不亮），而次要告警往往预示着本端设备的故障隐患，或对端设备存在故障，不可轻视。

次要告警在设备单板的指示灯上表示，因此，除观察机柜顶的指示灯外，还需要观察单板指示灯。OptiX 光传输设备单板一般都有红、绿两个指示灯，其含义见表 3-30 和表 3-31。

表 3-30　OptiX 系统单板绿色运行指示灯

运行灯状态	状 态 描 述
快闪：每 s 闪烁 5 次	未开工状态
正常闪烁：1 s 亮 1 s 灭	正常开工状态
慢闪：2 s 亮 2 s 灭	与主控板通信中断，处于脱机工作状态

表 3-31　OptiX 系统单板红色告警指示灯

告警灯状态	状 态 描 述
常灭	无告警发生
每隔 1 s 闪烁 3 次	有危急告警发生
每隔 1 s 闪烁 2 次	有主要告警发生
每隔 1 s 闪烁 1 次	有次要告警发生
常亮	单板存在硬件故障，自检失败

通过观察这些单板指示灯的闪烁情况，我们可以大致定位故障的类型和位置。比如，在发

生故障时，发现单板的绿色运行灯进入快闪状态，则可判断故障的原因可能是单板配置数据丢失，此时可通过重新下载配置数据排除故障；如果发现单板的绿色运行灯进入慢闪状态，则可判断故障的原因可能是单板与主控板之间的邮箱通信发生了故障，导致单板脱机运行。此时，应仔细检查是主控板还是单板或是母板发生了故障。

再如图 3-73 所示的例子，若#4 站的光板和支路板每隔 1 s 红灯闪三次，#3 站的东向光板每隔 1 s 红灯闪一次，则说明#4 站光板和支路板有危急告警，#3 站光板有次要告警，可能是#4 站没有接收到#3 站发来的光信号，而#3 站接收#4 站的光信号却是正常的。这与通过网管判断出的故障是一致的。此时，可利用一根尾纤将#4 站光板收发自环，进一步判断故障原因。

从表 3-29～表 3-31 可以看出，设备指示灯和单板指示灯所能表示的故障信息是有限的。因此，仅仅通过观察设备、单板指示灯的状态进行故障定位，其难度相对来说比较大，且定位难以细化、精确。但该方法也有优势——维护人员就在设备现场，不依赖任何工具，就可实时观察到哪块单板有什么级别的告警，且在现场进行各种操作都比较方便。因此，通过观察设备上指示灯的闪烁情况并结合相关仪表的使用，维护人员应能对设备的基本故障进行分析、定位和处理。同时，要求维护人员熟练掌握各单板告警指示灯的不同闪烁情况所代表的常见告警信息，各种单板的告警指示灯指示的告警信息可参见设备厂商提供的资料中单板指示灯和告警的说明。一般情况下设备指示灯仅反映设备当前的运行状态，对于设备曾经出现过但当前已结束的故障，无法表示。设备每种告警对应的指示灯闪烁情况，可以通过网管软件进行重新定义，甚至可以将某种告警屏蔽掉。当设备单板告警灯闪烁时，闪烁的方式与该板上检测到的所有告警中的最高级别的告警相一致。

(3)两种获取故障信息途径的比较

从上面的介绍可以看出，通过网管与通过观察设备指示灯这两个途径获取设备故障信息，各有其优缺点——通过网管软件可以对全网设备的运行状况进行全面的把握，而且对设备本身所存在的具体告警有确切的了解；而在现场通过观察设备指示灯的变化情况，除了可实时了解到设备的运行情况外，最大的优点是可以方便地在现场进行各种维护操作。因此，在实际的故障定位过程中，这两种手段要结合起来使用。两种途径的比较见表 3-32。

表 3-32　两种获取故障信息途径的比较

故障信息	网管	设备指示灯
主要使用者	网管维护人员	设备维护人员
定位作用	指挥	配合
告警信息	全网、大量、确切	单站、少量、模糊
历史告警	有	无
告警时间	可以看到	无法知道
性能事件	可以看到	无法知道
计算机、软件、通信	完全依赖	无关

排除故障时，需要网管中心的维护人员与各站的设备维护人员共同参与，一般由网管中心的维护人员协调指挥，各站的设备维护人员密切配合，统一行动。

2. 环回法

当然，我们可能遇到使用告警、性能分析法也不能解决问题的情况：一种是在组网、业务及

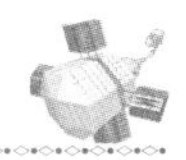

故障信息比较复杂的情况下。此时，伴随故障的发生，可能会产生大量的告警和性能事件。由于告警和性能事件太多，使得维护人员无从着手分析；第二种情况恰恰与第一种情况相反，某些特殊的故障，可能没有明显的告警或性能事件上报，有时甚至查不到任何告警或性能事件。显然，这种情况下告警、性能分析法是无能为力的。

如果发生上面两种情况，我们不妨试一试另一种比较经典的方法——环回法。环回法是SDH传输设备定位故障最常用、最行之有效的一种方法，该方法最大的一个特色就是故障的定位，可以不依赖于对大量告警及性能数据的深入分析。作为一名SDH传输设备维护人员，应熟练掌握。当然这种方法也有它自身不能克服的缺陷，就是可能会影响正常的业务，建议在业务量小的时候使用。

(1)OptiX系统对软件环回操作的支持

对于环回操作已作过详细的介绍，这里就不再复述。硬件环回相对于软件环回而言，环回更为彻底，但它操作不是很方便，需要到设备现场才能进行操作；软件环回虽然操作方便，但它定位故障的范围和位置不如硬件环回准确。比如，在单站测试时，若通过光口的软件内环回业务测试正常，并不能确定该光板没有问题；若通过尾纤将光口自环后业务测试正常，则可确定该光板是好的。

总之，软件、硬件两种环回方式各有所长，我们应根据实际情况灵活应用见表3-33。

表3-33 OptiX光传输系统软件环回操作及应用

支持软件环回的单板	操作工具	软件环回操作类型	环回级别	应　用
线路板	网管	内环回、外环回	按VC4通道级别或整个STM-*N*信号环回	将故障定位到单站，且可初步判断线路板是否存在故障，不需要更改业务配置
支路板	网管	内环回、外环回	按通道环回	可分离交换机故障还是传输故障，且可初步判断支路板是否存在故障，不需要更改业务配置

由于线路板环回可将故障定位到单站，同时可初步定位线路板是否存在故障，因此在实际中使用最多，要求维护人员熟练掌握。但使用线路环回需要特别注意的是，在对远端站点进行环回操作时，千万要小心，避免环回后发生远端站点ECC通信中断的问题。一旦远端站点的ECC通信中断，则只能到远端站点现场才能解开环回，恢复ECC通信，从而延误了故障的及时排除。若按VC4通道环回——其实是按帧结构中第一个直插列进行环回，则只有对线路板第一个VC4环回，才有可能影响ECC通信。一般情况下，OptiX设备线路板的业务处理以VC4为单位，如果对SDH原理不甚了解，可以简单地把VC4看作是STM-*N*中的一个STM-1或一个155 M。实际上，VC4是SDH复用结构中与140 Mbit/s PDH信号相对应的标准虚容器。同样如果不了解VC12的真正含义，可以简单地把一个VC12看作是一路2 M业务。实际上，VC12是SDH复用结构中与2 Mbit/s PDH信号相对应的标准虚容器。

在链形网中，两站间的ECC通信只有单路径，无备份路径，而在环形网中，两站间的ECC通信有两条路径，在一侧ECC路径中断后，还可以通过另一侧的ECC路径与网元通信，因此对链形网的线路板进行软件环回时，需要慎重。对于环形网的线路板进行软件环回时，一般没有此问题。不过需注意，环形网的一侧光纤断开后，将退化为链形网。

OptiX传输系统中部分线路板支持VC4级别的软件环回，但也有部分线路板只支持整个STM-*N*的软件环回。在对远端站点整个STM-*N*环回时，有可能会切断ECC通信，在对远端站点进行 VC4 级别的软件环回时，若是对第一个 VC4 环回，也可能会切断 ECC 通信，请慎用。对其他 VC4 环回，不会切断 ECC 通信。

光板对软件环回方式的支持情况，从网管软件中的环回选项菜单中可区别出来。

支路板环回可用于分离是交换机故障还是传输故障，同时可用来初步判断支路板是否存在故障，在实际中使用较多，也要求维护人员熟练掌握。

(2)环回法小结

从上面故障定位的过程可以看出，环回法不需要花费过多的时间去分析告警或性能事件，而可以将故障较快地定位到单站乃至单板。而且，该方法操作简单，维护人员较容易掌握，这是该方法的优势。但显然，假若所环回的 VC4 通道内有其他正常的业务，环回法必然会导致正常业务的暂时中断，这是该方法最大的一个缺点。因此，一般只有出现业务中断等重大事故时，才使用环回法进行故障排除。另外，当环回线路的第一个 VC4 通道时，可能会影响网元间的 ECC 通信，这也是该方法的一个不足。

3. 替换法

替换法就是使用一个工作正常的物件去替换一个被怀疑工作不正常的物件，从而达到定位故障、排除故障的目的。这里的物件，可以是一段线缆、一个设备或一块单板。替换法适用于排除传输设备外部的问题，如光纤、中继电缆、交换机、供电设备等；故障定位到单站后，用于排除单站内单板的问题。

如图 3-73 的示例中，我们怀疑#3 站发与#4 站收之间的光纤有问题，则可将#3 站与#4站间收、发两根光纤互换。若互换后，#3 站东向光板的收有 R-LOS 告警，红灯三闪，则说明是光纤的问题；若互换后，故障现象与原来一样，则说明光纤没有问题，是光板的问题。此时，可以进一步使用替换法，分别替换#3 站东向光板和#4 站西向光板，来定位到底是哪块光板的问题。若支路板某个 2 M 通道有 T-ALOS 告警，我们怀疑是交换机或中继线的问题，则可与其他正常通道互换一下。若互换后 T-ALOS 告警发生了转移，则说明是外部中继电缆或交换机的问题；若互换后故障现象不变，则可能是传输的问题。

利用替换法，还可以解决其他问题如电源、接地等，此处不做细讲。替换法的优势就是简单，对维护人员的要求不高，是一种比较实用的方法。但该方法对备件有要求，且操作起来没有其他方法方便。插拔单板时，若不小心，还可能导致板件损坏等其他问题的发生。

4. 配置数据分析法

在某些特殊的情况下，如外界环境条件的突然改变或误操作，都可能会使设备的配置数据——网元数据和单板数据遭到破坏或改变，从而导致业务中断等故障的发生。此时，故障定位到单站后，可通过查询、分析设备当前的配置数据：如逻辑系统及其属性、复用段的节点参数、线路板和支路板通道的环回设置、支路通道保护属性、通道追踪字节等是否正常来定位故障。对于网管误操作，还可以通过查看网管的操作日志来进行确认。若某支路板通道保护不动作，我们就需要查看该支路板的通道属性是否已配置为保护。

显然，配置数据分析法也是适用于故障定位到单站后对故障的进一步分析。该方法可以查清真正的故障原因，但其定位故障的时间相对较长，且对维护人员的要求非常高。一般只有对设备非常熟悉且经验非常丰富的维护人员才使用。

5. 更改配置法

更改配置法所更改的配置内容可以包括：时隙配置、板位配置、单板参数配置等。因此更改配置法适用于故障定位到单站后，排除由于配置错误导致的故障。另外更改配置法最典型

的应用就是用来排除指针调整问题。若怀疑支路板的某些通道或某一块支路板有问题，可以更改时隙配置将业务下到另外的通道或另一块支路板；若怀疑某个槽位有问题，可通过更改板位配置进行排除；若怀疑某一个 VC4 有问题，可以将时隙调整到另一个 VC4；在升级扩容改造中，若怀疑新的配置有错，可以重新下发原来的配置来定位是否有配置问题。

但需要注意的是，我们通过更改时隙配置，并不能将故障确切地定位到是哪块单板的问题——是线路板、交叉板、支路板还是母板问题。此时，需进一步通过替换法进行故障定位。因此，该方法适用于没有备板的情况下，初步定位故障类型，并使用其他业务通道或板位暂时恢复业务。

应用更改配置法在定位指针调整问题时，可以通过更改时钟的跟踪方向，以及时钟的基准源进行定位。由于更改配置法操作起来比较复杂，对维护人员的要求较高。因此，除在没有备板的情况下，用于临时恢复业务或用于定位指针调整等问题外，一般使用不多。

6. 仪表测试法

仪表测试法一般用于排除传输设备外部问题及与其他设备的对接问题。若我们怀疑电源供电电压过高或过低，则可以用万用表进行测试；若怀疑传输设备与其他设备对接不上是由于接地的问题，则可用万用表测量对接通道发端和收端同轴端口屏蔽层之间的电压值，若电压值超过 0.5 V，则可认为接地有问题；若怀疑对接不上是由于信号不对，则可通过相应的分析仪表观察帧信号是否正常，开销字节是否正常，是否有异常告警等。

通过仪表测试法分析定位故障，说服力比较强。缺点是对仪表有需求，同时对维护人员的要求也比较高。

7. 经验处理法

在一些特殊的情况下，如由于瞬间供电异常、低压或外部强烈的电磁干扰，致使传输设备某些单板进入异常工作状态。此时的故障现象，如业务中断、ECC 通信中断等，可能伴随有相应的告警，也可能没有任何告警，检查各单板的配置数据可能也是完全正常的。经验证明，在这种情况下，通过复位单板、单站掉电重启、重新下发配置或将业务倒到备用通道等手段，可有效并及时地排除故障，恢复业务。

但建议尽量少使用该方法来处理，因为该方法不利于故障原因的彻底查清。遇到这种情况，除非情况紧急，一般还是应尽量使用前面介绍的几种方法，或通过正确渠道请求技术支援，尽可能地将故障定位出来，以消除设备内外隐患。

三、各种故障定位法的比较

故障定位过程中常用的方法各有特点。表 3-34 为各种故障定位方法的对照表。在实际的应用中，维护人员常常要综合应用各种方法，完成对故障的定位和排除。

表 3-34 各种故障定位方法对照表

方法	适用范围	特点	维护人员要求
配置数据分析法	故障定位到单板	可查清故障原因，定位时间长。	最高
告警、性能分析法	通用	全网把握，可预见设备隐患，不影响正常业务	高
更改配置法	故障定位到单板，排除指针调整问题	复杂	较高
仪表测试法	分离外部故障，解决对接问题	具有说服力，对仪表有需求	较高

续上表

方 法	适用范围	特 点	维护人员要求
环回法	将故障定位到单站或分离外部故障	不依赖于告警、性能事件的分析、快捷，可能影响 ECC 及正常业务	较低
替换法	故障定位到单板或分离外部故障	简单，对备件有需求	低
经验处理法	特殊情况	操作简单	最低

(一)故障处理的过程及其方法

对于传输设备的故障处理来说，不管哪种类型的故障，其处理过程都是大致相同的，即首先排除传输设备外部的问题，然后将故障定位到单站，接着定位单板问题，并最终将故障排除。

(二)排除传输设备外部故障

在进行传输设备的故障定位前，首先排除外部设备的问题。这些外部设备问题包括：接地、光纤、中继线、交换机、掉电等问题。

1. 分离传输设备问题还是交换机问题

方法 1：可以通过自环交换机中继接口来判断。如果中继接口自环后，交换机中继板状态异常，则为交换机问题；如果中继接口自环后，交换机中继板状态正常，则一般为传输设备问题。

方法 2：通过测试传输设备 2 M/34 M/140 M 业务通道的好坏，来判断是否是交换机故障。测试时，使用电口环回的方法，如图 3-75 所示。

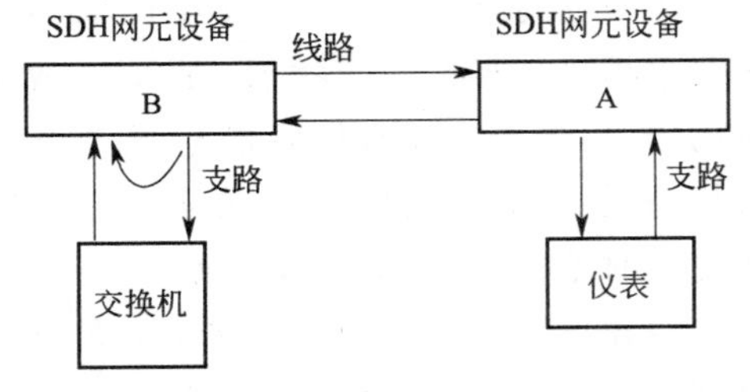

图 3-75 电口环回的方法

在站点 A 选择一个故障业务通道，进行挂表测试，在站点 B 的支路板上把对应业务通道设置为内环回(远端环回)，这样就甩开了交换机。如果环回后仪表显示业务正常，则说明传输基本没有问题，故障可能在交换机或中继电缆；如果业务仍不正常，则说明传输有问题。

2. 光纤故障的排除

对于怀疑断纤的情况，此时，光板必然有 R-LOS 和红灯三闪告警。为进一步定位是光板问题还是光纤问题，可采取如下方法：

方法 1：使用 OTDR 仪表直接测量光纤。可以通过分析仪表显示的线路衰减曲线判断是否断纤及断纤的位置。但需注意，OTDR 仪表在很近的距离内，有一段盲区。

方法 2：测量光纤两端光板的发送和接收光功率，若对端光板发送光功率正常，而本端接收光功率异常，则说明是光纤问题；若光板发光功率已经很低，则判断为光板问题。

方法 3：测试光板的发光功率正常后，使用尾纤将光板收发接口自环(注意不要出现光功率过载)，若自环后光板红灯仍有三闪告警，则说明是光板的问题；若自环后红灯熄灭，则需使用相同的方法，测试对端光板；若对端光板自环后，红灯也熄灭，则可判断是光纤问题。

方法 4：使用替换法。用一根好的光纤来替代被怀疑是故障的光纤，判断是否的确是光纤的问题。

对于环形网中的 ADM 站点，要求本站的东侧光板接下一站的西侧光板，其他站点依此类推；对于链形网中的 ADM 站点，光纤连接也要按照一个确定的方向，本站的东侧光板接下一

站的西侧光板。光纤接错时，一般都会有大量的指针调整事件发生，进一步的定位可使用以下三种方法：

方法 1：可以通过拔纤、关断激光器等方法来判断光纤是否接错。此方法会影响业务。

方法 2：通过网管插入 MS-RDI 告警的方法来进行判断。该方法不影响业务，推荐使用。

方法 3：通过网管修改高阶通道追踪字节 J1 的方法。注意修改追踪字节一般会影响业务，谨慎使用。

以上三种方法都是通过观察相邻站的对应光板是否上报正确的告警来分析的，对方法一，相邻站对应光板应收无光，上报 R-LOS 告警；对方法二，相邻站对应光板应报 MS-RDI 告警；对方法三，相邻站对应光板应报 HP-TIM 告警。如果发现相邻站的对应光板无正确告警上报，但是相邻站另一块光板却有正确告警上报，一般可以确定是光纤连接错。

3. 中继线缆故障的排除

如果在交换设备侧自环，交换中继状态正常；在传输设备的子架接线区上自环，传输测试也正常，则一般为中继电缆问题。当电缆不通或接触不良时，一般可以在对应的支路板通道上看到 T-ALOS 告警。在这种情况下，可以采用基本操作中的对线方法来判断电缆的通断和连接正确性，也可通过与其他正常通道互换线缆的方法排除。

4. 供电电源故障的排除

如果有一个站点登录不上，且与该站相连的光板红灯均有每秒闪三次的 R-LOS 告警，则可能是该站的供电电源故障，导致该站掉电引起。若该站从正常运行中突然进入异常工作状态，如出现通道倒换或复用段倒换失败、某些单板工作异常、业务中断、登录不正常等情况，则需检查传输设备供电电压是否过低，或者曾经是否出现过瞬间低压的情况。

5. 接地问题的排除

若设备出现被雷击或对接不上的问题，则需检查接地是否存在问题。首先检查设备接地是否符合规范，是否有设备不共地的情况；同一个机房中各种设备的接地是否一致；其次可通过仪表测量接地电阻值和工作地、保护地之间的电压差是否在允许的范围内。

（三）故障定位到单站

上面已经反复强调，故障定位中最关键的一步，就是将故障尽可能准确地定位到单站。而将故障定位到单站，最常用的方法就是环回法，即通过逐站对光板的外环回和内环回，定位出可能存在故障的站点或光板。另外，告警性能分析法，也是将故障定位到站点比较常用的方法。一般来说，综合使用这两种方法，基本都可以将故障定位到单站。

（四）故障定位到单板并最终排除

故障定位到单站后，进一步定位故障最常用的方法就是替换法。通过单板替换法可定位出存在问题的单板。另外更改配置法、配置数据分析法及经验处理法，也是解决单站问题比较常用和有效的方法。表 3-35 给出了故障处理的各个过程及其常用的方法。

表 3-35　故障处理的过程及其方法

故障定位过程	常 用 方 法	其 他 方 法
排除外部设备故障	替换法、仪表测试法、环回法	告警性能分析法
故障定位到单站	环回法	告警性能分析法
故障定位到单板并最终排除	替换法	告警性能分析法、环回法、更改配置法、配置数据检查法、经验处理法

任务实施

利用环回法对以下链形网进行故障处理。

假设#1 站与#2、#3、#4 站间的业务全部中断，使用环回法定位故障的步骤如下：

第一步：中断业务采样

现#2、#3、#4 站与#1 站的业务均中断，选取#3 站业务进行分析。#3 站共有 16 个业务中断，选取 t1 支路板第 1 个 2 M 业务进行分析；分析从#1 站到#3 站方向的业务。

第二步：画出中断业务路径图

从时隙分配表中可看出，所采样中断业务的源为#1 站的 t2:1，即第 2 块支路板的第 1 个 2 M 通道，占用第 2 个 VC4 的第 17 个 2 M 时隙，经过的中间站点是#2 站，业务的宿是#3 站的 t1:1。这样可画出中断业务的路径如图 3-76 所示。

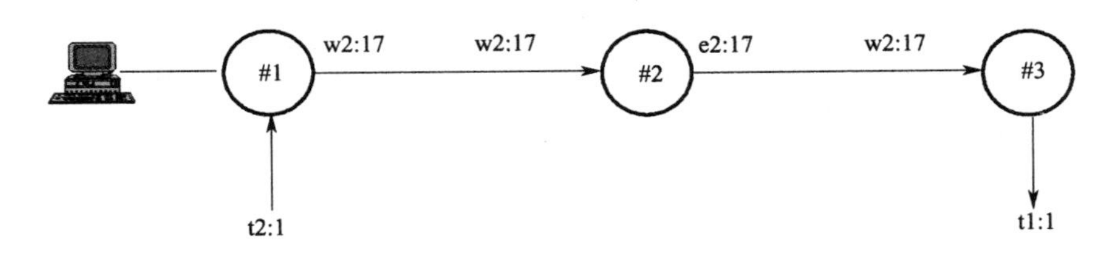

图 3-76　中断业务路径图

第三步：逐段环回，定位故障站点

依据图 3-76 所示的中断业务路径图，在#1 站第 2 块支路板的第 1 个 2 M 通道外接一个 2 M 误码仪，监测业务好坏。若对告警信号流比较熟悉，也可以通过观察异常告警的结束与否，判断业务是否已经恢复。一般情况下，业务的恢复，常常会伴随大量告警的结束；业务中断后，常常会伴随大量告警的产生。

接着，按顺序进行如下操作（注意，在每一次进行环回操作前，要取消上一步所作的环回）：

对#1 站西向光板第 2 个 VC4 作内环回，观察 2 M 误码仪，监测业务好坏；

取消上一步所作的环回，对#2 站西向光板第 2 个 VC4 作外环回，观察 2 M 误码仪，监测业务好坏；

取消上一步所作的环回，对#2 站东向光板第 2 个 VC4 作内环回，观察 2 M 误码仪，监测业务好坏；

取消上一步所作的环回，对#3 站西向光板第 2 个 VC4 作外环回，观察 2 M 误码仪，监测业务好坏。

在环回过程中若发现某站业务不通，则可定位出是否该站有问题。故障定位到站点后，则集中精力将该站的故障排除，然后继续检查是否还有存在故障的站点，直至将所有故障排除，使业务恢复。

由于 SDH 大规模地采用软件控制，以及将业务量集中在少数几个高速链路和交叉连接点上，使软件几乎可以控制网络中的所有设备，这样，在网络层上的人为错误、软件故障乃至计算机病毒的侵入均可能导致网络的重大故障，甚至造成全网瘫痪．因此在利用网管系统及本地操作终端对 SDH 设备进行日常的维护操作时必须十分谨慎，严格遵守操作规范，严禁带有危险性的操作与尝试，防止误操作。

在实施任务的过程中，为了更高质量地完成工作，应在以下技能方面做相应的训练。

1. 处理线路故障导致的误码问题

(1)组网配置

组网图如图 3-73 所示，为一条无保护链。#1 站为网管中心站，业务方式为集中型业务，即每个站均与#1 站有 2 M 业务。

(2)故障现象

#1 站 2 M 支路板有 LPBBE 误码，#3 站的东向光板有 RS-BBE、MS-BBE、HP-BBE 性能数据，#4 站西向光板有 MSFEBBE、HPFEBBE 性能数据，2 M 支路板有 LPFEBBE 性能数据。

(3)处理步骤

第一步：通过对上报的性能事件分析，可判断出问题可能出在：#3 站东向光板的接收端、光路(包括光纤和光接头)、#4 站西向光板的发送端。#3 站接收到从#4 站发过来的信号，计算出该信号有误码后上报计算值 RS-BBE、MS-BBE、HP-BBE 给本站主控板，并通过主控板报告给网管；同时#3 站还将该检测到的误码信息回传给#4 站，#4 站检测到该误码信息后，将相应性能值 MSFEBBE、HPFEBBE 通过本站主控板上报给网管。

第二步：在#3 站通过尾纤自环东向光板，#3 站东向光板误码和#1 站 2 M 支路板误码消失。说明是#4 站西向光板问题或光路问题。

第三步：使用替换法，将#3 站和#4 站之间的两根光纤对调，观察误码情况，若误码情况发生变化，#3 站和#4 站上报的数据与调换前的数据相反，则说明是光纤有问题，检查光路情况。调换后故障现象不变，说明故障点在#4 站。

第四步：更换#4 站西向光板，误码消失。说明#4 站西向光板有故障。

2. 处理时钟板故障导致的误码问题

(1)组网配置

组网如图 3-77 所示，为 4 个 OptiX 622 站组成的一个单向通道环，#1 站为网管中心站，业务方式为集中型业务，即每个站均与#1 站有 2 M 业务。全网时钟跟踪方向为#4→#3→#2→#1。其中“→”符号是“跟踪于”的意思。

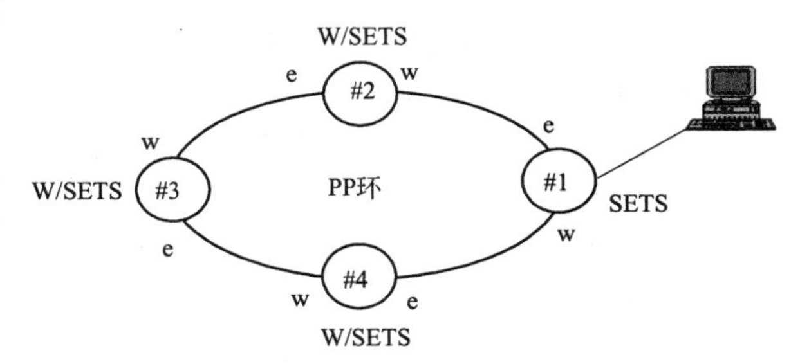

图 3-77　单向通道环组网

(2)故障现象

#1 站、#3 站、#4 站相应的 2 M 业务通道上报误码性能 LP-BBE、LPFEBBE；#2 站 2 M 业务通道上报 LPFEBBE；#2 站东向光板、#3 站东西向光板、#4 站西向光板上报大量误码性能 RS-BBE、MS-BBE、HP-BBE，以及 MSFEBBE、HPFEBBE，其中#1 站、#3 站、#4 站还存在大量 TU 指针调整。

(3)处理步骤

第一步：从误码性能事件分析，可能是#2 站东向光板故障，或是#3 站的时钟板或交叉板故障。通常情况下，误码不会引起指针调整，而大量的指针调整却会导致误码。因此当故障中误码和指针调整同时出现时，我们应先从分析指针调整的原因着手。该故障现象中从#3 站开始出现了支路指针调整，则说明#3 站时钟源的锁定存在问题。由于其提取的时钟源是线路时钟源，则可能是上游站或本站的线路板提供参考时钟源有问题，也可能是本站的时钟板锁定参考时钟源有问题。通过以上分析，我们得出上面的判断。

第二步：更改#3站、#4站的时钟跟踪方向。发现故障现象依旧，说明#3站时钟板可能有问题。如果是#2站东向线路或#3站西向线路提供的参考时钟不好的话，更改时钟跟踪方向后，误码应该消失。

第三步：更换#3站的时钟板，误码消失，故障排除。

3. 处理接地不好导致的误码问题

(1)组网配置

某局本地传输网采用OptiX 155/622系统组网，整个网络由5个622 M网元组成，构成一条无保护链，网络结构如图3-78所示。县局#1站为网关网元连接网管终端，其他各站均只与县局有2 M业务，县局时钟设为自由振荡，其他各站均跟踪西向线路时钟。

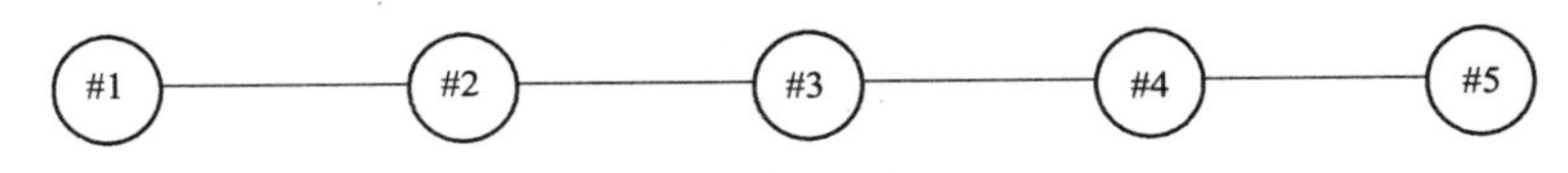

图 3-78　#5站链形组网

(2)故障现象

某一天，维护人员从网管系统查询告警和性能情况时发现#1站、#2站、#3站的低阶通道出现大量误码，同时有低阶通道性能参数越限告警，#4站、#5站低阶通道有少量误码。

(3)分析定位

第一步：各站都出现了低阶通道误码，由于其他站点只与#1站有业务，所以#1站有问题很可能是故障产生的原因。

第二步：如果#1站有问题，4块支路板PL1出故障的可能性比较小，有可能是线路板SL4本身故障，或者是风扇防尘网罩被灰尘阻塞，系统散热不好，引起线路板SL4产生高阶通道误码，进而产生低阶通道误码。

第三步：#1站中继电缆或电源接地不好导致误码。

(4)处理步骤

第一步：由于查到的是历史性能数据，为明确故障现象是否依然存在，复位各站性能数据，查询当前性能，发现误码仍在产生。

第二步：查询#1站和其他各站线路板性能，没有发现高阶通道误码，接着清除风扇网罩灰尘，系统性能没有改善。

第三步：仔细检查设备工作环境，发现电源线的工作地和保护地比较松，接触不好，将两根地线接好后，再观察性能，已无误码产生。经确认，可能是在布放中继电缆时将其拉松了。

如果#1站对#2站误码过量我们应该如何处理，其可能的原因见表3-36。

表 3-36　误码过量产生的原因

设备外部原因	设备内部原因
光纤性能劣化，损耗大	线路板接收侧衰减过大
光纤接头太脏或连接不正确	对端发送电路故障或本端接收电路故障
设备接地不良	时钟同步性能不好
设备附近有强烈干扰源	支路板故障
设备散热不良，工作温度高	风扇故障
传输距离过短或过长	

评　　价

通过对表 3-27 的各项内容的考核，综合学生学习讨论过程中的表现，评定出学生的成绩。评价总分 100 分，分三部分内容：(1)过程考核共 30 分，从工作计划提交、仪器仪表使用规范、操作熟练程度方面考核；(2)成果考核共 20 分，从任务完成情况、技术报告方面考核；(3)综合能力考核共 50 分，从知识掌握能力、成果讲解能力、小组协作能力、创新能力四个方面进行考核。

表 3-37　考核项目指标评价体系

评价内容			自我评价	教师评价	其他评价
过程考核(30%)	工作计划提交(10%)				
	仪器仪表使用规范(10%)				
	操作熟练程度(10%)				
成果考核(20%)	任务完成情况(15%)				
	技术报告(5%)				
综合能力考核(50%)	知识掌握能力(30%)	故障分析方法(10%)			
		故障处理流程(10%)			
		基本维护注意事项(10%)			
	成果讲解能力(5%)				
	小组协作能力(5%)				
	创新能力(5%)				
	态度方面(是否耐心、细致)(5%)				

教学策略讨论

任务总课时安排为 8 课时。教师通过引导、制定小组工作计划、小组讨论、成果展示多种教学方式提高学生的自主学习能力，从传统的讲授变为辅助。可以从以下几个部分完成：

1. 咨询阶段

将全班同学分成若干个项目小组，小组同学结合相关知识点进行自主学习(教师主要是引导作用)，准备相关资料和一定数量的故障案例与各小组一起讨论，同时，列出本项任务需要同学们掌握的排障知识点，并对必要的知识点进行必要的讲解(课时安排 2 课时)。

2. 计划阶段

学生根据老师布置的任务，准备相关知识的查找、学习，拟定故障定位原则和排除故障的方法。教师的职责是准备相关案例，并确定小组同学排障思路和方法的合理性(课时安排 2 课时)。

3. 实施阶段

各小组根据给出的案例进行学习讨论；利用相关的排障方法对故障进行定位，并给出处理的建议。教师的职责是组织学生讨论确定处理故障的合理性和正确性，并在小组讨论过程中，随时解答学生一切可能的问题。同时，教师注意观察各小组的讨论情况，并收集问题(课时安排 3 课时)。

4. 总结、成果展示、考核

每个小组应将自己小组做的故障处理思路和方法进行讲解，老师完成对该小组的同学的考核(课时安排1课时)。

就以上内容展开讨论，并将讨论记录于下：

(1)讨论记录：______________________________

____

____

____

____

____

(2)讨论心得记录：______________________________

____

____

____

____

____

项目4 通信动力系统维护

通信电源是向通信设备提供直流电或交流电的电能源，是任何通信系统赖以正常运行的重要组成部分。通信质量的高低，不仅取决于通信系统中各种通信设备的性能和质量，而且与通信电源系统供电的质量密切相关。如果通信电源系统供电质量不符合相关技术指标的要求，将会引起电话串音、杂音增大，通信质量下降，误码率增加，近而造成通信的延误或差错。一旦通信电源系统发生故障而中断供电，就会使通信中断，甚至使得整个通信局(站)陷于瘫痪，从而造成严重的损失。可以说，通信电源是通信系统的"心脏"，它在通信网上处于极为重要的位置。因此，掌握现代通信电源系统中常用设备的基本原理和使用维护方法，是保证通信质量和通信可靠性的重要保障。

本项目重点介绍高压变配电设备、低压配电设备、交流不间断电源设备(UPS)、柴油发电机组等交流供电设备的操作技能及维护方法；同时还介绍了阀控式密封铅酸蓄电池、高频开关电源等直流供电设备的维护操作方法，以及通信用空调设备的维护与操作方法。反映了我国各大通信运营企业当前普遍采用的先进电源技术和最新通信行业标准的相关要求。

本项目共9个任务，每个任务主要从任务描述、任务分析、相关知识、技能训练、任务实施、评价及教学策略讨论方面进行剖析，分为3个方向：交流供电设备维护，对应任务1～任务4；直流供电设备维护，对应任务5和任务6；通信用空调设备的日常维护，对应任务7～任务9。根据中等职业技术教育通信技术专业职业教师专业教学能力标准的要求：建议上岗层级教师选择任务2低压配电设备的维护、任务5阀控式密封铅酸蓄电池的维护、任务6高频开关电源设备维护操作及任务7普通空调设备的日常维护；提高层级教师重点选择学习任务4柴油发电机组的维护及任务8机房专用空调设备的维护；骨干层级教师重点选择任务1高压变配电设备的维护、任务3交流不间断电源设备(UPS)维护及任务9中央空调设备的维护。

任务1 高压变配电设备的维护

任务描述

刘先生等人是某通信公司的动力设备维护人员，按照公司的年度维护计划，刘先生等人今天要完成年度维护计划中的年度维护项目，参照通信行业《通信电源、空调维护规程》的规定，高压变配电设备维护周期表中年度维护应完成的项目有：

(1)检查熔断器接触是否良好，温升是否符合要求。

(2)检查接触器、闸刀、负荷开关是否正常。

(3)测试布线和机盘的绝缘。

(4)检查各接头处有无氧化、螺丝有无松动。

(5)清洁电缆沟和瓷瓶。

(6)调整继电保护装置。

(7)检测避雷器及接地引线。

(8)检验高压防护用具。

(9)检查变压器和电力电缆的绝缘。

(10)校正仪表。

(11)检查主要元器件的耐压。

任务分析

通信局(站)为了提高供电可靠性,较大的局(站)市电的引入一般都采用10 kV高压进局,10 kV高压市电进局后先到局内专用变电站即高压配电设备和降压电力变压器降压后对局(站)供电。由于涉及高压且有带电操作项目。完成任务的重点是安全生产,要保证安全生产就必须遵守下列规定:

(1)高压变配电设备操作人员必须持有当地供电部门颁发的高压变配电设备操作证书。

(2)应实行两人值班制,一人操作、一人监护,实行操作唱票制度。不准一人进行高压操作。

(3)切断电源前,任何人不准进入防护栏。

(4)在切断电源、检查有无电压、安装移动地线装置、更换熔断器等工作时,均应使用防护工具。

(5)在距离10～35 kV导电部位1 m以内工作时,应切断电源,并将变压器高低压两侧断开,凡有电容的器件(如电缆、电容器、变压器等)应先放电。

(6)核实负荷开关确实断开,设备不带电后,再悬挂“有人工作,切勿合闸”警告牌方可进行维护和检修工作。警告牌只许原挂牌人或监视人撤去。

(7)严禁用手或金属工具触动带电母线,检查通电部位时应用符合相应等级的试电笔或验电器。

(8)雨天不准露天作业,高处作业时应系好安全带,严禁使用金属梯子。刘先生等维护人员今天的工作任务就是对这些设备进行维护,包括日常定期的清洁、检查及测试等。

相关知识

一、高压市电的引入

通信局(站)的高压交流供电系统由高压供电线路、高压配电设备和降压电力变压器组成,即由高压市电引入线路和专用变电站组成。根据通信局(站)的实际情况,高压市电的引入可以分成两路高压引入和一路高压引入两种情况。

1. 两路高压引入

一类市电需引入两路10 kV高压,供电十分可靠。但引入两路高压的线路投资大,因此一类市电主要适用于用电容量大,地位十分重要的通信局(站),如国际电信局、省会及以上长途枢纽局、一类国际卫星地球站和大型无线电台。

当引入两路高压市电时,高压供电系统的运行方式有三种:一路主用一路备用;两路市电互为主、备用;两路市电分段运行——两路市电同时分供负荷,在每路市电容量有限时采用。

引入两路高压、主备用运行方式的主接线(一次接线)举例如图4-1所示,主要电气设备图形符号如图4-2所示。

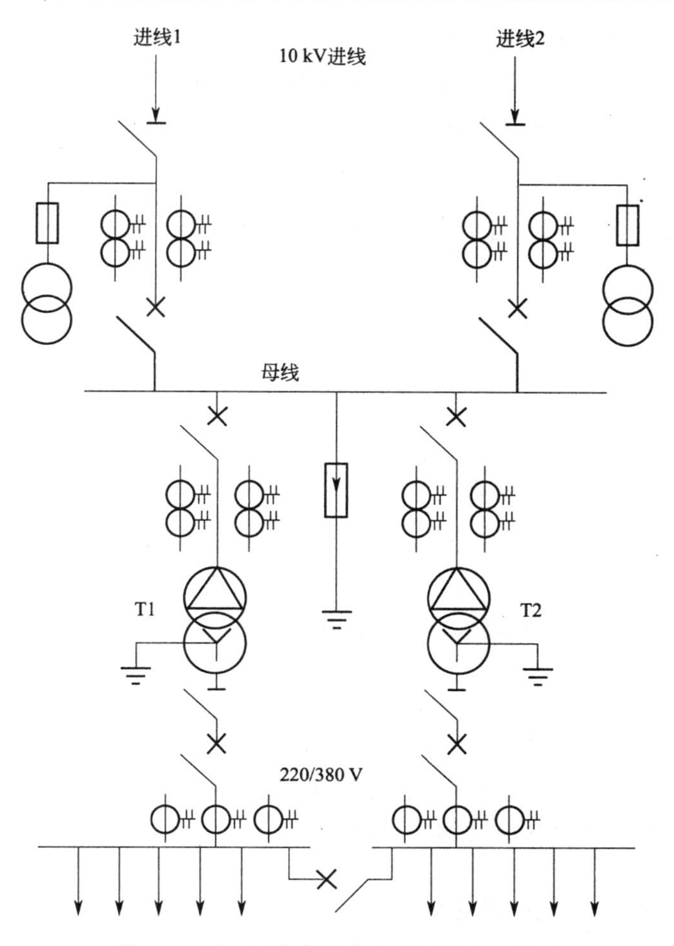

图 4-1 引入两路高压主备用运行方式举例

变压器T及电压互感器TV	断路器QF	负荷开关QL	隔离开关QS	避雷器F	熔断器FU	跌落式熔断器FU	电流互感器TA
							一个二次绕组 两个铁芯和两个二次绕组

图 4-2 主要电气设备图形符号

主、备用运行方式必须有电气和机械连锁装置，使之同一时间只能接通一路高压市电。

2. 一路高压引入

二类及以下市电，引入一路 10 kV 高压，常见引入方案有三种，其主接线如图 4-3 所示。

(1)图 4-3(a)是在高压侧加装跌落式熔断器(又称高压熔断器式跌落开关)的引入方案。跌落式熔断器的断开和接通，使用高压绝缘棒(即令克棒，又称高压拉杆)操作。

(2)图 4-3(b)是在高压侧加装负荷开关及熔断器的引入方案。负荷开关用于带载操作，可接通和切断负荷电流，熔断器用于切断负荷短路电流。可通过操作机构接通或断开负荷开关。

(3)图 4-3(c)是在高压侧加装隔离开关和断路器的引入方案。断路器中有灭弧装置,能带负荷操作。当线路发生短路和过负荷时,断路器能自动断开,故障排除后能直接合闸。隔离开关断开时有明显的断点,便于观察和保障安全,但它没有灭弧装置,不能带负荷操作。

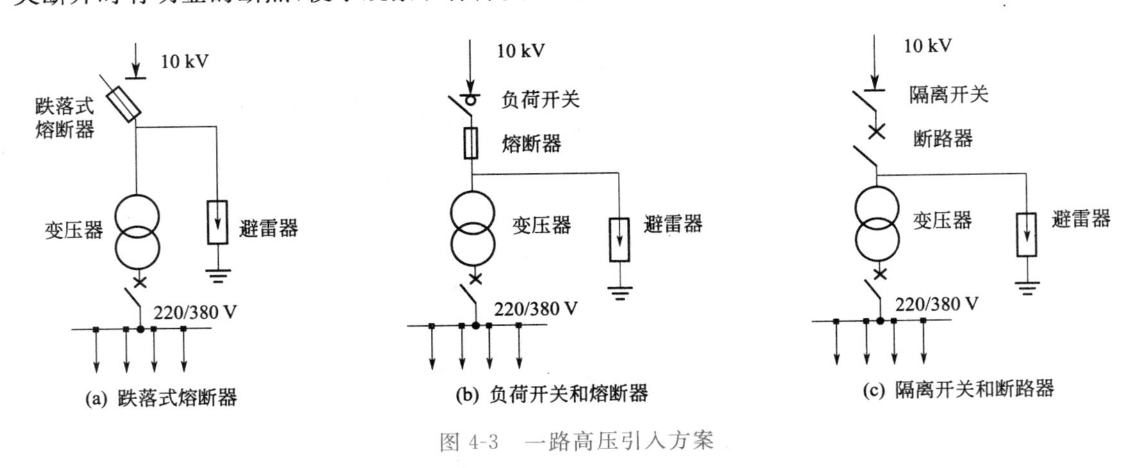

图 4-3　一路高压引入方案

无论哪种方案,都应在停电检修时,先停低压,后停高压;检修后送电时,先接通高压,后接通低压。

二、专用变电站

通信局(站)的专用变电站分为室外小型专用变电站和室内专用变电站两种类型。

室外小型专用变电站(所)将变压器安装在室外,可分为杆架式(安装 160 kV·A 以下变压器)和落地式。

室内专用变电站(所)将变压器安装在室内。当变压器容量在 315 kV·A 以下时,一般不设高压开关柜,变压器高压侧接通或切断电源常用高压负荷开关进行操作;变压器容量较大或有两路高压市电引入时,应设高压配电室,配置适当的高压开关柜。

三、高压开关柜

高压开关柜是按一定线路方案将有关一、二次设备组装而成的一种高压成套配电装置。高压开关柜按其主要电器安装方式,分为固定式和手车式两大类。

固定式高压开关柜,其主要电器包括断路器、互感器、避雷器等,都是固定安装的。固定式开关柜具有结构比较简单、制造成本低的优点,但主要电器出现故障或需要检修时,必须中断供电,直到故障排除或检修完成后才能恢复供电,所以新建局(站)一般已不再采用。

手车式(移开式)高压开关柜,其主要电器是装在可以拉出和推入开关柜的手车上的,如 KYN-10、JYN-10 等系列。相对于固定式开关柜,手车式开关柜具有检修安全、供电可靠性高等优点,当其发生故障或需要检修时,在切断电源后可将手车拉出,再推入同类备用手车,即可恢复供电,停电时间短,大大提高了供电可靠性,但制造成本较高,主要用于负荷比较重要、要求供电可靠性高的场所。手车式高压开关柜一次交流供电系统方案举例如图 4-4 所示。

四、常用高压电器

(一)高压隔离开关

高压隔离开关(QS)具有明显的分断间隙,因此主要用来隔离高压电源,保证安全检修,并

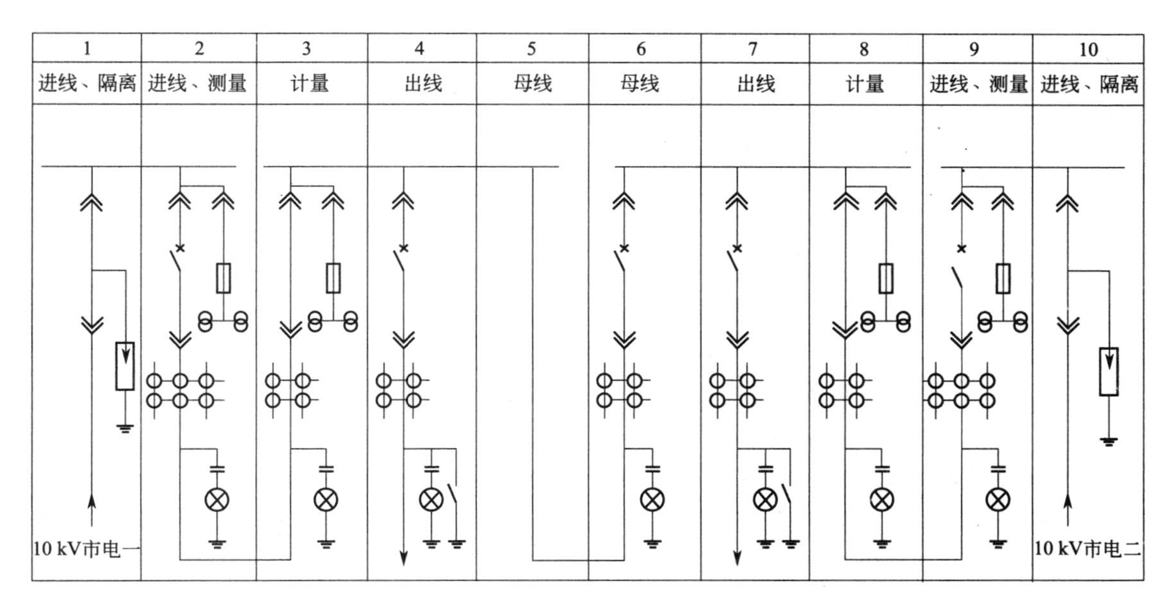

图 4-4　手车式高压柜一次交流供电系统方案举例

能通断一定的小电流。它没有专门的灭弧装置，因此不允许接通或切断正常负荷电流，更不能切断短路电流，禁止带负荷断开、闭合隔离开关。通常它与断路器配合使用，并要严格遵守操作顺序：切断电源时，先断开断路器，再拉断隔离开关；送电时，先闭合隔离开关，再闭合断路器。工程中常用于固定式高压柜或高压电源的室内进线端。

（二）高压断路器

高压断路器（QF）是高压输配电线路中最为重要的电气设备，具有可靠的灭弧装置，不仅能切断和接通正常的负荷电流，还可以承受一定时间的短路电流，并能在保护装置作用下自动跳闸，切断故障电路。

常见的高压断路器有少油断路器、真空断路器和六氟化硫断路器（以 SF_6 惰性气体为灭弧和绝缘介质），现在工程中多选用真空断路器。

（三）高压负荷开关

高压负荷开关（QL）能通断正常的负荷电流和过负荷电流，隔离高压电源。它只有简单的灭弧装置，因此不能接通或切断短路电流。高压负荷开关通常与高压熔断器配合使用，利用熔断器来切断短路电流。工程中多用于环网柜、箱式变电站和在对变压器进行直接操作时使用。

（四）高压熔断器

高压熔断器（FU）是一种结构简单、应用广泛的保护电器。在电路发生短路或过负荷时能熔断自身而断开电路，起到保护作用，一般由熔管、熔体、灭弧填充物、静触座、绝缘支柱等构成。室内广泛采用 RN 型管式熔断器，室外则广泛采用 RW 型跌落式熔断器。

（五）电流互感器和电压互感器

电流互感器（TA）和电压互感器（TV）统称为互感器，它们其实就是特殊的变压器。高压供电系统运行时，电压、电流等电气参数都需要测量和监视。电压互感器用于测量电压（通常二次绕组额定电压为 100 V），电流互感器用于测量电流（通常其二次绕组额定电流为 5 A）。同时，可采用互感器作为继电保护和信号装置的电源，使得控制和保护装置与高压电路隔离开。

必须注意，电流互感器二次绕组不能开路，电压互感器二次绕组不能短路。互感器二次绕组侧有一端必须接地，用以防止一、二次绕组间绝缘击穿时一次侧的高压窜入二次侧，危及人身和设备安全。

技能训练

将设备由一种状态转变为另一种状态的过程叫倒闸，所进行的操作叫倒闸操作。通过操作隔离开关、断路器及挂、拆接地线将电气设备从一种状态转换为另一种状态或使系统改变运行方式，这种操作就叫倒闸操作。倒闸操作必须执行操作票制和工作监护制。

在倒闸操作时应该遵循以下规定：

(1)操作人员与带电导体应保持足够的安全距离，同时应穿长袖衣服和长裤。

(2)用绝缘棒拉、合高压隔离开关及跌落式开关或经传动机构拉、合高压断路器及高压隔离开关时，均应戴绝缘手套；操作室外设备时，还应穿绝缘靴。雷电时禁止进行倒闸操作。

(3)装卸高压熔丝管时，必要时使用绝缘夹钳或绝缘杆，应戴护目眼镜和绝缘手套，并应站在绝缘垫(台)上。

(4)雨天操作室外高压设备时，绝缘棒应带有防雨罩，还应穿绝缘靴。

(5)变、配电所(室)的值班员，应熟悉电气设备调度范围的划分，凡属供电局调度的设备，均应按调度员的操作命令进行操作。

(6)不受供电局调度的双电源(包括自发电)用电单位，严禁并路倒闸(倒闸时应先停常用电源，检查并确认在开位后送备用电源)。

(7)在发生人身触电事故时，可以不经许可即行断开有关设备的电源，但事后必须立即报告上级。

在倒闸操作时应该遵循以下操作顺序：

(1)停电拉闸操作，必须按照断路器(开关)线路侧隔离开关(刀闸)的顺序依次进行。送电合闸操作应按与上述相反的顺序进行，严禁带负荷拉闸。

(2)变压器两侧(或三侧)开关的操作顺序规定如下：停电时——先拉开负荷侧开关，后拉开电源侧开关；送电时——顺序与此相反(即不能带负载切断电源)。

(3)单极隔离开关及跌落式开关的操作顺序规定如下：停电时——先拉开中相，后拉开两边相；送电时——顺序与此相反。

(4)双回路母线供电的变电所，当出线开关由一段母线倒换至另一段母线供电时，应先断开待切换母线的电源侧负荷开关，再合母线联络开关。

(5)操作中，应注意防止通过电压互感器二次返回的高压。

(6)用高压隔离开关和跌落开关拉、合电气设备时，应按照产品说明书和试验数据确定的操作范围进行操作。

任务实施

刘先生等佩戴高压操作证，并穿戴好已经检验过的高压防护用具(绝缘鞋、手套等)，携带高压验电器、放电器等来到高压配电室，按照以下要求和内容完成工作。特别注意：在整个维护操作过程中应严格遵守一人操作、一人监护的原则，实行操作唱票制度，不准单人进行高压操作。刘先生等维护人员进入高压配电室后先检查以下各个项目：

(1)检查各走道绝缘胶垫是否完好。

(2)检查高压室防护栏是否完好,并检查在显眼的地方是否挂写有"高压危险,不得靠近"的告警牌。

(3)检查高压室各门窗、地槽、线管、孔洞是否密封。

(4)检查继电保护和告警信号是否正常,严禁切断警铃和信号灯。

(5)用点温计测试熔断器的温升是否符合要求。

(6)核查交流负荷是否满足要求。

检查完上述各个项目后,还需按照下面步骤检查其他各个项目:

(1)停电,根据事先申请的报告切断高压电源,切断电源时,按照先停低压、后停高压;先断负荷开关,后断隔离开关的操作顺序完成。

切断高压电源后,启动油机发电机组,待油机发电机组输出电压、频率等正常后,将市电油机转换屏的切换开关切换到油机电位置。然后按照由电源到负载的方向依次闭合各级空开,以保证通信局(站)供电正常。

(2)验电,用高压验电器检查高压配电部分的电压互感器、电流互感器等器件是否带电。

(3)放电,用放电器对带电的电压互感器、电流互感器等器件放电,为安全起见,在放电完后,再次验电。

(4)挂接临时接地线,在验明确无电压的情况后,应立即用截面符合短路电流的多股软裸铜线将检修设备接地并三相短路。装设接地线时必须先接接地端,后接导体端,并且必须用专用线夹固定在导体上 ,严禁用缠绕的方法进行接地或短路。

(5)悬挂警示牌,接好接地线后,再悬挂有人工作,切勿合闸警告牌,且派专人看守,严禁无关人员进入维护空间。

(6)维护与检查,悬挂警示牌后,按要求完成以下维护与检查工作:

①检查熔断器接触是否良好。

②检查接触器、闸刀、负荷开关是否正常。

③隔离开关维修项目,清扫瓷件表面尘土,检查瓷件表面是否掉釉、破损,有无裂纹和闪落痕迹,绝缘子铁、瓷结合部位是否牢固。若破损严重,应进行更换;用汽油擦净刀片、触点或触指上油污,检查接触表面是否清洁,有无机械损伤、氧化和过热痕迹及扭曲、变形等现象;检查触点或刀片上附件是否齐全,有无损坏;连接隔离开关和母线、断路器引线是否牢固,有无过热现象;软连接部件有无折损、断股等现象;检查并清扫操作机构和传动部分,并加入适量润滑油脂;传动部分与带电部分距离是否符合要求;定位器和制动装置是否牢固,动作是否正确;隔离开关底座是否良好,是否可靠。

④熔断器检查项目,检查熔断器瓷体有无损伤;熔丝管安装、熔断显示标志是否正确。

⑤清洁机架。

⑥变压器检查项目,测定变压器线圈的绝缘电阻,如发现其电阻值比上次测定的数值下降 30%~50%时,应做绝缘油试验(对外委托试验),如果绝缘油不合格则应全部换掉;换上新鲜的合格绝缘油后,如果变压器的绝缘电阻还低于 120 MΩ,则应对变压器线圈进行处理;清扫变压器外壳;拧紧变压器引出线的接头,若发现接头烧伤或过热痕迹,应进行整修处理并重新接好;检查变压器的接地线是否良好,地线是否被腐蚀,腐蚀严重时应更换地线。

完成上述各项目检查后,拆除临时接地线。拆除时,必须先拆导体端,然后拆接地端。同时卸载油机电。卸载时,按照从负载到电源方向的顺序依次断开各开关,最后将发电机组停机。然后送市电。操作顺序为从高压电到负载方向依次闭合各个开关，待各设备运行正常后，由原挂牌人或监护人撤去“有人工作，切勿合闸”警告牌。

技能训练重点是对跌落式熔断器离、合闸操作，要求动作规范、操作准确、迅速。

评　　价

整个教学过程在教师的组织和协调中进行，可按照以下几个方面进行考核：

1. 过程考核

教师全程监督整个任务实施过程，观察每个学员整个过程中各方面的表现，并做好记录。

(1)操作的规范及熟练程度：主要考察学员对规范的熟练程度和工具的正确使用并按照正确的步骤完成任务。

(2)掌握知识的灵活程度：主要考察学员能否举一反三，可以通过提问，学员对类似问题采取的解决方案，以及与学员的交流等几个方面来综合考虑。

(3)学习态度：主要考察学员能否积极、主动地完成任务，并且是否认真。

2. 成果考核

(1)任务实施情况：主要考察学员是否能按照要求完成高压变配电设备的维护。

(2)报告文件：任务实施后，应该提交报告文件，报告文件中主要考察能否提出每个人在这次任务中实实在在的收获。

3. 组员互评

小组成员之间在共同完成任务的过程中，从协作能力及在小组中所发挥的作用两个方面互相评分。

评价指标体系见表4-1。通过对下表各项内容的考核，评定出学员的成绩。

表4-1　评价指标体系

评价指标 / 学员	过程考核(50%)			成果考核(30%)		组员互评(20%)	
	操作的规范及熟练程度(20%)	掌握知识的灵活程度(20%)	学习态度(10%)	任务实施情况(20%)	报告文件(10%)	小组协作能力(10%)	在小组中发挥的作用(10%)

教学策略讨论

(1)根据通信行业《通信电源、空调维护规程》的规定：“高压变配电设备的维护分季度维护和年度维护，可根据不同情况安排不同任务”。由于在高压变配电设备的操作维护中，需完成停电、验电等操作，因此涉及高压带电操作。教学中可采用演示、放映资料片或现场讲解的方式，请就具体的教学方法展开讨论。

(2)由于涉及高压带电操作，教学中可采用演示、放映资料片或现场讲解的方式进行讲授。请就具体的教学方法展开讨论。

(3)本任务进行现场实际操作教学时，一定要有教师在旁监督指导。请讨论教师在指导中应注意的事项，以及如何将安全工作规范融合在教学过程中。

请将讨论记录于下：

(1)讨论记录：________________

(2)讨论记录：________________

(3)讨论记录：________________

(4)讨论心得记录：________________

任务2 低压配电设备的维护

任务描述

王先生等人是某通信公司的动力设备维护人员，按照公司的年度维护计划，王先生等人今天要完成年度维护计划中的月维护项目，参照通信行业《通信电源、空调维护规程》中低压变配电设备维护周期表的规定，月维护项目应完成：

(1)检查接触器、开关接触是否良好。

(2)检查信号指示、告警是否正常。

(3)测量熔断器的温升或压降。

(4)检查功率补偿屏的工作是否正常。

(5)检查充放电电路是否正常。

(6)清洁设备。

任务分析

通信局(站)的配电设备包括交流配电设备和直流配电设备,交流配电设备又有高压和低压之分。低压交流配电设备是低压交流供电系统的主要组成部分,常见设备有低压配电屏、交流配电屏、油机发电机组、市电油机转换屏、功率补偿屏、UPS、交流稳压器等。要执行低压配电设备维护周期表中规定的月维护项目,通常可采用两种方式:一是带电维护,二是停电维护。停电维护要充分考虑蓄电池的放电能力和 UPS 的使用时间。带电维护必须穿戴好绝缘鞋、绝缘手套和工作服,将工作服领口、袖口扣好,使用绝缘工具,铺好绝缘橡胶垫。

相关知识

一、低压交流供电系统的组成

通信局(站)的低压交流供电系统由低压市电、备用发电机组、低压配电设备、馈电线路、UPS,以及用电设备组成。

较大容量的通信局(站)通常设置低压配电室,安装成套低压配电设备,用来接收与分配低压市电及备用油机发电机电源,对通信局(站)的所有机房、保证建筑负荷和一般建筑负荷供电。其设备的数量和容量,根据建设规模、所配置的变压器数量、用电设备的供电分路要求及预计远期发展规模来确定。当配置多台变压器时,每台变压器的低压配电设备之间设置母联开关,以保证供电可靠。

简易的交流供电系统由 1 台交流配电屏或配电箱及组合式开关电源设备的交流配电单元组成。交流配电屏(箱)作为变压器的受电及低压配电单元。这种形式的供电系统适用于小型通信站,如微波站、移动通信基站、光缆郊外中继站等。交流配电屏(箱)的电源输入端通常是两路电源引入(市电、油机发电机)。

二、低压交流配电系统的型式

根据国际电工委员会(IEC)标准,低压交流配电系统按接地方式的不同,分为 TN 系统、TT 系统和 IT 系统三种基本型式。

我国通信行业标准 YD 5098—2005《通信局(站)防雷与接地工程设计规范》中规定:"综合通信大楼供电应采用 TN(TN-S、TN-C-S)方式"。

移动通信基站等,一般应采用 TN-S 或 TN-C-S 供电系统。当使用农村低压电网供电或虽使用专用电力变压器但离基站较远时,可采用 TT 供电系统。

(一)TN-S 系统

TN-S 系统即三相五线制系统原理图如图 4-5 所示。图中降压电力变压器仅画出了副绕组。副绕组采用星形(Y 形)连接,副绕组的首端引出三根相线:L_1、L_2、L_3,副绕组的中性点直接接地,从其接地汇流排上引出两根导

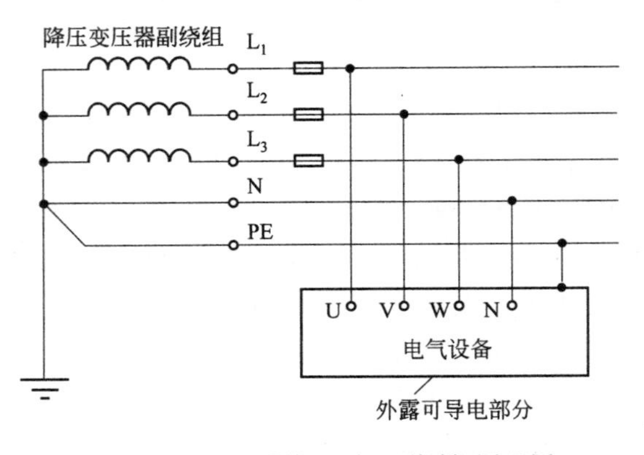

图 4-5 TN-S 系统(三相五线制)原理图

线，一根为中性线即工作零线N(简称零线，接了地的中性线称为零线)，另一根为保护零线即保护地线PE，它们都应采用绝缘导线布放。工作零线N流过三相不平衡电流。保护零线PE专门用于接零保护，它接到电气设备的金属外壳上，使设备的金属外壳通过PE线接地。PE线平时无电流通过，当交流相线与机壳短路时，流过较大的短路电流，使接于相线中的断路器或熔断器等保护器件迅速动作，及时切断电源，从而保障人身和设备的安全。

TN-S系统是工作零线N与保护零线PE完全分开的系统。应用中必须注意：严禁采用零线N作为保护地线；零线N不得重复接地；设备中的零线铜排必须与设备的金属外壳绝缘；保护地线PE应与联合接地系统中的接地总汇集线(或总汇流排)连通。

为了人身和设备的安全，严禁在保护地线和公共零线中加装开关或熔断器；并应在实际工作中注意，保护地线端子和零线端子均要连接牢固，防止虚接。

在三相五线制供电系统中，单相供电采用单相三线制，三线即相线、零线和保护地线。

(二)TN-C系统

TN-C系统即三相四线制接零保护系统，是工作零线N与保护零线PE合一的系统，如图4-6所示。从降压电力变压器副绕组直接接地的中性点引出的中性线，既是工作零线，又是保护地线，在整个交流配电系统中，工作零线N与保护地线PE合为一体构成PEN线。这时电气设备的金属外壳必须接到PEN线上，进行接零保护。

在TN-C系统中，为了防止因PEN线断线而造成危害，在距离接地点超过50 m时，PEN线宜重复接地。

图4-6　TN-C系统(三相四线制)原理图

(三)TN-C-S系统

TN-C-S系统如图4-7所示，整个低压交流配电系统的前部分为TN-C系统，其零线(N)和保护地线(PE)是合一的PEN线；后部分则采用TN-S系统，其零线(N)和保护地线(PE)分开，并且不允许再合并或者混用。当电力变压器在通信局(站)外且相距大于50 m时，TN-C系统的中性线(PEN线)在通信局(站)入口处应做重复接地。

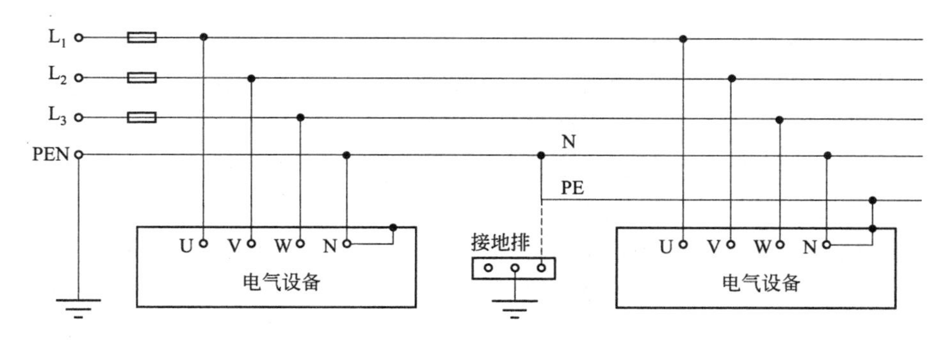

图4-7　TN-C-S系统原理图

为了便于区分不同的电源线，电气设备交流电源线的颜色应符合规定：相线为A相(U相)黄色、B相(V相)绿色、C相(W相)红色，零线(N)为淡蓝色(或黑色)，保护地线(PE)为黄、绿双色。

三、常见的低压配电设备

(一)成套低压交流配电屏

成套低压交流配电屏又称成套低压交流配电柜,是按一定的线路方案将有关一、二次设备组装而成的成套低压配电设备,由受电、馈电(动力、照明等)、联络、自动切换屏等组成,担负着低压电能分配、控制、保护、测量等任务。低压配电系统中常用的低压电器有刀开关、低压熔断器、低压断路器、交流接触器等。

成套低压配电设备的结构形式通常有两种,一种是固定式,另一种是抽屉式。二者各有利弊,应根据使用、维护的要求来选择。

(二)油机发电机组控制屏

油机发电机组控制屏用于发电机组的操作、控制、检测和保护,目前随油机发电机组的购入往往由油机发电机组厂商配套提供,其种类较多,通常和发电机组安装在一起。

(三)ATSE

自动转换开关装置(Automatic Transfer Switching Equipment,ATSE),是将负载电路从一个电源自动换接至另一个(备用)电源的开关装置,用以确保重要负荷连续、可靠运行。在重要通信枢纽局的交流供电系统中,ATSE 常担负两路低压市电之间或市电与发电机之间的自动切换工作。

四、常见的低压配电电器

(一)低压刀开关

低压刀开关(QK)是最普通的一种低压电器,适用于交流 50 Hz、额定交流电压 380 V(直流电压 440 V)、额定电流 1 500 A 以下的配电系统,做不频繁手动接通和分断电路或隔离电源以保证安全检修之用。

(二)低压熔断器

熔断器是一种最简单的保护电器,在低压配电电路中,主要用于短路保护和过负荷保护。它串联在电路中,当通过的电流大于规定值时,以它本身产生的热量使熔体熔化而自动分断电路。它的主要缺点是熔体熔断后必须更换,会引起短时停电。

(三)接 触 器

接触器适用于频繁接通和分断交、直流主电路及大容量控制电路,可分为交流接触器和直流接触器两种。接触器由主触头、灭弧系统、线圈及电磁系统、辅助触头和支架等组成。交流接触器主要有 CJ0、CJ10、CJ12、CJ12B 系列及众多的合资品牌;直流接触器主要有 CZ0 系列。接触器不具备过电流保护功能,因此在电路中要与断路器或熔断器配合使用。

(四)低压断路器

低压断路器(QF)又称低压自动开关、自动空气开关或空气开关,习惯上简称空开。它既能带负荷接通和切断电源,又能在短路、过负荷时自动跳闸,保护电力线路和设备,在故障排除后可重新合闸恢复供电而不需更换,维护简单、恢复供电快、寿命长。它被广泛用于配电线路的交、直流低压电气装置中,适用于正常情况下不频繁操作的电路。

低压断路器按用途可分为配电用断路器、电动机保护用断路器、照明用断路器和漏电保护断路器等。

配电用断路器按其结构形式，可分为塑料外壳式（装置式）断路器和万能式（框架式）断路器两大类，塑料外壳式为DZ系列，框架式为DW系列，均由触头系统、灭弧装置、传动机构、自由脱扣机构及各种脱扣器等组成。

安装开关时，必须手柄朝上扳为接通电源、朝下扳为切断电源，不可装反，以免重力作用使开关误合闸或者影响空开的自动跳闸性能。

技能训练

在倒闸操作时应该遵循以下规定：

(1)停电拉闸操作，必须按照“断路器（开关）线路侧隔离开关（刀闸）”的顺序依次进行。送电合闸操作应按与上述相反的顺序进行，严禁带负荷拉闸。

(2)变压器两侧（或三侧）开关的操作顺序规定如下：停电时——先拉开负荷侧开关，后拉开电源侧开关，送电时——顺序与此相反（即不能带负载切断电源）。

在倒闸操作时应该遵循以下操作顺序：

低压倒闸操作包括低压停电、送电、市电—油机电（或市电）切换的操作。

(1)停（送）电操作程序

停电时按要求断开低压侧各分路负荷开关和闸刀——断开低压侧总空气开关——断开低压侧总刀开关。送电与停电顺序相反。

(2)市电—油机电转换操作程序

对于有自动投入功能的市电-油机电供电系统来讲，市电停电数秒钟后，发电机启动并建立电压，电气联锁装置动作，线路自动转入发电供电。此时，电工对中央空调、分体空调等设备，以及需人工转换的部分线路进行手动转换。

市电恢复后，对于上述设备、线路再行转换及重新启动。转换操作应参照“停（送）电操作顺序”进行。

对于无自动投入功能的市电—油机电供电系统来讲，市电停电时，手动启动发电机，待电压稳定后，逐级依次进行转换。市电恢复后，则依照与之相反的顺序进行转换电操作。转换操作应参照“停（送）电操作顺序”进行。

任务实施

王先生等佩戴电工操作证，并穿戴好已经检验过的低压防护用具（绝缘鞋、绝缘手套），扣好工作服的领口和袖口，使用绝缘工具到低压配电室，按维护计划规定完成以下工作：

(1)清洁设备。先用压缩空气进行吹污、吹尘，然后用干的干净抹布擦拭。

(2)检查信号继电器的动作和指示灯是否正常。

(3)检查功率补偿屏的工作是否正常。

(4)用红外点温计测量熔断器的温升，正常时应该不超过60 ℃。

(5)检查避雷器是否良好。

(6)用数字万用表测量低压配电屏输入交流电压的相电压、线电压及零线对地线电压。正常时，在设备的电源输入端子处测量的电压允许变动范围为：额定电压值（220/380 V）的＋10％～－15％，即相电压242～187 V、线电压418～323 V、零线对地线电压则不超过5 V。如果超过上述范围，则需要查明原因。

(7)核查交流负荷是否满足要求。

(8)检查接地线有无松动或锈蚀，如有则除锈处理并拧紧。

(9)如需人工倒换备用电源设备时，必须遵守有关技术规定，严防人为差错。

(10)用扳手或改刀检查螺丝有无松动。如果松动，则需要将其拧紧。

(11)低压电器维修保养：

①刀开关维修保养

a. 检查安装螺栓是否拧紧，如松弛则拧紧。

b. 检查刀开关转动是否灵活，如有阻滞现象则应对转动部位加润滑油。

c. 检查刀开关三相是否同步，接触是否良好，是否有烧伤或过热痕迹，如有问题则进行机械调整或整修处理。

d. 用 500 V 摇表测量绝缘底板，其绝缘电阻如果低于 10 MΩ 则应进行烘干处理，烘干达不到要求的则应更换。

②熔断器的维修保养

a. 新熔体的规格和形状应与更换的熔体一致。

b. 检查熔体与保险座是否接触良好，接触部分是否有烧伤痕迹，如有则应进行修整，修整达不到要求的则应更换。

③交流接触器维修保养

a. 清除接触表面的污垢，尤其是进线端相同的污垢。

b. 清除灭弧罩内的碳化物和金属颗粒。

c. 清除触头表面及四周的污物，但不能修锉触头，烧蚀严重不能正常工作的触头应更换。

d. 清洁铁芯表面的油污及脏物。

e. 拧紧所有紧固件。

④断路器(自动空气开关)维修保养

a. 用 500 V 摇表测量绝缘电阻，应不低于 10 MΩ，否则应烘干处理。

b. 清除灭弧罩内的碳化物或金属颗粒，如果灭弧罩破裂，则应更换。

c. 断路器(自动空气开关)在闭合和断开过程中，其可动部分与灭弧室的零件应无卡住现象。

d. 在使用过程中发现铁芯有特异噪音时，应清洁其工作表面。

e. 各传动机构应注入润滑油。

f. 检查主触头表面有小的金属颗粒时，应将其清除，但不能修锉，只能轻轻擦拭。

g. 检查手动(3 次)、电动(3 次)闭合与断开是否可靠，否则应修复。

h. 检查分励脱扣、欠压脱扣、热式脱扣是否可靠，否则应修复。

i. 检查接头处有无过热或烧伤痕迹，如有则修复并拧紧。

技能训练的重点：正确使用各种电工工具和测量仪表，熟悉操作流程和维护规程。

评　　价

在整个教学过程，学员为主体，教师只是起组织和协调作用，可按照以下几个方面进行考核：

1. 过程考核

教师全程监督整个任务实施过程，观察每个学员整个过程中各方面的表现，并做好记录。

(1)维护工具、仪表的使用：主要考察学员能否熟练地使用各种电工工具和测试仪表。

(2)掌握知识的灵活程度:主要考察学员能否举一反三,可以通过提问、学员对类似问题采取的解决方案,以及与学员的交流等几个方面来综合考虑。

(3)学习态度:主要考察学员能否积极、主动、完成任务是否认真。

2. 成果考核

(1)任务实施情况:主要考察学员是否能按照规范要求完成低压配电设备的日、月、季度维护。

(2)报告文件:任务实施后,应该提交报告文件,报告文件中主要考察能否提出每个人在这次任务中实实在在的收获。

(3)在小组中发挥的作用:完成任务的过程中,从协作能力及在小组中所发挥的作用两个方面互相评分。

评价指标体系见表 4-2。通过对下表各项内容的考核,评定出学员的成绩。

表 4-2　评价指标体系

评价指标 学员	过程考核(50%)			成果考核(50%)		
	维护工具、仪表的使用(20%)	掌握知识的灵活程度(20%)	学习态度(10%)	任务实施情况(20%)	报告文件(20%)	在小组中发挥的作用(10%)

教学策略讨论

(1)低压交流配电设备种类繁多,维护项目有轻有重。可采用现场教学法、实物演示法进行教授,也可以借助影视资料进行多媒体教学。请讨论如何有效运用适当的教学方法完成本维护任务的教学活动。

(2)现实工作过程中进行低压交流设备维护时,容易出现烧伤或触电事故。请讨论低压交流设备检查维修时,应该注意哪些问题?

(3)讨论采用哪种教学方法更能够引起学生对本任务中的安全注意事项的重视。

请将讨论记录于下:

(1)讨论记录:____________________

(2)讨论记录:____________________

(3)讨论记录:____________________

(4)讨论心得记录：

任务3 交流不间断电源设备(UPS)维护

任务描述

李先生在某市通信公司IDC机房动力设备维护中心工作。按照公司的年度维护计划，李先生今天要完成年度维护计划中的月维护项目，参照通信行业《通信电源、空调维护规程》中UPS、逆变电源设备的维护周期表的规定，月维护项目应完成：

(1)清洁设备。

(2)检查各种告警、显示功能的有效性。

(3)检查风扇及设备散热性能。

(4)测量输入、输出的电压、电流。

(5)检查监控模块的工作状态。

(6)检查监控电池维护参数设置是否正确，有无变更。

(7)UPS后备电池单体电池端电压等。

任务分析

通信局(站)的计费系统服务器及终端、网管监控服务器及终端、数据通信机房服务器及终端、卫星通信地球站的通信设备等，采用交流电源并要求交流电源不间断，为此应采用交流不间断电源系统(Uninterruptible Power System，UPS)对其供电。UPS即交流不间断电源系统又称为交流不间断电源设备，它可以向用户的交流设备提供不间断的交流电。为保证该IDC机房设备的正常供电，根据通信行业《通信电源、空调维护规程》中的规定，李先生需要定期做好UPS的维护工作。

相关知识

一、UPS的基本组成

UPS的输入和输出均为交流电，其基本组成如图4-8所示。各部分的主要功能如下：

整流器：将输入交流电变成直流电。

逆变器：将直流电变成50 Hz交流电(正弦波或方波)供给负载。

蓄电池组：市电正常时处于浮充状态，由整流器(充电器)给它补充充电，使之储存的电量充足。当市电异常(停电或超出允许变化范围)时，蓄电池组向逆变器供电；市电恢复正常后整流器(充电器)对它进行恒压限流充电，然后自动转为正常浮充状态。蓄电池组用以保证市电异常后UPS不间断地向负载供电至需要的备用时间。

输出转换开关：进行由逆变器向负载供电或由市电向负载供电的自动转换。其结构有带触点的开关（如继电器或接触器）和无触点的开关（一般采用晶闸管即可控硅）两类。后者没有机械动作，因此通常称为静态开关。

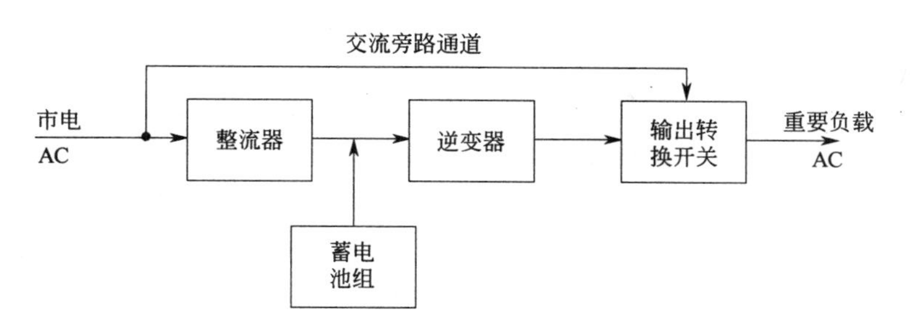

图 4-8　UPS 的基本组成方框图

二、双变换 UPS 的工作原理

根据电路结构的不同，按照国际电工委员会标准 IEC62040-3:1999，UPS 分为三种类型，即双变换 UPS、互动 UPS 和冷备用 UPS。在这里只介绍双变换 UPS 的工作原理。

双变换 UPS 的基本结构如图 4-9 所示，其基本工作原理是：无论市电是否正常，均由逆变器经相应的静态开关向负载供电。市电正常时，整流器向逆变器供给直流电，并由整流器或另设的充电器对蓄电池组补充充电；当市电异常时，蓄电池组放电向逆变器供给直流电。

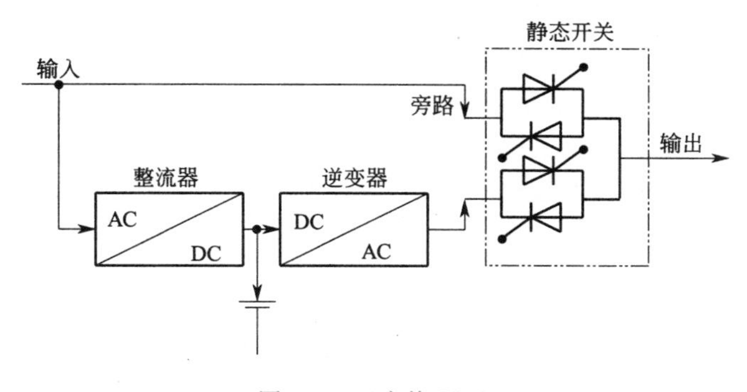

图 4-9　双变换 UPS

由整流器/逆变器组合向负载供电，称为正常运行方式；由蓄电池/逆变器组合向负载供电，称为储能供电运行方式。在这两种运行方式的转换过程中，逆变器的输入直流电压不间断，因此 UPS 的输出电压保持连续，不会中断。

所谓双变换，是指这种 UPS 正常工作时，电能经过了 AC/DC、DC/AC 两次变换供给负载，电路有以下特点：

(1)在市电质量较好频率较稳定时，逆变器的输出频率跟踪市电频率，一旦逆变器过载或出现故障，机内的检测控制电路使静态开关迅速切换为由市电旁路供电；逆变器恢复正常后，静态开关又切换为由逆变器供电。由于逆变器与市电锁相同步，因此二者能实现安全、平滑地快速切换（切换时间不大于 4 ms、甚至不大于 1 ms）。静态开关是由晶闸管组成的交流开关，开关速度很快。

(2)逆变器输出标准正弦波,输出电压、频率稳定(若市电频率不稳,则逆变器不跟踪市电频率而保持输出频率稳定),可以彻底消除市电电压波动、频率波动、波形畸变,以及来自电网的电磁骚扰对负载的不利影响,供电质量高。

(3)输出功率经整流器和逆变器两级变换产生(串级运行),设备的体积较大,效率较低(为两级效率相乘)。

双变换 UPS 有带输出隔离变压器和不带输出隔离变压器之分。带输出隔离变压器的机型在逆变器的输出侧接有隔离变压器,其可靠性较好,能做到零线对地线电压小于 1 V(数据机房通常要求零线对地线电压控制在 1 V 以内),但体积较大,重量较重,效率稍低;不带输出隔离变压器的机型在逆变器的输出侧没有隔离变压器,其体积较小,重量较轻,效率稍高,但可靠性不如前者,同时不易获得很低的零线对地线电压。

三、UPS 的串并联使用

双变换 UPS 与互动 UPS 虽有较高的供电质量和可靠性,但毕竟是由大量电子元件、功率器件、散热风机和其他一些电气装置组成的功率电子设备,当采用单台 UPS 供电时,由于其平均失效间隔时间(MTBF)是个有限值,一般为几万小时(YD/T 1051—2000 中规定,在使用寿命期间内,通信用 UPS 的 MTBF 应不小于 2×10^4 h),所以还可能发生由于 UPS 本身的故障而中断供电的现象。采用冗余 UPS 系统,可使供电的可靠性得到很大提高。

(一)双机串联热备份工作方式

UPS 双机供电有串联和并联两种方式。图 4-10 为 UPS 双机串联热备份工作方式,将热备份的 UPS 输出电压连接到主机 UPS 的旁路输入端。UPS 主机正常工作时承担全部负载功率,当 UPS 主机发生故障时自动切换到旁路状态,UPS 备机通过 UPS 主机的旁路通道继续为负载供电。市电异常时,UPS 处于电池放电的工作状态,由于 UPS 主机承担全部负载功率,所以其蓄电池先放电到终止电压,然后自动切换到旁路工作状态,由备用 UPS 继续为负载供电,直到备机的蓄电池放电终了。UPS 主机与备机、备机与市电应锁相同步。UPS 中的静态开关是影响供电系统可靠性的重要部件,静态开关一旦发生故障,则主、备用 UPS 均无法为负载供电。

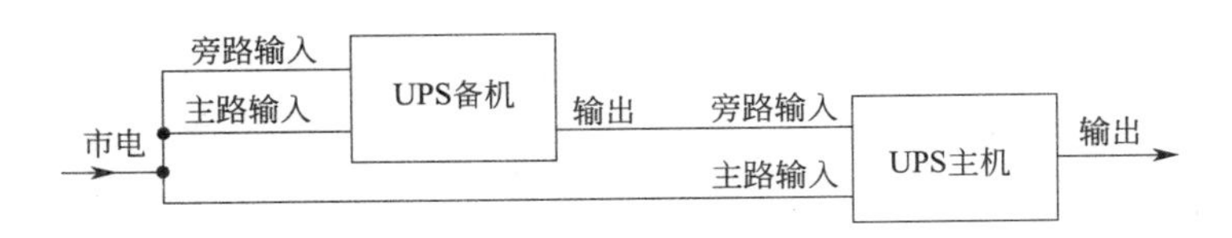

图 4-10　UPS 双机串联热备份工作方式

(二)并联冗余供电工作方式

图 4-11 所示为 UPS 双机并联冗余供电工作方式。用于双机并联的 UPS 必须具有并机功能,两台 UPS 中的并机控制电路通过并机信号线连接起来,使两机输出电压的频率、相位和幅度保持一致,输出电流均衡。这种并联主要是为了提高 UPS 供电系统的可靠性,而不是用于供电系统扩容,所以负载的总容量不应超过其中一台 UPS 的额定输出容量。当其中一台 UPS 发生故障时,可由另一台 UPS 来承担全部负载电流。这种两台并联冗余供电的 UPS,由于其输出容量低于额定容量的 50%,所以它们经常在较低的效率下运行。

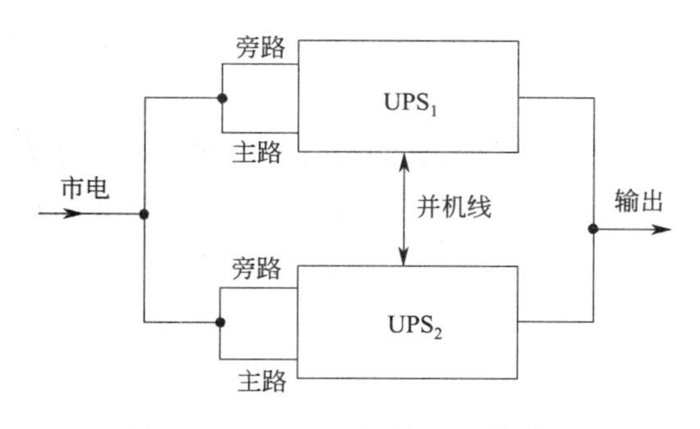

图 4-11　UPS双机并联冗余供电

具有并机功能的UPS,可允许4～8台同型号的UPS并联运用(不同机型可以并联的台数有区别)。多台UPS并联的"$N+1$"供电系统,其能量转换效率和设备利用率都高于两台UPS并联供电系统。例如,对一个260 kV·A的负载系统,可采用每台额定容量为100 kV·A的4台UPS并联供电。此时具有"3+1"的冗余度,即3台UPS可满足全部用电需要并有适当余量,4台UPS中若有1台发生故障,不会影响对负载的正常供电。供电系统正常运行时,每台UPS承担65 kV·A的负荷,设备利用率为65%。这种"3+1"并联冗余度与"1+1"并联冗余度的供电系统相比,显然具有较高的运行经济性。在实际应用中,由于"$N+1$"并联冗余系统当N值较大时故障率较高,因此并联的UPS单机台数不宜过多,一般以不超过4台(即$N\leqslant 3$)为宜。

在并联冗余UPS系统中,当某个单机发生故障时,该单机的静态开关自动将该机退出系统,系统中并联的其余单机继续给负载供电;当出现系统过载时,负载通过集中的静态开关或各单机分散的静态开关被转换为由市电旁路供电。

(三)双母线供电系统

在实际运行中,不仅要保证UPS输出端的电源可靠性,更重要的是保证负载输入端的电源可靠性。基于这种考虑,出现了分布冗余UPS,即双母线UPS供电系统(又称双总线UPS供电系统),其目的是将电源系统的冗余扩展到每一个负载设备。

双母线UPS供电系统如图4-12所示。UPS1、UPS2是两个独立的UPS系统,每个系统可以采用并联冗余UPS系统,也可以采用单机UPS系统。负载母线同步电路(又称负载同步控制器)LBS用来使两个独立的UPS系统在任何时间都保持同步。两个独立的UPS系统(两个负载母线)都能为全部负载供电,正常时,分别承担一半负载电流。当其中一个UPS系统出现故障时,另一个UPS系统自动承担起全部负载电流。因此,故障UPS可以脱离负载进行维修。

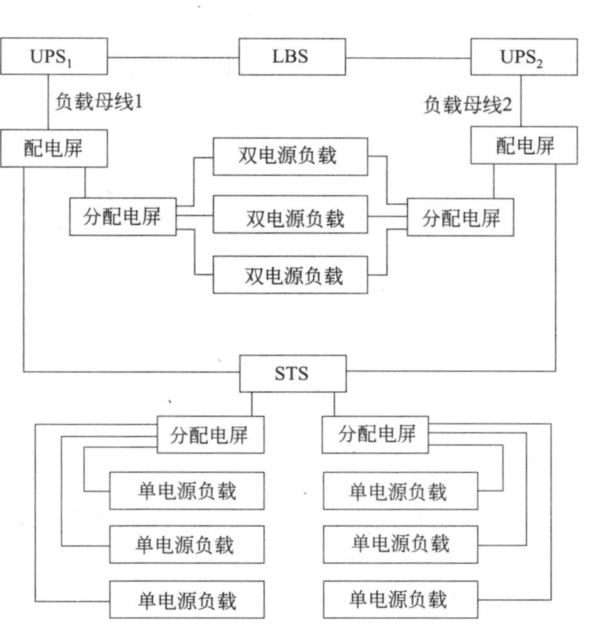

图 4-12　双母线UPS供电系统

UPS_1和UPS_2经各自的输出配电屏为双电源负载和单电源负载供电。双电源负载设备有两路电源输入端,任何一路输入电源正常,负载设备就能正常工作。单电源负载设备则通过静态转换开关STS和分配电屏来保证输入电源不间断,每个分配电屏在正常情况下由一个UPS系统供电,当这个UPS系统出现故障或需要维修时,STS将该分配电屏平滑地切换为由另一个UPS系统供电。

技能训练

在对 UPS 的主要功率器件和辅助器件进行检查之前，维护人员必须仔细阅读 UPS 的操作手册，严格按照 UPS 操作手册规定的操作步骤，将 UPS 置于旁路工作模式，然后按以下要求逐一检查：

(1)检查电容是否漏液、变形等。

(2)检查磁性元件有无过温痕迹、是否紧固牢固及有无裂痕。

(3)检查电缆是否老化、磨损及有无过温痕迹，检查电路板接头是否牢固。

(4)用刷子清理干净印刷电路板表面灰尘并检查其完整性。

任务实施

李先生来到 UPS 主机现场后，根据现场操作指南需要按照以下要求和内容完成工作：

(1)清洁机架、散热风口、风扇及滤网，风道应无阻塞。先用压缩空气进行吹污、吹尘，然后用干的干净抹布擦拭。检查 UPS 各主要模块和风扇电机的运行温度有无异常。

(2)检查各种告警、显示功能的有效性。

(3)用万用表测量输入、输出的电压、电流。

(4)检查监控模块的工作状态，并监控电池维护参数设置是否正确，有无变更。

(5)测量 UPS 后备电池单体电池端电压。用数字万用表逐节测量全组各单体电池端电压，各单体电池电压应该不低于 2.18 V/节。

(6)UPS 后备电池后备时间的检查。断开主路输入开关，检查电池后备时间，当电池电压下降至比放电终止电压高 5 V 时合上整流器输入开关(注意：电池放电终止电压为 DC300 V，当电池电压到达放电终止电压时电池将会断开、负载将会转至旁路)，记录下 UPS 的后备时间。

(7)检查各种开关、接触器件是否正常，接触是否良好。

(8)检查正常运行方式与储能供电运行方式的切换、逆变器供电与市电旁路供电的切换是否正常。

(9)用扳手或改刀检查机壳接地是否良好。

(10)校正仪表、设备指示及显示数据。

(11)用扳手或改刀检查主机、蓄电池及配电部分引线及端子的接触情况，检查馈电母线、电缆及软连接头等各连接部位的连接是否可靠，并测量压降和温升。

评　　价

整个教学过程在教师的组织和协调中进行，可按照以下几个方面进行考核：

1. 过程考核

教师全程监督整个任务实施过程，观察每个学员整个过程中各方面的表现，并做好记录。

(1)操作的规范及熟练程度：主要考察学员能否熟练使用 UPS 操作手册。学员能否根据 UPS 操作手册的规定完成监控单元的操作、工作模式的转换等。

(2)掌握知识的灵活程度：主要考察学员能否举一反三，可以通过学员对类似问题的解决方案，整个过程中学员的提问，以及与学员的交流等几个方面来综合考虑。

(3)学习态度：主要考察学员能否积极、主动、认真地参加到整个任务的完成中来。

2. 成果考核

(1)任务实施情况：主要考察学员是否能按照要求完成各项任务。

(2)报告文件：任务实施后，应该提交报告文件，报告文件中主要考察能否提出每个人在这次任务中实实在在的收获。

3. 组员互评

小组成员之间在共同完成任务的过程中，从协作能力及在小组中所发挥的作用两个方面互相评分。

评价指标体系见表 4-3。通过对下表各项内容的考核，评定出学员的成绩。

表 4-3　评价指标体系

评价指标 / 学员	过程考核(50%)			成果考核(30%)		组员互评(20%)	
	操作的规范及熟练程度(20%)	掌握知识的灵活程度(20%)	学习态度(10%)	任务实施情况(20%)	报告文件(10%)	小组协作能力(10%)	在小组中发挥的作用(10%)

教学策略讨论

整个任务理论较少，操作性较强，因此建议采用以下的方法进行教学：首先由教师讲解，演示操作过程，然后由学员实际完成具体任务，在学员操作过程中发现问题再由老师帮助解决。同时应该注意，教师讲解的时间应较短，更多的时间留给学员自己操作，以便在实际操作中发现具体问题。实验条件允许的情况下，应该由每个学员单独完成，若条件有限可以 2～3 人一组协作完成，但是必须保证小组内每个同学都参与。

安排学员以小组为单位对本任务的教学方法、教学实施过程、考核及评价标准等几个方面进行讨论。要求讨论要针对实际教学过程中的具体教学环境、教学对象等而展开。讨论结束后，每组提交一份书面的总结，总结应涉及在具体的教学环境和教学对象的情况下，针对该任务应该采取的教学方法、教学实施过程、考核及评价标准等几个方面。最后由教师汇总后，发给每一位学员参考。

请将讨论记录于下：

(1)讨论记录：____________________

(2)讨论心得记录：____________________

任务4　柴油发电机组的维护

任务描述

刘先生等人是某通信公司的动力设备维护人员，按照公司的年度维护计划，刘先生等人今天要对固定式柴油发电机组进行月维护，其维护内容为：

(1)空载试机 3～5 min。

(2)对启动电池(开口式电池)添加蒸馏水并进行充电，检查充电电压及电解液液位、比重。

任务分析

通信局(站)的备用交流电源一般是柴油发电机组，它是通信电源系统的重要组成部分。当市电故障后，需要柴油发电机组提供交流电源，向通信用交流配电屏和保证建筑符合供电。柴油机是将燃油在气缸中燃烧的热能转变为机械能的内燃机，它带动交流同步发电机旋转将机械能转变为电能。为确保市电故障后柴油发电机组能正常供电，因此柴油发电机组必须随时保持完好状态，即随时启动发电。

相关知识

一、油机发电机组分类

油机发电机组是指将内燃机(柴油发动机或汽油发动机)、交流同步发电机及其控制装置(控制屏)组装在一个公共底座上而形成的机组，如图 4-13 所示。油机发电机组有如下分类方式。

1. 按安装方式分类

按机组的安装方式分为固定式和移动式两类。

将机组固定安装在室内或安装在集装箱内(集装箱置于室外)，称为固定式发电机组。室内安装要有单独的油机房，油机发电机组及其附属设备都安装在油机房中，机组的进、出风通畅，机组的降噪处理容易解决，维护方便。因此这种安装方式适用于绝大多数通信局(站)。在没有专用机房的情况下，采用室外集装箱安装方式，机组装在集装箱内，通风散热较困难，因此机组的容量一般不大。由于受机组使用环境的限制，在寒冷地区不宜采用。

移动式发电机组主要分为便携式、拖车式和车载式三种。便携式是指人力可搬运的机组，容量较小，大多数为汽油发电机组，适用于小容量的无人值守站。拖车式是将机组固定在拖车上，需其他车辆拖动，调度方便，但不够美观，省会级城市不宜选用。车载式机组是将机组固定在专用的汽车台架上，采用集装箱式，汽车的改装可根据用户的具体要求定做，但必须符合安全行驶要求。车载式机组对环境的污染小，便于运输，是常用的移动式发电机组。

2. 按结构形式、控制方式和保护功能等分类

按结构形式、控制方式和保护功能等分类方式可以分为基本型机组、自动化机组、防音型机组及自动化机组四类。

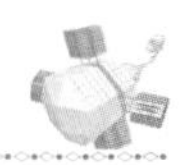

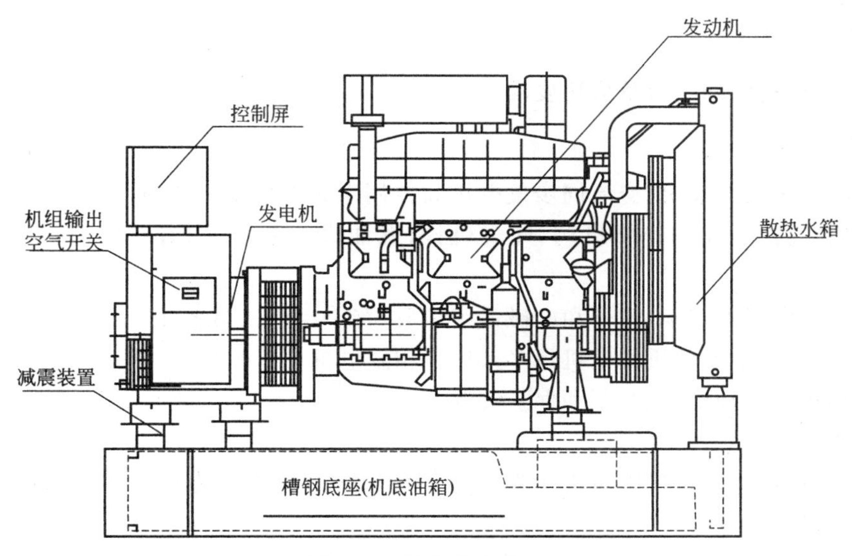

图 4-13　油机发电机组

基本型机组主要用于完成最基本的发电功能。该机型将内燃机、发电机、电压调节装置、控制箱(屏)等全部安装在底座上,机组具有电压和转速自动调节功能。

自启动机组是在基本型机组的基础上增加了自动控制系统,具有自启动功能。当市电停电时,机组能自动启动、自动运行、自动送电,市电恢复后能自动卸载停机;当机组故障时,能自动停机保护并发出声光告警信号;当机组超速时,能自动紧急停机进行保护。

自动化机组的自动控制系统更加完善,其自动控制屏采用可编程自动控制器 PLC 或油机专用微处理控制器。除了具有自启动、自切换、自运行、自投入和自停机等功能外,还配有各种故障报警和自动保护装置,提供标准的通信协议,可以无人值守,满足远程监控的技术要求,具有遥测、遥信和遥控功能,能实时远距离监控机组的运行参数、运行状态,当机组出现异常情况时能向监控中心自动报警,并能远程控制机组。

防音型机组是在基本型机组的基础上加装具有良好降噪效果、良好通风系统及防止热辐射措施的机箱组合而成的机组。机组安装采用高效减震措施,确保机组平稳运行。消音外壳设有专门的观察窗和紧急停机按钮,方便用户使用操作和观察机组的运行状态。根据用户要求,可制造成超级防音型机组或移动式防音型机组。超级防音型机组用于用户对噪声有特殊要求的场合,降噪效果可达到 70～75 dB(A)。移动式防音型机组适宜于野外作业,具有良好的机动性。移动式防音型机组底盘预留可随时定位及调节牵引的装置,尾部自带警示灯、转向灯、雾灯,符合交通安全行驶要求,并可预装电缆架,使用方便。

3. 按使用的燃油分类

按照机组中的内燃机所用燃油的不同分为汽油机和柴油机。以汽油为燃料,利用电火花点燃可燃混合气的油机叫做汽油机,便携式发电机组一般采用汽油机。以柴油为燃料,压燃可燃混合气的油机叫做柴油机,固定式发电机组多采用柴油机。

对柴油发电机组而言,其分类方法也很多,按柴油机的转速可分为高速机组(3 000 r/min)、中速机组(1 500 r/min)和低速机组(1 000 r/min 以下);按柴油机的冷却方式可分为水冷机组和风冷机组;按柴油机的调速方式可分为机械调速、电子调速、液压调速和电子喷油管理控制系统调速(简称电喷或 ECU);按机组使用的连续性可分为长用机组和备用机组;按照启动方式，可分为电启动和手启动等。

二、柴油发电机组的组成及应用要求

(一)组　　成

柴油发电机组由柴油机、交流同步发电机和控制系统等组成。柴油机主要由两大机构和四大系统组成，它们是曲轴连杆机构、配气机构，燃油供给系统、润滑系统、冷却系统和启动系统。

交流同步发电机由定子、转子和励磁系统组成，有单相和三相之分。小型油机发电机组常采用单相发电机，大中型油机发电机组多采用三相发电机。

控制系统包括自动检测、控制和保护装置。

(二)应用及要求

在通信领域，油机发电机组通常作为备用交流电源使用，当市电停电时，启动油机发电，为通信局(站)提供交流电源。

通信局(站)一般采用中速水冷柴油发电机组；高山、高寒和缺水地区的小型通信局(站)可采用中速风冷柴油发电机组。随着通信技术的不断发展，现代通信设备对电源质量提出了更高的要求，油机发电机组应能随时迅速启动，及时供电，运行安全稳定，可以连续工作，供电电压和频率满足通信设备的要求。

三、内燃机常用术语

内燃机是通过气缸内连续进行进气、压缩、做功和排气 4 个过程来完成能量转换的。常用名词如下。

1. 上、下止点

活塞在气缸中移动到离曲轴中心线最远的距离称为上止点，活塞在气缸中移动到离曲轴中心线最近的距离称为下止点。

2. 活塞冲程

上、下止点间的距离称为活塞冲程(或行程)，一般用 S 表示。对应一个活塞冲程，曲轴旋转 180°。

3. 气缸容积

活塞位于上止点时，其顶部与气缸盖之间的容积称为燃烧室容积，用 V_c 表示；活塞从一个止点运动到另一个止点所扫过的容积，称为气缸工作容积，用 V_h 表示。活塞位于下止点时，其顶部与气缸盖之间的容积称为总容积，用 V_a 表示，$V_a = V_c + V_h$。

多缸发动机各气缸工作容积的总和，称为发动机排量，用 V_L 表示。

4. 压 缩 比

压缩比是指气缸总容积与燃烧室容积之比，用 ε 表示，即 $\varepsilon = V_a / V_c$。压缩比表明了气体的压缩程度，通常汽油机的压缩比为 6～10，柴油机的压缩比为 16～22。

5. 工作循环

活塞在气缸内上下移动，完成进气、压缩、做功、排气四个过程，称为一个工作循环。

四、内燃机的基本工作原理

(一)四冲程柴油机工作原理

柴油机是以柴油为燃料的内燃机，其要持续地输出动力，将热能转化为机械能，柴油机必

须完成进气、压缩、做功、排气四个过程。这些过程通常采用四冲程柴油机来实现，其工作循环如图 4-14 所示。

1. 进气冲程

进气冲程时进气门打开，排气门关闭，曲轴带动活塞由上止点往下止点移动，由于活塞向下运动，气缸外面的空气经过进气门被吸入气缸内，如图 4-14(a)所示。由于空气经过滤清器(空滤)、进气管、进气门等要遇到阻力，因此活塞到达下止点时，进到气缸内空气压强只有 $0.75\times10^{-4}\sim0.9\times10^{-4}$ Pa，温度为 30～50 ℃。

2. 压缩冲程

压缩冲程时进、排气门均关闭，曲轴带动活塞由下止点往上止点移动，压缩气缸中的空气，如图 4-14(b)所示，压缩冲程完毕，气缸内空气压强可达 $0.3\times10^{-2}\sim0.5\times10^{-2}$ Pa，温度可达 500～700 ℃。

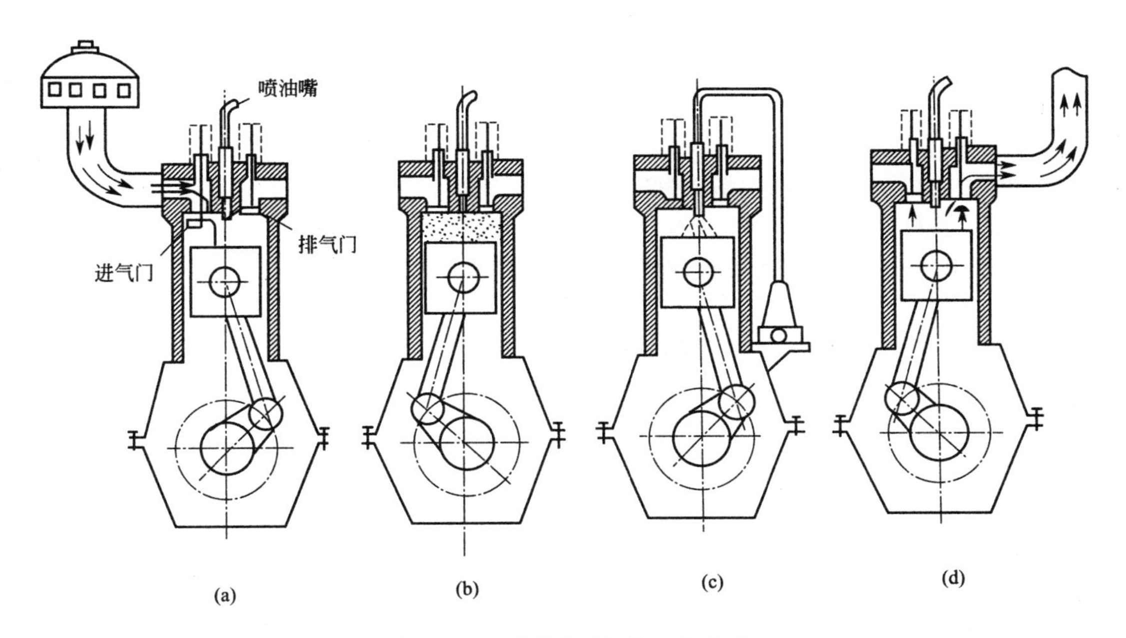

图 4-14　四冲程柴油机的工作循环

3. 做功冲程

压缩冲程完毕时进气门、排气门仍然关闭着，当活塞快到上止点时，气缸顶部的喷油器开始向气缸内喷射雾状柴油，并被高温高压空气点燃。燃烧的混合气压力和温度迅速上升，在气缸内膨胀做功，推动转过上止点的活塞迅速移向下止点，活塞通过连杆转动曲轴，由曲轴输出动力。如图 4-14(c)所示。燃烧时，最高压强达 $0.6\times10^{-2}\sim1.2\times10^{-2}$ Pa，温度为 1 500～2 000 ℃。

4. 排气冲程

排气时排气门打开，进气门关闭，曲轴带动活塞由下止点往上止点移动，排出燃烧后的废气，如图 4-14(d)所示。

当活塞再重复向下移动时，又开始第二个工作循环的进气冲程，如此周而复始，使柴油机不断地转动，产生动力。

总结单缸四冲程柴油机的工作原理不难发现，完成一个工作循环，曲轴旋转两周，活塞上下运行两个来回，只有做功冲程是活塞推动曲轴而做功的，其他三个冲程要由曲轴带动活塞运动，消耗动能。因此，柴油机工作时，曲轴转速不均匀，解决办法是安装飞轮和采用多气缸结构。对于单缸机，是在曲轴的功率端装上一个沉重的飞轮，利用飞轮的惯性带动活塞完成做功之外的其余三个冲程。对于功率较大的柴油机，在安装飞轮的基础上还采用多气缸结构。

(二)多缸柴油机工作特点

1. 做功间隔

在多缸柴油机中，各气缸的工作过程都相同，曲轴转两周(720°)每个气缸都会做功一次，为使做功均匀，将各气缸的做功冲程安排在不同的时刻出现，称为做功间隔，如四缸四冲程柴油机，其做功间隔为$\Phi=720°/N=720°/4=180°$，即每隔180°有一个气缸做功。

2. 做功次序

气缸的排列是由曲轴前端向飞轮方向数，靠近曲轴前端为第1缸。为使曲轴受力均匀，不能按1、2、3、4缸的次序安排做功，四缸机常见的做功次序为1、2、4、3或1、3、4、2，而六缸机常见的做功次序为1、5、3、6、2、4或1、5、4、6、2、3。

五、柴油机的总体构造

柴油机主要由两大机构四大系统组成，分述如下。

1. 曲轴连杆机构

曲轴连杆机构主要由气缸、活塞、连杆和曲轴等部件组成。

(1)气缸

气缸是燃料燃烧的地方，柴油机的功率不同，气缸的直径和数目也不相同。对于多缸机，采用多个气缸铸成一个整体。工作过程中，活塞在气缸内上下往返运动，为了减小气缸与活塞之间的摩擦，气缸的内壁(简称气缸壁)必须非常光滑，通常加工成镜面。

燃料在气缸中燃烧时，温度可高达1 500～2 000 ℃，必须散热。水冷机组采用冷却水散热，为此气缸壁都做成中空的夹层，两层之间的空间称为水套。风冷机组是在气缸体与气缸盖外表面安置散热片，利用空气流动带走散热片的热量。

(2)活塞

柴油机工作时，活塞既承受很高的温度，又承受很大的压力，而且运动速度极快，惯性很大。因此，活塞必须具有良好的机械强度和导热性能，常用质量较轻的铝合金铸造，以减小惯性。为使活塞与气缸之间紧密接触，保持良好的密封性能，活塞的上部装有活塞环。活塞环有气环和油环两种，气环的作用是防止气缸漏气，油环的作用是防止机油窜入燃烧室并分布油膜。

(3)连杆与曲轴

连杆将活塞与曲轴连接起来，从而将活塞承受的压力传给曲轴，并通过曲轴把活塞的往返直线运动变为圆周运动。

曲轴连杆机构是柴油机的主要组成部分，它的作用是将燃料燃烧时产生的热能转变为机械能，并将活塞在气缸内的上下往返直线运动变为曲轴的圆周运动，以带动其他机械做功。

柴油机工作时，曲轴连杆机构直接与高温高压气体接触，受可燃混合气和燃烧废气的腐蚀，同时活塞的直线运动要变为曲轴的旋转运动，受力复杂且润滑困难。可见曲轴连杆机构的工作条件相当恶劣，它要承受高温、高压、磨损和化学腐蚀。因此曲轴连杆机构的一些部件不能随意更换或调换，如连杆螺栓。

2. 配气机构

四冲程柴油机一般采用气门式配气机构，它由气门组件（进气门、排气门）、气门传动组件（凸轮轴、推杆、挺杆、摇臂）、空气滤清器、消声器等部件组成。根据气门组件的安装位置，又可分为顶置式和侧置式配气机构。当油机发电机组安装在室内时，还需要考虑进、排风管道，有时把它们和配气机构统称为配气系统。

配气机构的作用是根据柴油机做功次序、转速和输出功率的要求，适时地轮流打开和关闭进、排气门，使之进气充分，排气彻底。

可燃混合气充满气缸的程度，用充气效率表示。充气效率越高，表明进入气缸的新气越多，可燃混合气燃烧时可放出的热量就越大，发动机的功率也就越大。在进气管道中安装涡轮增压器即可提高充气效率。

3. 燃油供给系统

柴油机的燃油供给是和调速系统相关联的，一般由油箱、低压油管、输油泵、柴油滤清器、高压油泵、高压油管、喷油器及调速器等组成。

柴油机工作时，输油泵从油箱内吸取柴油，经柴油滤清器滤清后进入高压油泵，高压油泵将燃油加压送入喷油器，喷油器将高压柴油呈雾状喷入燃烧室，多余的柴油经回油管返回到油箱中。

燃油供给系统的作用是将清洁的柴油以高压雾状方式，适时地喷入气缸，与气缸中的高温空气混合后，着火燃烧，同时根据负载的轻重自动调节供油量和喷油时间。

对燃油供给系统的基本要求是良好的雾化、正确的喷油时间及便捷的油量调节，具体如下：

(1)良好的雾化是实现柴油良好燃烧的基础，主要靠高压油泵和喷油器配合来保证。对高压油泵的要求是，在整个喷油期间保持喷油压力在一定的范围之内。对喷油器的要求，一是雾化均匀；二是具有一定的喷射压力和射程、合适的喷注锥角；三是断油迅速、无滴漏现象。

(2)正确的喷油定时是保证柴油高效燃烧的前提，一般是在活塞移动到上止点前就将柴油喷入气缸。喷入点与上止点之间的曲柄转角，称为喷油提前角，喷油提前角的大小对柴油机工作影响很大。过大，将导致发动机工作粗暴；过小，则燃油压力和热效率下降，输出功率减小，排气管冒白烟。喷油提前角由工厂试验确定，当燃油品质发生变化时需要重新调整。

(3)供油量调节。供油量的大小决定着柴油机输出功率的大小，对于发电用的柴油机组而言，若外界负荷（用电量）减少而喷油量不变，则柴油机的输出功率大于外负荷，会使转速升高，机组的输出电压和频率升高，反之则降低。为使机组输出稳定，必须根据负载的变化自动调节供油量。传统的多缸柴油机其供油量都由组合式高压油泵提供，将高压油泵的油门控制与调速器结合起来，通过检测油机转速从而改变高压油泵的供油量，称为总调。由于高压组合式油泵中各分体油泵的质量、磨损、安装差异，各分油泵的喷油量不可能自然均匀，因此除要求总调外，还要求能进行单独调节。

4. 润滑系统

油机工作时，各部分机件在运动中将产生摩擦，为了减轻机件磨损，延长使用寿命，必须对运动零件进行润滑。润滑系统主要有以下功能：

(1)润滑作用，润滑运动零件表面，减小摩擦和磨损。

(2)清洗作用,机油在润滑系统内不断循环,清洗摩擦表面,带走磨屑和其他异物。

(3)冷却作用,通过润滑油带走摩擦产生的热量。

(4)密封作用,在运动零件之间形成油膜,提高它们的密封性,有利于防止漏气或漏油。

(5)防锈蚀作用,在零件表面形成油膜,防止零件表面腐蚀生锈。

(6)减震缓冲作用,在运动零件表面形成油膜,吸收冲击并减小震动。

由于发动机各运动零件的工作条件不同,对润滑强度的要求也就不同,因此要相应地采取不同的润滑方式,常用的润滑方式有压力循环润滑、飞溅润滑、注油润滑三种,分别介绍如下:

(1)压力循环润滑。利用机油泵,将具有一定压力的机油源源不断地送往摩擦表面的润滑方式称为压力循环润滑。例如,曲轴主轴承、连杆轴承及凸轮轴轴承等处,承受的载荷及相对运动速度较大,需要以一定压力将机油输送到摩擦面的间隙中,方能形成油膜以保证润滑。

压力循环润滑是柴油机的主要润滑方式,通常由油底壳、机油泵、机油滤清器(粗滤和细滤)、机油冷却器、油管、油道、油尺和机油压力表等组成。

(2)飞溅润滑。利用连杆、曲轴等零件在旋转时拍打油底壳中的机油的飞溅作用,把油滴或油雾甩至摩擦表面的润滑方式称为飞溅润滑。这种润滑方式可使气缸壁、活塞销及配气机构的凸轮表面、挺柱等得到润滑。

(3)注油润滑。发动机辅助系统中有些零件无法实现压力循环润滑,只能定期用注油器加注润滑脂(黄油)进行润滑,例如水泵及发电机轴承就是采用这种方式润滑。近年来也采用含有耐磨润滑材料(如尼龙、二硫化钼等)的轴承来代替需加注润滑脂的轴承。

5. 冷却系统

柴油机工作时,气缸温度很高(燃烧时最高温度可达 2 000 ℃),这样将使机件膨胀变形,摩擦力增大。同时,机油也可能因温度过高而变稀,从而降低润滑效果。为了避免温度过高,须对机组进行冷却,把零件吸收的热量及时散发出去,以保证机体在适宜的温度(80～90 ℃)下正常工作。

冷却系统按照冷却介质的不同分为风冷系统和水冷系统。通过空气的流动把高温零件的热量直接散入大气而进行冷却的装置,称为风冷系统,风冷机组体积小、重量轻、低温启动性好、暖机时间短,适用于高山、高寒和缺水地区工作,但不太适合高温地区;把热量先传给冷却水,然后再散入大气而进行冷却的装置称为水冷系统,水冷机组受热均匀、磨损低、使用寿命长、运行成本低,但体积大,适宜固定式机组使用,高寒地区应加装水套加热器或低温预热装置。

水冷系统包括水套、水管、水泵、散热水箱及风扇等。冷却水通过水泵加压后在冷却系统中循环,循环途径一般为:水箱→大循环水泵进水管→水泵→进水管→机油冷却器→机体进水管→气缸水套→气缸盖出水管→节温器→回水管→水箱。节温器按水温的高低,实现冷却水的大、小循环,柴油机冷机启动时,为迅速提高水温,冷却水采用小循环工作(不流经水箱),直到水温升高到 80 ℃左右,节温器打开,冷却水流入水箱形成大循环工作。

风冷发动机是在气缸体与气缸盖外表面安置散热片,利用空气流动带走散热片的热量而进行冷却的。风冷发动机气缸和气缸盖一般采用传热较好的铝合金铸成,各缸一般都分开制造,在气缸和气缸盖表面分布许多均匀排列的散热片,以增大散热面积。

6. 启动系统

使发动机从静止状态过渡到工作状态的全过程,称为发动机的启动。完成启动所需要的

装置称为启动系统。根据启动方式的不同，有人工启动、电动机启动、气压启动之分。根据使用的广泛程度，在此重点讲解人工启动、电动机启动两种启动方式。

(1)人工启动

人工启动就是用人力转动曲轴启动，分为绳拉和手摇，适用于便携式机组。手摇式启动是将启动手柄端头插入曲轴前端的启动爪内，以人力转动曲轴，达到一定转速后松开减压装置，利用曲轴飞轮的惯性启动油机。

(2)电动机启动

电动机启动，常称为电启动，是以电动机作为机械动力，通过离合机构将电动机轴上的齿轮与发动机飞轮周缘的齿圈啮合，使飞轮旋转从而启动油机。电动机采用直流电机，以蓄电池作为电源。通信局(站)所用的油机发电机组通常采用电启动。

电启动系统一般由启动电池(24 V或12 V蓄电池)、启动开关(按钮)、电动机、电动机的离合机构、充电机、导线等组成。启动时，打开电路锁匙→按下启动按钮→电路接通。一方面使电动机转动；另一方面通过离合机构使电动机的齿轮与飞轮的齿圈啮合，飞轮转动。油机启动成功后，应及时松开启动按钮，使其回到断开位置，此时由于电路已切断，离合机构在复位弹簧的作用下复位，电动机的齿轮与飞轮的齿圈脱离，同时电动机断电停机。

六、同步发电机的基本结构及工作原理

(一)同步发电机的基本结构

同步发电机由两部分构成，一是静止部分称为定子，二是旋转部分称为转子。通常将定子做成电枢，转子做成磁极。在定子铁芯中嵌入电枢绕组，工作时电枢绕组输出交流电送往负载。电枢绕组可以是单相的，称为单相交流发电机；也可以是三相的，称为三相交流发电机，转子成为磁极的方法有两种，一种是在转子铁芯中嵌入励磁绕组，励磁绕组通以直流电流而形成磁极，称为电励磁发电机；另一种是由永磁材料做磁极，称为永磁发电机。磁极在柴油机的带动下形成旋转磁场，旋转磁场切割定子绕组而发电，称为旋转磁极式发电机。

(二)同步发电机的工作原理

柴油机带动发电机的转子旋转，转子磁极在定子和转子之间的空气隙里形成一个旋转磁场，适当选择磁极形状，使该磁场的磁感强度沿定子圆周按余弦规律分布。定子的三相绕组被旋转磁场切割而产生三个频率相同、幅值相等、相位互差120°的正弦电动势。假设A相电动势的初相角为零，振幅值为E_m，则三个绕组产生的电动势瞬时值为

$$e_A=E_m\sin\omega t$$
$$e_B=E_m\sin(\omega t-120°)$$
$$e_C=E_m\sin(\omega t+120°)$$

旋转磁场的转速与发电机的转速始终是相等的关系，两者保持同步，所以称为同步发电机。发电机转速n(r/min即转/分钟)与频率f及磁极对数p的关系为

$$n=\frac{60f}{p}$$

当磁极对数$p=2$时，要获得恒定的50 Hz频率，就必须严格要求柴油机的转速稳定在1 500 r/min不变。

定子每相绕组的电动势有效值为

$$E=4.44KfN\Phi_m$$

式中，K 为电枢绕组状况所决定的绕组系数（$K<1$），f 为正弦电动势的频率，N 为每相的电枢绕组匝数，Φ_m 为旋转磁场的磁通振幅值。改变 Φ_m 值，就可调节同步发电机产生的电动势大小。例如，增大转子励磁绕组中的直流电流，则 Φ_m 增大，将使同步发电机的输出电压增大。

技能训练

条件许可的情况下，对小型柴油机组进行拆、装。

任务实施

陈先生要完成空载试机 3～5 min 的任务，在启动柴油发电机之前必须先完成以下工作：

(1)清洁机组，检查有无漏油、漏水、漏气、漏电(简称四漏)现象。

(2)检查机组上的部件是否完好无损，接线是否牢靠，仪表是否齐全、指示准确，有无螺丝松动。

(3)清洁机油滤清器、燃油滤清器和空气滤清器，清洁油箱和水箱的沉底杂质。

(4)检查机油、冷却液等是否有杂质，如果有，则给予更换。

(5)检查启动电池是否充满。否则给予充满。

(6)检查冷却液、润滑油、柴油是否充足。

(7)检查风冷机组的进风、排风风道是否畅通。

(8)检查传动皮带张力。

(9)检查消防器材，照明是否正常。

(10)检查启动、冷动、润滑、燃油系统是否正常。

(11)检查机壳接地及绝缘。

(12)开机检查。具体如下：

①开机前的检查

a. 机油、冷却水的液位是否符合规定要求。

b. 风冷机组的进风、排风风道是否畅通。

c. 日用燃油箱里的燃油量是否充足。

d. 启动电池电压、液位是否正常。

e. 机组及其附近是否放有工具、零件及其他物品，开机前应进行清理，以免机组运转时发生意外危险。

f. 环境温度低于 5 ℃时，应启动加热器给机组加热。

②启动、运行检查

a. 机油压力、机油温度、水温是否符合规定要求。

b. 各种仪表、信号灯指示是否正常。

c. 气缸工作及排烟是否正常。

d. 油机运转时是否有剧烈振动和异常声响。

评　　价

任务实施后，对任务实施过程及任务成果进行评价，其要点及内容包括：

1. 过程考核

(1)维护工具、仪表的使用：主要考察学员能否熟练地使用各种电工工具和测试仪表。

(2)掌握知识的灵活程度：主要考察学员能否举一反三，通过学员对不同机组采取的解决

方案，提问，以及与学员的交流等几个方面来综合考虑。

(3)学习态度：主要考察学员是否积极、主动，完成任务是否认真。

2. 成果考核

(1)任务实施：主要考察学员对机组维护流程的熟悉程度及操作是否规范。

(2)报告文件：任务实施后，应该提交报告文件，报告文件主要考察能否提出每个人在这次任务中实实在在的收获。

(3)在小组中发挥的作用：主要考察学员在任务实施过程中的协调能力和在小组中发挥的作用。

评价指标体系见表4-4。通过对下表各项内容的考核，评定出学员的成绩。

表4-4 评价指标体系

评价指标 / 学员	过程考核(50%)			成果考核(50%)		
	维护工具、仪表使用(20%)	掌握知识的灵活度(20%)	学习态度(10%)	任务实施情况(20%)	报告文件(20%)	在小组中发挥的作用(10%)

教学策略讨论

柴油发电机组技术和产品比较成熟、相应资料丰富，教学过程中可采用引导文教学，结合实物教学、多媒体教学，也可采用案例教学方法等。

(1)请讨论本任务采用引导文教学时，如何设计引导文？

(2)请讨论本任务采用案例教学法时，案例的选取原则和导向。

(3)如何创设或建设教学环境？让学生能更多地动动手。

请将讨论记录于下：

(1)讨论记录：________________________________

____

____

____

(2)讨论记录：________________________________

____

____

(3)讨论记录：________________________________

____

____

(4)讨论心得记录：________________________________

____

____

任务5 阀控式密封铅酸蓄电池的维护

任务描述

小王毕业后被A市某县移动分公司聘用为移动基站动力维护人员。最近公司新建的移动基站也划归小王维护，根据公司制定的电池维护计划，小王要对移动基站电池进行一次全面维护。

任务分析

蓄电池是一种可以储存电能的化学电源。充电时，电能变成化学能储存于蓄电池中；放电时，化学能变为电能向负载供电。充、放电过程是可逆的，可以反复循环许多次。

通信局(站)一般采用铅酸蓄电池。阀控式密封铅酸蓄电池(Valve Regulated Lead Acid Battery，VRLAB，有的资料将其表达为"VRLA电池")在使用中无酸雾排出，不会污染环境和腐蚀设备，可以和通信设备安装在同一机房；平时维护比较简便；蓄电池中无流动电解液，体积较小，可立放或卧放工作，蓄电池组可以进行积木式安装，节省占用空间，在通信局(站)中得到了广泛应用。

对蓄电池的全面维护工作主要分成充放电和日常维护检测两大项目。

相关知识

一、阀控式密封铅酸蓄电池的型号命名

我国通信行业标准YD/T 799—2002《通信用阀控式密封铅酸蓄电池》中规定，蓄电池型号命名用汉语拼音字母表示，命名方法如图4-15所示。

例1：GFM-1000为额定电压2 V、额定容量1 000 A·h的固定型(G)阀控式(F)密封(M)铅酸蓄电池。

例2：6-FM-65为内有6只单体电池、额定电压12 V、额定容量65 A·h的阀控式(F)密封(M)铅酸蓄电池。

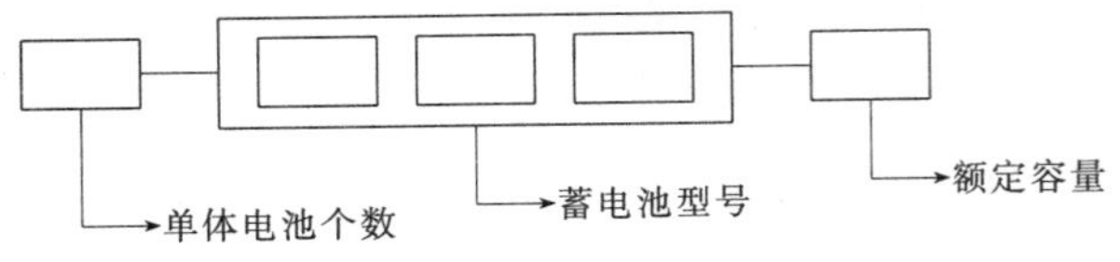

图4-15 蓄电池的型号命名方法

注：单体电池，个数省略；6 V、12 V电池的个数分别为3、6。

此外，3-Q-200是表示内有3只单体电池、额定电压6 V、额定容量200 A·h的启动(Q)电池。

二、全浮充工作方式

通信局(站)现在都采用全浮充工作方式，即整流器与蓄电池组并联向负载(通信设备等)供电，整流器的输出端、蓄电池组和负载始终并联，以－48 V直流电源系统为例，如图4-16所示。交流电源正常时，整流器输出稳定的浮充电压，供给全部负载电流，并对蓄电池组进行补充充电，使蓄电池组保持电量充足，此时蓄电池组仅起平滑滤波作用；交流电源中断，整流器停止工作时，蓄电池组放电供给负载电流；交流电源恢复、整流器投入工作时，又由整流器供给全部负载电流，同时其以稳压限流方式对蓄电池组进行恒压限流充电，然后返回正常浮充状态。

三、VRLA蓄电池的主要技术指标

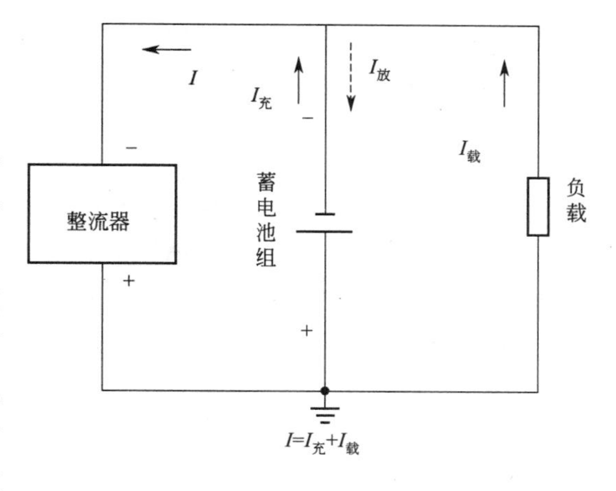

图4-16　浮充供电原理图

(一)电动势

蓄电池正、负极平衡电极电位之差便是蓄电池的电动势，常用E表示，在数值上等于蓄电池达到平衡时的开路电压。

单体铅酸蓄电池E的标称值为2 V，不同厂家的产品其E值由于所用硫酸密度不同而有所差别，同一个蓄电池E的量值也是变化的。充电时，电解液密度增大，E值相应的有所升高；放电时，电解液密度减小，E值也相应的有所降低。

(二)放电率

放电率是针对蓄电池放电电流大小而言的，用时间率或电流率表示。

放电时间率是指在一定放电条件下，放电到终了电压的时间长短。依据IEC标准，放电时间率有20、10、5、3、1、0.5等小时率及分钟率，分别表示为：20 Hr、10 Hr、5 Hr、3 Hr、1 Hr、0.5 Hr等。

放电电流率是为了比较蓄电池放电电流大小而设立的，通常以10小时率电流为标准，用I_{10}表示，3小时率、1小时率等放电电流则分别以I_3、I_1等表示。

(三)放电终止电压

蓄电池以一定的放电率在25 ℃环境温度下放电至能再反复充电使用的最低电压称为放电终止电压(也称为终了电压)，常用U_f表示。固定型蓄电池以10 Hr放电时(25 ℃)，规定终止电压为1.8 V/只。终止电压的数值视放电速率和需要而定。通常，为了电池的正常使用，小于10 Hr的小电流放电，终止电压取值稍高，如1.85～1.9 V；大于1 Hr的大电流放电，终止电压取值稍低，如1.75 V。在通信电源系统中，蓄电池放电的终止电压，应兼顾通信设备对基础电源电压的要求和蓄电池本身的要求来确定。

(四)容　　量

充足电后的蓄电池放电到规定终止电压所能供应的电量(电流与时间的乘积)，称为蓄电池的容量，用C表示；单位为A・h，即安培・小时。

固定型铅酸蓄电池(2 V电池)的额定容量是指环境温度为25 ℃，电池以10小时放电率(10 Hr)的恒定电流放电到终止电压1.8 V所能放出的电量，用C_{10}表示。10小时率电流为

$$I_{10}=\frac{C_{10}(\mathrm{A\cdot h})}{10(\mathrm{h})}=0.1C_{10}(\mathrm{A})$$

例如额定容量1 000 A・h的2 V蓄电池表示它充足电后，在25 ℃时，以100 A的电流放电，放电到规定终止电压1.8 V/只，能够放电10 h。

移动型铅酸蓄电池(6 V电池、12 V电池)的额定容量是指环境温度为(25±2)℃，电池以20小时放电率(20 Hr)的恒定电流放电到终止电压$n\times1.75$ V(n为单体电池个数)所能放出的电量，用C_{20}表示。20小时率电流为

$$I_{20}=\frac{C20(\mathrm{A\cdot h})}{20(\mathrm{h})}=0.05C_{20}(\mathrm{A})$$

蓄电池的额定容量由正极板的片数和单片容量决定。单片容量同极板面积等因素有关，极板面积大则容量大。从使用的角度看，蓄电池的实际容量同放电率、电解液温度等因素有关。

(五)蓄电池端压的均衡性

单体蓄电池和由若干个单体组成的组合蓄电池，其各电池间的开路电压最高与最低差值应不大于 20 mV(2 V)、50 mV(6 V)、100 mV(12 V)。

蓄电池进入浮充状态 24 h 后，各蓄电池之间的端电压差应不大于 90 mV(2 V)、240 mV(6 V)、480 mV(12 V)。

(六)浮充电压和均衡充电电压

为补充自放电损失的电量，使蓄电池保持电量充足的连续小电流充电称为浮充充电，所需的充电电压称为浮充电压。浮充供电的整流器应工作在自动稳压状态，其稳压精度达到小于或等于±0.6%。

YD/T 799—2002 中规定:“蓄电池浮充电单体电压为 2.20～2.27 V(25 ℃)”。不同厂家的产品规定的浮充电压值有所不同，使用中应严格按照厂家的要求来确定浮充电压值，并应随着温度变化而适当调整。

温度变化时，阀控式密封铅酸蓄电池的浮充电压应进行温度补偿——单体浮充电压按温度补偿系数(−3～−3.6)mV/℃来进行修正。即以 25 ℃为基准，温度每升高 1 ℃，每个单体电池浮充电压应降低 3～3.6 mV。假设阀控式密封铅酸蓄电池的温度补偿系数为−3 mV/℃，则某一实际温度(t)下单体电池的浮充电压(U_t)应当为

$$U_t = U_e - 0.003 \times (t - 25)$$

蓄电池组的浮充电压绝对值($|U_{Zt}|$)应当为

$$|U_{Zt}| = n[U_e - 0.003 \times (t - 25)]$$

式中 U_e——蓄电池厂家规定的 25 ℃时单体电池的浮充电压值，V；

t——蓄电池的实际温度，℃；

n——蓄电池组中串联的单体电池个数。

为使蓄电池组中各单体电池性能一致进行的充电称为均衡充电，其充电电压称为均衡充电电压，简称均充电压。

现在通常以恒压限流方式进行均衡充电，均充电压比浮充电压高。YD/T 799—2002 中规定:“蓄电池均衡充电单体电压为 2.30～2.35 V(25 ℃)”。不同厂家的产品均充电压值有所不同，使用中也应按照厂家的要求来确定均充电压值。

一般均充 6～12 h，均充时间不宜太长，以免蓄电池过充电。若均充后仍有落后电池，可相隔两周后再均充一次。

有的电池厂家指出，其产品无需均衡充电，这时在开关电源的监控单元中将均充功能取消即可。

四、恒压限流充电

蓄电池放电后，应及时充电。通信局(站)现在广泛采用的充电方法是恒压限流充电。整流器以稳压限流方式运行，蓄电池组不脱离负载，进行在线充电(蓄电池组脱离负载进行充电叫离线充电)，其“恒压”值一般为均充电压。

恒压限流充电的实质是恒流充电和恒压充电相结合，其充电曲线如图 4-17 所示。

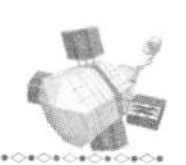

其中充电电流必须限制在不超过 $0.25C_{10}$(A)，通常限制在 $0.2C_{10}$(A)以下(C_{10}为蓄电池的额定容量)。蓄电池放电失去的电量应及时得到补充，因此充电电流也不能太小。充电限流值一般取 $0.1C_{10}$(A)为宜；"转换电流"值可设置为每安时 10 mA，即 $0.01C_{10}$(A)；"保持时间"通常可在1～180 min范围内设置。

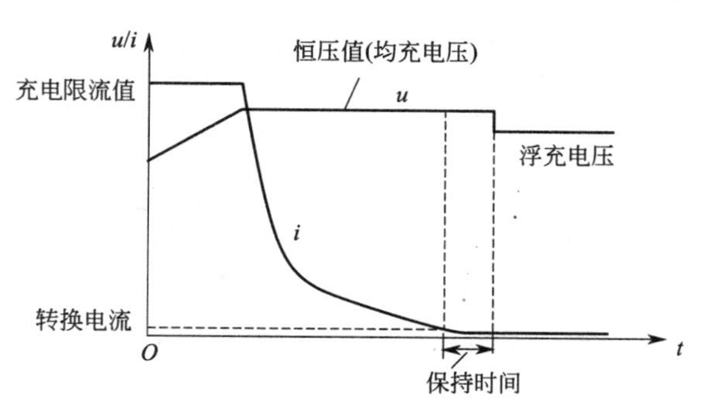

图 4-17　恒压限流充电过程

技能训练

蓄电池充放电的技能训练介绍如下。

1. 蓄电池使用前的补充充电

由于是新建基站，所以需要对基站蓄电池进行补充充电。补充充电应采取恒压限流充电方式，按说明书的规定执行。一般情况下补充充电的充电电流不大于 $0.2C_{10}$(A)，充电电压不大于2.35 V/单体，充电时间(均充时间)可设置为12 h(均充电压2.35 V/单体)或24 h(均充电压2.30 V/单体)。

在补充充电结束后应进行放电试验：补充充电完毕静置1 h后，在25 ℃条件下用假负载以10小时放电率的恒定电流放电(电流波动不超过1%)，放电开始时应立即测量电池组总电压和放电电流，并记录开始时间，以后每1 h测一次并记录总电压、标示电池电压和放电电流，每2 h测一次并记录每个电池的电压；当单体电池电压降至1.9 V时，应每15 min全测一次，以免蓄电池过放电，放电终止电压为1.8 V。放电容量应大于或等于额定容量的95%。

YD/T 799—2002中规定，阀控式密封铅酸蓄电池10小时率容量第1次循环应不低于 $0.95C_{10}$，第3次循环应达到 C_{10}。

2. 蓄电池的充电

阀控式密封铅酸蓄电池组投入运行后，遇有下列情况之一时，应以恒压限流方式进行均衡充电(充电电流不得大于 $0.2C_{10}=2I_{10}$)：

(1)浮充电压有两只以上低于2.18 V/只。

(2)搁置不用时间超过3个月。

(3)全浮充运行达6个月(或3个月)。

(4)放电深度超过额定容量的20%。

蓄电池充电终止的判断依据：阀控式密封铅酸蓄电池的充电量达到放出电量的1.05～1.1倍，或者充电后期充电电流小于 $0.005C_{10}$(A)，连续3 h不变化，可视为充电终止。

3. 蓄电池的核对性放电试验及容量试验

阀控式密封铅酸蓄电池经过一段时间的使用后，常因失水、正极栅格腐蚀或极板硫化等原因，使容量逐渐减低。为了掌握蓄电池组的工作状况，确认市电停电后蓄电池组的保证放电时间，必须进行核对性放电试验及容量试验。

(1)由2 V电池组成的蓄电池组，每年应以实际负荷做一次核对性放电试验，放出额定容量的30%～40%。在放电过程中应关注是否存在落后电池，发现落后电池及时处

理。UPS使用的6 V、12 V蓄电池,宜每季度或每半年对蓄电池组做一次核对性放电试验。

(2)由2 V电池组成的蓄电池组,每三年应做一次容量试验,放出额定容量的60%～80%,使用六年后应每年一次。特别重要的直流供电系统宜每两年对蓄电池组做一次容量试验,使用四年后每年一次。UPS使用的6 V、12 V蓄电池,应每年对蓄电池组做一次容量试验。

(3)蓄电池放电期间,应使用在线测试装置实时记录测试数据,或每小时测量并记录一次蓄电池组的端电压、单体电池电压及单组放电电流。在容量试验的放电后期要随时测量蓄电池组的端电压、单体电池电压及单组放电电流。以免蓄电池过放电。当蓄电池组中有单体电池电压达到放电终止电压时,应立即停止放电。

根据测量记录数据,绘制放电曲线。

(4)核对性放电试验或容量试验结束后,应及时充电,使蓄电池恢复其容量。这时市电应无计划内停电,并应事前准备好油机发电机,一则防止直流供电中断;二则防止蓄电池过放电或放电终止后不能及时充电而导致极板硫酸盐化以及充电时极板上的活性物质难以恢复,使蓄电池容量下降,寿命缩短。

任务实施

蓄电池的日常维护检测分别介绍如下。

1. 电池表面清洁

先清扫机房(清扫时应采取避免产生静电的措施),然后戴好绝缘手套,用拧干的湿布(禁止用香蕉水、汽油、酒精等有机溶剂接触蓄电池)擦拭外壳、极柱、连接条等。

2. 物理性项目检查

(1)检查蓄电池的极柱、连接条是否干净,是否有氧化或腐蚀现象,如存在问题,应进行处理。连接条轻微腐蚀时,将其拆下,用清水浸泡清除;腐蚀严重时,进行更换。各连接点用钢丝刷清洁后重新连接拧紧。

(2)用扳手或内六角扳手检查蓄电池连接处有无松动,若有应紧固。

(3)检查蓄电池壳体有无损伤、变形及渗漏;蓄电池极柱有无损伤、变形、爬酸及漏液;安全阀周围有无酸液逸出。有损伤及漏液现象时,调查其原因,并对损伤的蓄电池进行修理或更换。

(4)用红外线测温仪测定蓄电池端子及壳体的表面温度,温升应无异常,否则查明原因进行处理。

(5)用数字万用表测量并记录各电池端电压及电池组总电压,并判断电池组的均衡性、电池反极及落后电池等,如果出现以上情况应及时修复或更换。

3. 相关参数设置的检测和调整

(1)根据厂家提供的技术参数和现场环境条件,用四位半数字万用表检测蓄电池组及单体电池的浮充、均充电压是否正常,发现异常及时处理。

开关电源设备显示的电压值应与数字万用表的测量值基本相同,若开关电源的显示存在偏差,应调整开关电源的显示值,使之与实测值一致。

(2)检测蓄电池组的充电限流值和退出均充的转换电流值等设置是否正确,发现异常及时调整。

(3)检测蓄电池组的告警电压(低压告警、高压告警)设置是否正确，发现异常及时调整。

(4)若直流供电系统中设有蓄电池组脱离负载的装置，应检测蓄电池组脱离电压设置是否准确，发现异常及时调整。

技能训练的重点是相关参数设置的检测和调整，要求熟练、准确地掌握。

评　价

任务实施后，对任务实施过程及任务成果进行评价，其要点及内容包括：

1. 过程考核

(1)维护工具、仪表的使用：主要考察学员能否熟练地使用各种电工工具、万用表和电池测试仪。

(2)掌握知识的灵活程度：主要依据学员对电池性能的判断和处理方法，以及与学员的交流等方面来综合考察。

(3)学习态度：主要考察学员能否积极、主动、认真地完成任务。

2. 成果考核

(1)任务实施：主要考察学员对电池维护流程的熟悉程度。

(2)报告文件：任务实施后，应该提交报告文件，报告文件中主要考察能否提出每个人在这次任务中实实在在的收获。

(3)在小组中发挥的作用：主要考察学员在任务实施过程中的协调能力和在小组中发挥的作用。

评价指标体系见表4-5。通过对下表各项内容的考核，评定出学员的成绩。

表4-5 评价指标体系

评价指标 学员	过程考核(50%)			成果考核(50%)		
	维护工具、仪表使用(20%)	掌握知识的灵活度(20%)	学习态度(10%)	任务实施情况(20%)	报告文件(20%)	在小组中发挥的作用(10%)

教学策略讨论

蓄电池维护工作主要分为电池充放电和电池日常维护。

(1)电池的充电又分为补充充电、浮充充电和均衡充电；电池的放电又分为工作放电和人工放电。任务内容充实，可采用分组实训，现场教学的方案，请讨论分组实训的具体设计方法。

(2)日常维护包括各种检测和清洁。讨论适合“日常维护”类实训的教学方法。

请将讨论记录于下：

(1)讨论记录：______

(2)讨论记录：______

(3)讨论心得记录：______

任务6　高频开关电源设备维护操作

任务描述

老张是某电信分公司的动力维护人员，根据公司的年度维护计划，老张今天要完成年度维护计划中规定的相关维护项目，参照通信行业《通信电源、空调维护规程》的规定，今天老张需要将高频开关电源设备完成以下日常维护与检查：

(1)清洁设备。

(2)检查各种告警、显示功能的有效性。

(3)检查风扇及设备散热性能。

(4)测量输入、输出的电压、电流。

(5)检查监控模块、整流模块的工作状态。

(6)整流模块均流、负载均分性能检查。

(7)检查监控模块各维护参数设置是否正确，有无变更。

(8)检查开关、熔丝、接线端子、引线、连接接触情况。

(9)测量直流熔断器压降或温升。

(10)熔丝、防雷保护检查。

(11)测量杂音电压。

(12)检查机壳接地。

(13)校正仪表、设备指示及显示数据。

任务分析

国内外大部分通信设备，如程控交换机、光纤传输设备、移动通信设备和微波通信设备等，采用直流供电，完成交流到直流转换的设备为整流器。现在，常把交流配电、直流配电、整流器等组合在一起，构成组合式的高频开关电源系统。老张今天的主要任务就是对高频开关电源系统进行日常维护检查及监控单元参数的设置检查。

相关知识

一、高频开关电源系统的组成

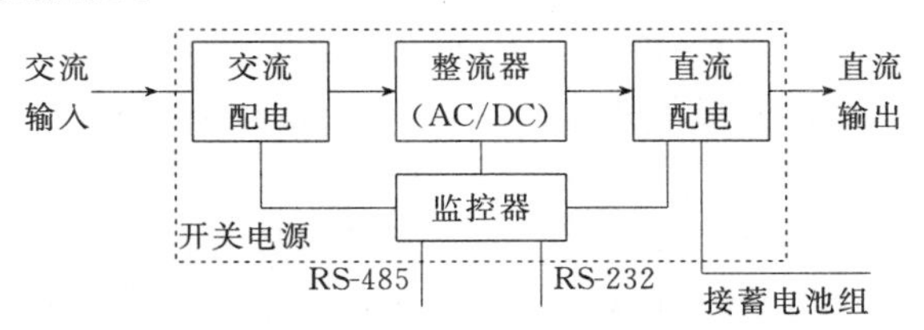

图 4-18　高频开关电源系统组成框图

通信用高频开关电源系统由交流配电部分、整流器、直流配电部分和监控器(又称监控模块、监控单元或控制器)组成，方框图如图 4-18 所示。

二、均分负载(均流)性能

多台同型号的整流器应能并机工作。YD/T 731—2002 规定，交流输入电压为额定值，在单机 50%～100%额定输出电流范围内，其均分负载的不平衡值应不超过直流输出电流额定值的±5%。各台整流器的均分负载不平衡度按下列公式计算：

$$\delta_1=(K_1-K)\times100\%$$
$$\delta_2=(K_2-K)\times100\%$$
$$\delta_n=(K_n-K)\times100\%$$

式中，$K_1=I_1/I_H$，$K_2=I_2/I_H$，$K_n=I_n/I_H$，$K=\Sigma I/(nI_H)$；I_1、I_2、…、I_n 为各台被测整流器的输出电流；I_H 为各台被测整流器的额定输出电流；ΣI 为 n 台被测整流器的输出电流总和；nI_H 为 n 台被测整流器的额定输出电流总和。

三、开关电源故障处理概述

平时应按照维护规程的要求，完成维护作业计划，做好设备维护工作。在查找和处理故障时，要做到心中有数，不慌，不乱。心中有数就是对电源系统各部分的位置、作用和原理清楚明了，并且熟悉监控器的操作；不慌就是面对故障现象时，能冷静地由表及里检查、分析故障可能所在部位，逐步缩小查找范围，找出故障点，予以排除；不乱就是按程序，一步一步地检查、拆装、处理，拆下的部件码放有序。绝不要在未弄清问题之前乱调乱动，以免扩大故障、增加维修难度。

应当注意，开关电源设备的现场维修往往是带电操作，即使交流电源被切断，也有蓄电池接通，要特别注意人身和设备的安全。在处理故障的过程中，要尽一切可能不中断对通信设备供电。

查找故障一般有以下方法。

1. 直观检查

直观检查就是直接观察开关电源及相关设备的状况，从而确定故障现象，发现故障部位或原因。这是维修人员凭借视觉、听觉、嗅觉和触觉对故障电源设备仔细观察，并与正常情况对

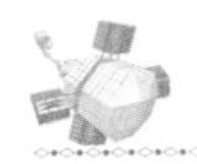

比，从而逐步缩小故障查找范围，直接发现故障位置、原因的检查方法，具体观察内容有以下7点：

(1)观察系统有无告警指示或告警信息，查看电源设备的输入、输出电压与电流值，以及监控器的显示是否正常，根据告警信息查找有关部位。

(2)观察电源设备有无插头、接线端子松动脱落现象，有无器件烧焦、断腿、相碰、锈蚀等现象，有无其他人动过设备的现象。

(3)观察、感觉有无过热的器件、烧焦的糊味，甚至打火、冒烟等现象，有无异常响声。

(4)观察环境情况，如是否温度过高、湿度过大，有无积水、漏雨及虫叼鼠咬，了解供电电源及接地等情况。

(5)观察蓄电池组的外观是否异常，连接端子是否有松动、锈蚀等情况。

(6)观察电源设备的参数设置是否正确。参数设置主要在监控器上，有的设备在电池保护板上有一次下电、二次下电电压值的设置。

(7)观察是否有机械结构故障。由于运输等原因，在安装和开通时，可能遇到机械结构方面的问题，要通过直接观察的办法仔细查找。

直观检查能发现很多问题，如相线或零线虚接，浪涌保护器损坏，接线插头的引线及空开接线脱落等。直观检查很重要，它是维修工作的第一步，而且贯穿于整个维修过程中。

2. 用万用表检查

在直观检查不能确定问题所在时，可用万用表检查相关部位电压是否正常，电路是否接通等(注意不能在有电时使用电阻挡)，具体检查内容如下：

(1)用万用表测交流输入电压是否正常，三相输入是否缺相、虚接，零线是否虚接，零地电压是否符合要求(零线与地线之间的交流电压，一般应在5 V以下)。

假如接入开关电源系统的相线正常而零线虚接呈断路状态(在开关电源输入端子处或机房配电箱处虚接)，当系统内三相负载不平衡时，各相负载(如单相供电的整流模块)的电源电压将会严重不平衡，不但系统不能正常工作，而且可能损坏系统中的一些元器件。

(2)用万用表测输出电压是否正常。

(3)检查元器件、部件工作电压是否正常。

(4)通过测电压来判断通断。例如，应接通的直流接触器触点之间电压应为零，否则说明触点未接通或接触不良。

(5)在断电条件下，用万用表电阻挡测插接件和连线的通断。

3. 替代法

这是用好的部件或元器件置换怀疑有故障的部件或元器件，从而确定故障部位的检查方法。

例如，怀疑某整流模块有故障，将此模块取下，换一块好模块，若设备工作正常了，则说明此模块确已损坏；若把此模块与机柜上另一块好模块的位置对调，此模块正常了，而原来的好模块到此位置却工作不正常，则说明不是模块的故障，而是机柜上有问题，很可能是插座上有故障。

4. 比较法

这是把故障电源设备与正常电源设备相比较，从而找出故障点的检查方法。

采用比较法，必须熟悉电源设备工作正常时各部分的状况。

5. 排查法

这是通过逐一试验,排查故障整流模块的方法。

例如,所有整流模块输出过电压关机保护,往往是其中一个模块输出过电压造成的,应迅速找出这个故障模块。这时应关掉所有整流模块,然后逐个开启。当开启某一整流模块再次发生过压保护时,就可判明该模块为故障模块;关掉该模块,并重新关掉所有模块,再逐一开启除故障模块外的其他模块,开关电源系统就能正常供电。故障模块应从机柜中取下送修。

6. 经验检查法

经验检查法即运用工作经验来查找和处理故障。

经验检查法需要较为丰富的实践经验。要善于总结、运用自己和他人的实践经验来指导维修工作。在维修工作中宜做好笔记。

在查找和处理故障的实际工作中,应根据具体情况,灵活地综合运用上述方法解决问题。

四、告警处理紧急度

根据告警对电源系统运行的影响及需要采取措施的紧急性,监控模块将告警类型分为四个级别:严重告警、紧急告警、一般告警和不告警。

严重告警、紧急告警:该类型告警发生后,严重影响电源系统的工作性能,无论在任何时间发生,都要求用户立刻采取措施进行处理。系统点亮告警显示灯,同时产生声音告警。

一般告警:该类型告警发生后,电源系统还能暂时维持正常的直流输出,若是在值班时间发生,则要求立刻采取措施进行处理,倘若不是在值班时间发生,则要求值班时间开始时处理。系统仅点亮告警指示灯。

不告警:此类告警条目被用户设置成不告警,则允许在产生此类条目描述状态下,系统正常运行,不产生任何声光指示。

技能训练

电话衡重杂音电压是指整流器输入电压为85%~110%额定值、输出电流为额定值时,直流输出电压中的交流分量通过国际电信联盟(ITU)规定的电话衡重网络(A)后测得的杂音电压值。即模拟人耳接收情况,等效为800 Hz的杂音电压,它等于各交流分量衡重杂音电压的方均根值:

$$U_{衡}=\sqrt{(C_1U_1)^2+(C_2U_2)^2+\cdots+(C_nU_n)^2}$$

式中 C_1、C_2、C_n 是各交流分量的衡重系数;

U_1、U_2、U_n 是各交流分量的有效值。

YD/T 731—2002规定,电话衡重杂音电压应不大于2 mV。

电话衡重杂音电压用杂音计(如QZY-11型高低频杂音测试仪)在电话衡重加权模式测量,选择600 Ω输入阻抗,并选择适当量程,读取最大测量值,测试回路应串入不小于10 μF的隔直电容器。测试接线如图4-19所示。

任务实施

老张对高频开关电源设备的维护主要包括以下任务:

(1)清洁设备,特别注意风扇、滤网的清洁,保证无积尘,风道无遮挡物。先用压缩空气进行吹污、吹尘,然后用干的干净抹布擦拭。

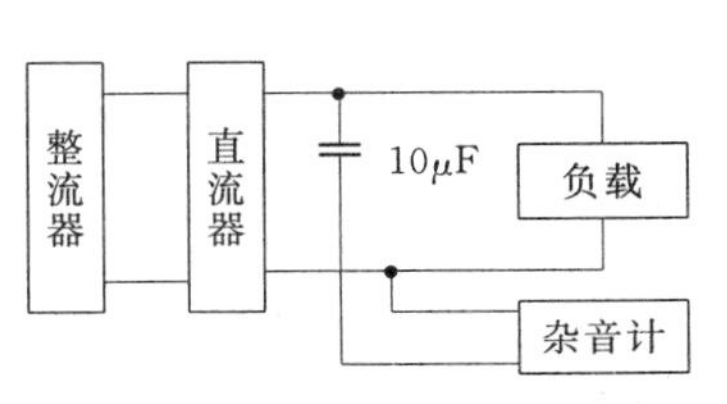

图4-19 杂音电压测试接线图

(2)用扳手或改刀检查机壳接地是否良好。

(3)检查各整流模块风扇运转及散热是否正常。

(4)用红外点温计测量直流熔断器压降或温升、汇流排温升有无异常。

(5)检查防雷装置是否正常。

(6)用数字万用表测量并记录开关电源系统交流输入相电压、零线的电流，以及对地电压。

(7)检查各整流模块的负载均分性能。各模块超过半载时，整流模块之间输出电流不平衡度应低于±5%。

(8)检测备用模块是否性能良好。

(9)测量衡重杂音电压。

(10)检查监控单元参数设置是否符合表4-6的要求。

表4-6 开关电源系统参数设置明细表(举例)

参数名称	建议设置	备　注
系统均、浮充开关	浮充	需手动均充时可设置为均充
系统开机关机	开机	勿轻易进行系统关机操作
电池试验	关	电池试验时打开
电池温度	关	有电池温度检测信号输入时打开
声音报警	开	维护操作时可关闭，维护操作后注意打开
交流输入过压	264 V	此系告警值
交流输入欠压	176 V	此系告警值
直流输出过压	57.0 V	大于均充电压，并应使通信设备受电端电压不超过57 V(绝对值)
直流输出欠压	43.5 V	根据配置的电池参数设置
直流起始电压	46.0 V	欠压值<起始电压<浮充电压
浮充电压	53.5 V	根据配置的电池设置
均充电压	56.4 V	根据配置的电池设置，浮充电压≤均充电压<过压值
均充时间	12 h	最长为24 h
均充周期	90 d	当电池“无需均充”时，设置为999天(或设置为关闭)
充电限流值	$0.1C_{10}$(A)	根据配置的电池设置，应不大于$0.2C_{10}$(A)
转换电流	$0.01C_{10}$	均充自动转浮充的充电电流值，宜为电池额定容量的1%(或0.5%)
参考温度	25 ℃	电池的标准温度，此值请勿再设置
温度系数	72 mV/℃	有电池温度检测信号输入时起作用
均充保持时间	10 min	1～180 min
电池①安时		电池1的容量
电池②安时		电池2的容量
电池试验安时		放电试验时设置的放电量
一次下电电压	46.0 V	
二次下电电压	43.2 V	
回差电压	4～6 V	
设备编号	01	根据监控系统要求编号
波特率		1 200、2 400、4 800、9 600，根据监控系统要求设置
电话号码	1～11位	监控中心电话号码
拨号方式	音频	根据监控系统要求设置

(11)检查高频开关电源系统是否有告警。如果有,则按照下述方法处理:

当高频开关电源系统在告警发生时,请查阅监控模块的告警信息,查看告警类别及有无外界干扰,比如雷电或市电故障等,同时监视日期、时间、电源系统电压和负载,等等。

1)交流停电(严重告警)告警处理

市电电源发生故障时,负载仅由电池来供电。

交流停电是电源系统运行中最常见的情况,在停电时间不长时,直流供电由电池负担,如果停电原因不明或时间过长,就需要启动油机发电。建议油机发电机启动至少 5 min 后,再切换给电源系统供电,以减小油机启动过渡过程可能对电源设备造成的影响。

2)交流过压(紧急告警)告警处理

交流过压告警指系统交流输入电压超过系统交流“过压告警”参数的设定值,用户应检查设定值,若过低应更改。默认的设定值见表 4-6。

一般的过电压不影响系统工作,当市电电压大于 295 V 时,整流模块将停止工作。因此对于长期过压的供电网络,需与相关电力网络维护人员协商,改善电网。

3)交流欠压(紧急告警)告警处理

交流欠压告警指系统交流输入电压小于系统交流“欠压告警”参数的设定值,用户应检查设定值,若偏高可更改,缺省的设定值见表 4-6。

若市电电压小于 176 V 时,整流模块将限功率输出,低于 80 V 将停止工作。因此对于长期欠压的供电网络,需与相关电力网络维护人员协商,对电网作改善。

4)防雷器故障(紧急告警)告警处理

检查防雷器情况,若有防雷器的发生损坏指示,更换已经动作的防雷单元。

5)直流过压(紧急告警)告警处理

直流过压告警指系统直流输出电压大于直流“过压告警”参数的设定值,需要用户紧急进行处理,处理过程如下:

①检查电源系统直流输出电压和监控模块“过压告警”的设定值,若设置值不合理则改正过来。

②找出引起过压告警的整流模块。

在确保蓄电池能正常供电的情况下,断开所有整流模块的交流输入开关,然后,逐一接通模块的交流输入开关。当接通某一模块的交流输入开关,系统再次出现过压保护时,则该模块为引起过压告警的整流模块。然后接通其他模块的交流输入开关,系统将正常工作。

6)直流欠压(紧急告警)告警处理

直流欠压告警指系统直流输出电压小于“欠压告警”参数的设定值,一般该告警都是由市电停电导致电池放电过度造成的。

①倘若欠压告警是由于市电停电造成的,请与通信交换机的负责人联络,看是否可以断开某些负载来延长整个电源系统的工作时间。

②倘若没有市电故障发生,则该欠压告警可能是因为整流模块故障或者电源系统负载容量相对于整流模块的容量过大,电池承担了大部分或全部负载供电工作而造成。

③倘若欠压告警是由于整流模块故障造成的,则检查看哪一个整流模块有当前告警,然后采取相应措施。

④倘若所有的整流模块都在运行并带满载,欠压告警可能是由于整流模块容量不足,从而导致电池放电。

比较总的负载电流和整流模块电流。总的负载电流在浮充电压时不能超过总的整流模块电流，若超过则必须要断开部分负载以确保整个系统的稳定运行。

多增加几个整流模块，使整流模块的总电流超过总的负载电流的120%，且至少有1个整流模块是供冗余备份的。

7)负载支路 N 断、电池支路 N 断(紧急告警处理)

该告警指配电单元的第 N 路负载空开/熔丝分断。

故障一般是由负载分路过载、短路、手动切断或告警电路故障造成。

①若相应支路所接为空开，请检查空开的手柄位置，如果空开的手柄处于分闸位置，表明已发生分断故障，查找并排除故障，复位断路器。

②如果没有发现上述现象，测量告警空开或熔丝两端的电压，电压接近0 V，则说明告警回路有故障，请查询此故障的原因。

注意：机柜内部操作及某个功能单元的操作必须由接受过培训的有足够电源系统方面知识的人员执行。

8)电池保护(紧急告警)告警处理

该告警指电池保护接触器断开、电池未接入电源系统。

①电池放电过程中，当电池电压小于"电池保护"参数的设定值或放电时间超过"电池下电保护时间"参数的设定值时，电池保护接触器自动断开。当市电恢复时，接触器会自动重新连接起来。

②手动控制电池下电

9)模块 N 故障(紧急告警)告警处理

该告警通常表示模块 N 的输出电压高于设定值，因此被自动关闭。此时，整流模块上的红色发光二极管亮。

①断开整流模块的交流输入，然后再打开交流输入以重启动该整流模块。

②倘若整流模块仍然有告警"模块 N 故障"，则更换该整流模块。

10)模块 N 保护(一般告警)告警处理

整流模块的交流输入电压大于整流模块的交流过压点(295 V)或小于整流模块的交流欠压点(80 V)，整流模块将停止工作。因此对于长期过压或欠压的供电网络，需与相关电力网络维护人员协商，改善电网。

11)模块风扇故障(严重告警)告警处理

该告警指整流模块的风扇有故障。

①检查整流模块的风扇是否运行。

②倘若整流模块的风扇处于静止状态，拔出整流模块，检查风扇是否有阻碍物堵住，清理后重新将整流模块插入系统机柜，整流模块启动工作后若风扇还是处于静止状态则更换该风扇。

③若上述处理措施还是无法消除模块风扇故障，则更换该整流模块。

12)模块 N 通信中断(严重告警)告警处理

该告警指整流模块和监控模块之间的通信失败或整流模块内部发生故障。

①倘若告警整流模块未发现异常，则检查这个整流模块和监控模块之间的通信连接是否正常。

②拔出整流模块，再插入、重启动该整流模块。

③倘若该整流模块仍然有告警，则更换该整流模块。

13)电池手动管理(不告警)告警处理

该告警指电池管理手动工作，不进行自动电池均浮充控制、限流控制、温补控制及负载下电和电池保护控制。

①检查工作在手动电池管理状态的原因。

②如果无明确要求，设置电池管理为自动工作状态。

14)电池温度高告警(一般告警)告警处理

电池房温度超过“高温告警”参数的设定值时触发此告警。原因可能是电池内部故障造成电池过热、电池电压过高或电池房的温度过高。高温对电池有害，可能导致爆炸性和腐蚀性气体的泄露，以及电池爆炸或电池容量损失。找出并清除引起电池温度高的因素。

15)整流模块的故障处理

①整流模块常见故障

整流模块常见故障表现有：电源指示灯(绿色)灭、保护指示灯(黄色)亮、保护指示灯(黄色)闪亮、故障指示灯(红色)亮、故障指示灯(红色)闪亮。具体处理方法见表 4-7。

表 4-7 整流模块指示灯故障处理

异常现象	异常原因	处理建议
电源指示灯(绿色)灭	无输入输出电压	确保有输入输出电压
保护指示灯亮(黄色)	交流输入电压超出正常范围	确保交流输入电压处于正常范围
	PFC 内部过欠压	更换模块
	模块严重不均流	更换模块
	模块发生过热保护，主要原因有： 1. 风扇受阻。 2. 风道不畅通：进(出)风口有阻碍物。 3 环境温度过高或有发热源离模块进风口太近。	1. 将阻碍风扇运行的物体移走。 2. 移走进风口或出风口的阻碍物。 3. 降低环境温度或移走发热源
保护指示灯闪亮(黄色)	模块通信中断	检查通信线是否正常连接
故障指示灯亮(红色)	模块过压	拔出模块重新启动，如果继续发生过压保护，更换模块
	输出保险断	检测是否输出过压，如果不是，更换模块
故障指示灯闪亮(红色)	风扇不转	更换新风扇

②更换整流模块的风扇

当风扇因故障不转时，需更换新的风扇。风扇和面板的拆卸方法如下：

a. 用十字起子将固定前面板的 3 个螺钉从固定孔里拆下，将前面板拔出。

b. 拔下风扇的电源线，拿走风扇。

c. 更换风扇。

d. 将风扇的电源线插入风扇电源插座，将风扇吹风的方向对准机箱内部标签方向，装入风扇，装上前面板并用 3 个螺钉将前面板固定。

③更换整流模块

如果整流模块前部指示灯全部不亮，检查是否有输入电压或输出电压，如果没有输入或输出电压，排除输入、输出故障后重新上电；如果整流模块有时工作正常，有时停止工作，用示波器或电网分析仪检查输入电网电压波形是否有短暂的过压或尖峰，如果出现，断开系统的交流输入空开，排除电网问题后重新上电。

除更换整流模块的风扇之外，建议不要做其他任何维修工作，需要做以下工作：

a. 检查新整流模块，看是否有明显的运输损坏。

b. 抓住故障整流模块的把手将模块往外拉，即可将模块抽出机架。把整流模块滑出整流模块架的时候一定要小心，刚刚退出工作的模块外壳的表面温度还很高，注意抓紧模块以免跌落损坏。

c. 抓住新整流模块的把手缓慢地将模块推进到机柜最里面，确保输入、输出插座连接良好。模块运行指示灯经过短时延迟后会发光，风扇运转。

d. 检查新的整流模块工作是否正常，主要包括：监控模块是否能识别新整流模块、该整流模块是否能和其他整流模块均流，以及当拔出该整流模块时，观察该整流模块是否报警并核实监控模块上是否显示该告警。倘若上述各项检验都正确，则更换上的整流模块运行正常。

e. 将把手推进前面板，通过模块的定位销将模块固定。

评　　价

整个教学过程在教师的组织和协调中进行，可按照以下几个方面进行考核：

1. 过程考核

教师全程监督整个任务实施过程，观察每个学员整个过程中各方面的表现，并做好记录。

(1)维护工具、仪表的使用：主要考察学员能否熟练地使用万用表、杂音计等仪表。

(2)掌握知识的灵活程度：主要考察学员能否举一反三，可以通过学员对类似问题采取的解决方案，提问，以及与学员的交流等几个方面来综合考虑。

(3)学习态度：主要考察学员能否积极、主动、完成任务，并且是否认真。

2. 成果考核

(1)任务实施情况：主要考察学员是否能按照规范要求完成高频开关电源设备的日、月、季度维护。

(2)报告文件：任务实施后，应该提交报告文件，报告文件主要考察能否提出每个人在这次任务中实实在在的收获。

(3)在小组中发挥的作用：完成任务的过程中，从协作能力及在小组中所发挥的作用两个方面互相评分。

评价指标体系见表 4-8。通过对该表各项内容的考核，评定出学员的成绩。

表 4-8　评价指标体系

评价指标 学员	过程考核(50%)			成果考核(50%)		
	维护工具、仪表的使用(20%)	掌握知识的灵活程度(20%)	学习态度(10%)	任务实施情况(20%)	报告文件(20%)	在小组中发挥的作用(10%)

教学策略讨论

高频开关电源设备的维护项目繁多，有轻有重，在教学时，日常维护与检查部分分配时间相对来讲可以少些，而对高频开关电源系统故障分析与检查分配时间尽量多些。

讨论上述轻、重安排是否合理，以及相应的评判原则是否准确，并将讨论记录于下：

(1)讨论记录：________________________________

____

____

____

____

(2)讨论心得记录：________________________________

____

____

____

____

任务7 普通空调设备的日常维护

任务描述

小林毕业后被A市某公司聘用为动力维护人员。该公司是当地移动公司的代维公司，主要负责基站动力设备(含基站空调)的维护。由于小林在校学过空调相关课程，所以公司让小林主要负责基站空调的维护工作。

任务分析

为保证通信设备正常工作，通信网络畅通无阻，空调设备已经成为通信局(站)不可或缺的装置。

小林接到任务后，先对该区域基站所用空调类型进行统计，发现该区域基站所用空调都是普通空调，由于小林学过与空调相关的课程，所以小林知道所谓的普通空调即一般的房间空调器，也称为舒适性空调(多用热泵型或热泵辅助电热型分体式空调器)，这是目前小型通信机房应用最广泛的空调设备。按照公司年度维护计划及通信行业《通信电源、空调维护规程》的规定，小王对基站空调维护需要完成以下维护工作：

(1)设备清洁。

(2)测量电压。

(3)检查保护接地。

(4)调节通信机房室内温、湿度。

(5)检查空调系统的各种功能。

(6)检查管路有无渗漏、堵塞现象。

(7)检查和拧紧所有接点螺丝等。

相关知识

一、制冷原理与主要部件

（一）制冷技术基础知识

1. 蒸发和冷凝

物质由液态转变成气态的过程称为汽化，而物质由气态转变成液态的过程称为液化。汽化和液化是相反的过程，汽化过程伴随着吸热，液化过程伴随着放热。汽化有蒸发和沸腾两种形式。在制冷技术中，沸腾习惯上称为蒸发，液化又称为冷凝。

2. 热量与制冷量

热能是能量的一种形式。热量是物质热能转移时的度量，是表示物体吸收或放出多少热的量度，用符号 Q 表示。在国际单位制（SI）中，热量的单位是焦[耳]（J）或千焦（kJ）；在工程技术中，热量的单位常用卡（cal）或千卡（kcal，也叫大卡）表示。这两种单位的换算关系为：1 J＝0.238 9 cal≈0.24 cal。

制冷量是指用人工的方法在单位时间内从某物体（空间）移去的热量，其单位为千焦/小时（kJ/h）或瓦[特]（W）、千瓦（kW）。

热量以电磁波的形式沿直线辐射出去的热传递方式称为热辐射。

3. 显热、潜热

物体吸收或放出热量时，只有温度的升高或降低，而状态却不发生变化，这时物体吸收或放出的热量称为显热。物体吸收或放出热量时，物体只有状态变化，而温度却不发生变化，这时物体吸收或放出的热量称为潜热。

在制冷系统中，制冷剂在蒸发器内蒸发时从外界吸收的热量（汽化热）和在冷凝器内冷凝时放出的热量（冷凝热）都是潜热。

4. 压力

在制冷和空调工程上人们习惯于把物理学中的压强称为压力，是指单位面积上所承受的垂直作用力，用 P 表示。压力的国际制单位为 Pa（帕斯卡，简称为帕），1 Pa＝1 N/m^2（牛顿/米^2）。在实际应用中，压力有表压力和绝对压力之分。

表压力是通过压力表上的数值表示的，是以一个大气压作为基准（0），为被测气体的实际压力与当地大气压力的差值。如果表压力比大气压力低，就是负值，称为真空度（b）。表压力在制冷系统运行和操作时用以观察系统的工作压力。

绝对压力（P_j）是表示气体实际的压力值，等于表压力和当地大气压力之和，即

$$P_j = P_0 + P_b。$$

式中　P_j——绝对压力。

P_0——当地大气压力

P_b——表压力。

（二）制冷剂、冷媒和冷冻油

1. 制冷剂

制冷剂又称制冷工质，是制冷系统中不断循环以实现制冷的工作物质。氟利昂 R12、R22 是两种应用最广泛的中温中压制冷剂，其中 R12 多用于冰箱、冷柜等制冷装置，R22 则多用于空调装置。

由于 R12 等制冷剂会对大气臭氧层起破坏作用，因此到 2010 年将完全禁止使用；而 R22 对地球生态环境的危害相对较小，所以把 R22 制冷剂作为过渡工质，在近 30 年内还可以继续使用。就目前来讲，在制冷技术中常用 R134a 等制冷剂替代 R12，还可以用 R502 替代 R22。

2. 冷媒

冷媒又称载冷剂，用于向被间接冷却的物体输送制冷系统产生的冷量。水是一种较理想的冷媒，当制冷温度要求低于 0 ℃时，可以使用盐水作载冷剂。

3. 冷冻油

制冷压缩机专用的润滑油称为冷冻润滑油，简称冷冻油，它有润滑、降噪、冷却降温、密封防漏及能量调节等作用。冷冻油应根据制冷剂的种类来选用，如 R22 国产压缩机应采用 25＃冷冻油。

(三)热泵型空调器原理

热泵是通过转换制冷系统制冷剂运行流向，从室外低温空气吸热并向室内放热，使室内空气升温的制冷系统。

如果在单级蒸气压缩式制冷系统中增设一个控制制冷剂流向的换向阀(电磁四通换向阀)，那么就能使同一个蒸气压缩式制冷系统既能制冷，又能制热。热泵型空调器就是用这种制冷系统来制造的，其方框原理图如图 4-20 所示。图 4-21 是该类型空调器关键部件电磁四通换向阀的工作原理示意图。

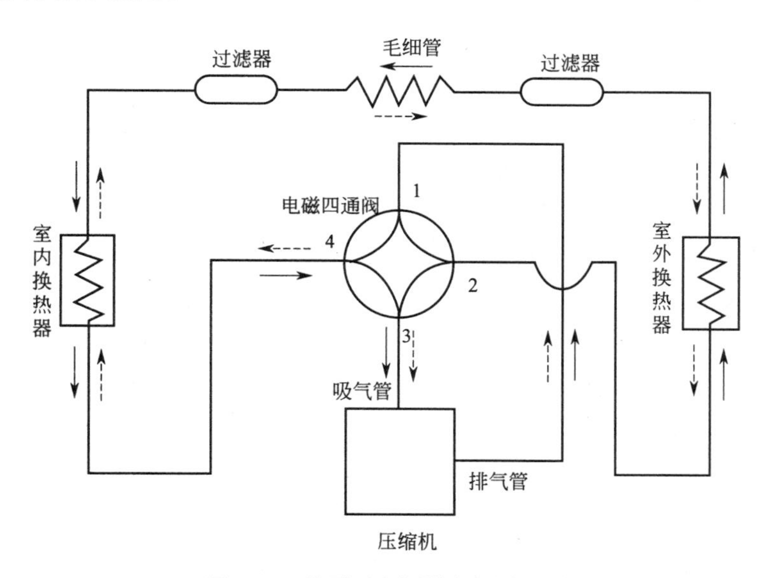

图 4-20　热泵型空调器方框原理图

热泵型空调器主要由室内换热器、室外换热器、压缩机、毛细管(节流作用)、过滤器(去污、防止毛细管堵塞)及关键部件电磁四通换向阀等构成。

制冷时，电磁四通换向阀线圈不通电，四通换向阀内部管道 1 和管道 2 相通，管道 4 和管道 3 相通，如图 4-21(a)所示。此时制冷剂流向如图 4-20 中实线箭头所示，室内换热器为蒸发器，室外换热器为冷凝器。从压缩机排气口输出的高温高压制冷剂气体由四通换向阀管道 1 输入，从管道 2 输出，送到室外换热器冷凝并放出热量，变为高压中温液体，然后经过毛细管节流降压为低温低压液体，送到室内换热器蒸发并吸热制冷，制冷剂变为低温低压气体，由四通换向阀的管道 4 输入，从管道 3 输出，送到压缩机再次压缩，从而实现循环制冷。

冬天制热时，电磁四通换向阀线圈通电，四通换向阀内部管道 1 和管道 4 相通，管道 2 和管道3相通，如图4-21(b)所示。此时制冷剂流向如图4-20中虚线箭头所示，室内换热器为冷凝器，室外换热器为蒸发器。从压缩机排气口输出的高温高压制冷剂气体由四通换向阀管道1输入，从管道4输出，送到室内换热器冷凝并放热(制热)，变为高压中温液体，然后经过毛细管节流降压为低温低压液体，送到室外换热器蒸发并吸热，制冷剂变为低温低压气体，由四通换向阀的管道2输入，从管道3输出，送到压缩机再次压缩，从而实现循环制热。

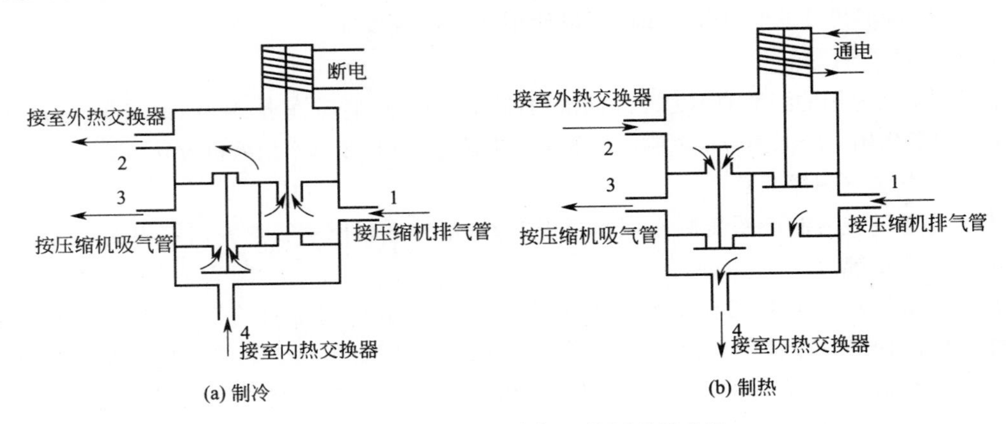

图4-21　电磁四通换向阀工作原理示意图

(四)制冷系统主要部件

1. 制冷压缩机

制冷压缩机的作用是将从蒸发器流出的低压制冷剂蒸气压缩，使制冷剂蒸气的压力提高到在常温下冷凝所需的冷凝压力，同时提供制冷剂在系统中循环流动所需的动力。

压缩机有多种类型。按照工作原理的不同，可以分为容积式和离心式两种；按结构的不同，可以将压缩机分为开启式压缩机、半封闭式压缩机及全封闭式压缩机三种类型。目前大部分机房专用空调采用全封闭式压缩机。

全封闭制冷压缩机是将压缩机与电动机一起装置在一个密闭铁壳内形成的一个整体。从外表看只有压缩机的吸排气管接头和电动机的导线。压缩机壳分为上下两部分，压缩机和电动机装入后，上下铁壳用电焊焊接成一体，平时不能拆卸，因此机器使用可靠。

2. 冷凝器

冷凝器是制冷系统中主要的换热装置之一。冷凝器的作用是将压缩机排出的高压、高温制冷剂过热蒸气，通过其放热面将热量传递给低温物质(空气或水)，使制冷剂冷凝成液态。

按所采用的冷却介质，冷凝器可以分为水冷式、空气冷却式及用水和空气冷却三类。水冷式冷凝器的冷却效果好，但需要冷却水循环设备。它有壳管式、套管式及沉浸式等型式。

空气冷却式冷凝器的冷却效果相对较差，但不用水，安装方便，多用于小型氟利昂制冷装置。空气冷却式冷凝有风冷式和自然对流式两种结构形式，前者用于空调器，后者用于家用电冰箱等。

3. 蒸发器

制冷系统中另一个主要换热装置是蒸发器。蒸发器的作用是使低温低压的液态制冷剂在其内部迅速蒸发(沸腾)为蒸气，吸收被冷却物质的热量，使其温度下降。蒸发器内制冷剂的蒸发温度越低，被冷却物质或空间的温度也越低。

按被冷却物质的特点，蒸发器可分为冷却液体的蒸发器、冷却空气的蒸发器两类。冷却液

体的蒸发器有立管式蒸发器、双头螺旋管式蒸发器、卧式壳管式蒸发器、蛇形盘管式蒸发器等。

冷却空气的蒸发器有机械吹拂式和自然对流式。机械吹拂式的蒸发器常用于空调器中，自然对流式的蒸发器常用于电冰箱和冷库中。

4. 节流阀

节流阀的作用是对冷凝器输出的高压中温制冷剂液体节流降压，使制冷剂的温度和压力降到所需要的蒸发温度和蒸发压力，然后在蒸发器内低温低压下蒸发吸热，从而达到制冷的目的。节流阀有毛细管和热力膨胀阀两种结构形式。

毛细管是以一定细孔径和长度的铜管作为制冷系统的节流阀来完成节流膨胀任务的，这一功能称为毛细管节流，又称为阻流式控制。毛细管具有结构简单、制造方便、价格低廉、本身不易产生故障和泄漏及自补偿功能等特点。

另一种结构形式的节流阀是膨胀阀。膨胀阀的结构形式很多，大体上可分为两大类，一类是机械型膨胀阀；另一类是电子型膨胀阀。它们的基本原理都是要构成一个适应制冷系统流量要求的“小孔”，使高压液态制冷剂流经小孔时，克服较大的流动阻力而从小孔中喷出，喷出的制冷剂压力下降、温度降低。

膨胀阀的工作特点是能够根据蒸发器出口处蒸气过热度的大小，自动地调节阀门的开启度，以调节进入蒸发器的制冷剂流量，故又称为自动膨胀阀或感温膨胀阀。

5. 电磁阀

电磁阀是制冷系统中一种重要的自动控制制冷剂通过或截止的部件。它通常与压缩机同接启动开关，以配合压缩机的开停而自动开通或切断制冷剂循环。电磁阀按其开启方式可分为直接启动式和导压开启式两种。

6. 过滤器与干燥过滤器

过滤器的作用是由过滤器内部的过滤网来阻止混在制冷剂和冷冻油中的固体杂质，确保系统畅通无阻。一般在系统的压缩机吸气腔、膨胀阀的输入口等部位都安装有过滤器，用它来清除制冷剂中的杂质。

在制冷系统中不但有污物，而且还可能有少量水分。如果系统含有水分，就会使膨胀阀或毛细管结冰堵塞；同时水分长期溶于制冷剂中，会分解制冷剂而产生盐酸、氢氟酸腐蚀金属，并使冷冻油和绝缘材料劣化。因此在制冷系统中，要利用干燥过滤器将制冷剂中的水分吸附干净。干燥过滤器一般安装在冷凝器与膨胀阀或毛细管之间，一方面用来清除从冷凝器中排出的液体制冷剂中的杂质，避免膨胀阀或毛细管被阻塞，造成制冷剂的流通被中断，从而使制冷工作停顿；另一方面吸收制冷系统中残留的水分，防止制冷系统出现冰堵。

二、空调系统

空气调节简称空调，是使房间或封闭空间的空气温度、湿度、洁净度和气流速度等参数达到给定要求的技术。实现空气调节功能的设备称为空调设备或空调器，通常把空调设备或空调器也简称空调。

技能训练

一、空调设备常见故障判断方法

空调设备常见故障的基本判断方法主要有：看、听、摸、测、析等几种，下面分别加以介绍：

1. 看

仔细观察空调设备各部件，着重观察制冷、电气、通风三部分，判断其是否工作正常。

(1)制冷系统，观察该系统各管路有无裂缝、破损、结霜与结露等情况，制冷管路之间、管路与壳体等有无相碰摩擦，制冷剂管路焊接处及接头连接处有无泄漏。机房专用空调设备中有液管视镜，可通过它观察制冷液的流动情况，并确定液体中有无水分。若视镜中有气泡，表明制冷剂不足或管路中有堵塞；如有水分，视镜中湿气指示器的颜色会由绿变黄。

(2)电气系统，观察电气系统熔断器是否熔断，导线绝缘层是否完整无损，印制板有无断裂，连线处有无松脱等。

(3)通风系统，观察空气过滤网、换热器盘管和翅片是否积尘过多，进风口、出风口是否畅通，风机与扇叶运转是否正常，风力大小是否正常等。

2. 听

通电后细听压缩机运转声是否正常，有无异常声音，风扇运转有无杂音，以及噪音是否过大等。普通空调器在正常运行中，只有轻微振动而且噪声较小，如果振动和噪声过大，其原因主要有：

(1)空调设备安装不当。如支架尺寸与机组不符、固定不紧或未加减振材料(橡胶、泡沫塑料垫)等，均可能使空调器在运转时振动加剧、噪声增大，尤其是在启动和停机时最为明显。

(2)压缩机异常振动。通常是底座安装不当、支脚不平、防震橡胶或弹簧安装不妥所致。如果压缩机本身有故障也会发出异常声音。

(3)风扇叶片异常。风扇叶片安装不当或变形会引起噪声，风扇叶片还可能与外壳、底盘相碰而引起噪声，风扇叶片失去动平衡，以及轴心窜动时也会发出异常噪声，还应注意风扇内是否有异物存在。

3. 摸

根据故障现象，用手摸空调设备相关部件感受其温度、振动等情况，有助于判断故障性质与部位。正常情况下，冷凝器的温度自上而下逐渐下降，下部的温度稍高于环境温度。若整个冷凝器不热，或上部稍有温热，或虽较热但相邻两根管道的温差明显，则均属异常。

将蘸有水的手指放在蒸发器表面时，若有冰冷粘住的感觉，则正常，否则蒸发器异常。干燥器、毛细管在正常情况下应有温热感(比环境温度稍高，与冷凝器末段管道温度基本相同)；若感到比环境温度低或表面有结露或毛细管各段有温差等，均不正常。

4. 测

为了准确判断故障的性质与部位，常使用仪器、仪表测量空调设备的性能参数和状态。如用检漏仪检查有无制冷剂泄漏；用万用表测量电源电压等是否符合要求，测量印制板上各关键点的电压是否正常；用钳形电流表测量压缩机工作电流是否正常等。

中央空调或机房专用空调在管路系统中的关键点装有压力表，观察压力表的指示值与正常情况进行比较。

5. 析

空调设备各部分之间是彼此联系、互相影响的，一种故障现象可能有多种原因，而一种原因也可能引起多种故障。因此在故障检修时，对局部因素需进行综合比较分析，从而较准确地确定故障的性质与部位。若制冷系统发生泄漏或堵塞，会引起制冷系统压力异常，造成制冷量和热泵制热量下降。泄漏将导致制冷剂不足，使高压和低压压力下降；堵塞发生在高压部分时，会引起高压升高、低压降低现象。因此，可以根据故障现象加以分析判断，从而找到故障部位。

二、识别空调假性故障

有时空调设备不工作并不是真的有故障，而是使用、设置或维护不当造成的。由这类原因引起的空调设备不工作，通常称为“假性故障”。对于假性故障，只需进行简单地处理就能使空调设备正常工作。

(一)开机不运行的假性故障

停电；熔断器断开；空开跳闸；漏电保护器已动作；电源开关在“关”的位置；电源插头未插；电源电压太低；电源线接错而使三相交流电相序不正确；定时器未进入运行位置；遥控器电池电能耗尽、正负极装反；环境温度过高或过低；温度设定不当，设定温度等于室内环境温度。关机后立即再启动(3 min 保护定时器自动起作用，3 min 以后才能运转)，空调正在化霜。

(二)制冷(热)不足的假性故障

空气过滤器积尘太多；蒸发器、冷凝器尘垢太厚；室内、外机组通风口被异物堵塞；制冷时设定温度过高，制热时设定温度过低；空调房间门缝、墙洞没有封好，或是开窗开门频繁，造成室内冷(热)量流失；空调房间人员过多，或室内有大功率的热源；房间的温度需要长时间才能降下来而使人觉得制冷量不足。

(三)停机不久的空调器有类似流水声或噼啪声的现象

这是制冷剂在制冷系统中流动所发出的声音和塑料件热胀冷缩发出的声音，属正常现象，可以开机使用。

三、制冷系统常见故障——漏和堵

(一)漏

制冷系统的漏是最常见的故障之一。制冷剂的泄漏有轻微和严重之分，轻微的泄漏会使空调器的制冷能力下降，影响制冷效果；严重的泄漏会使空调器不能制冷，形同风扇。引起泄漏的原因很多，如接头部位连接不好、螺母未紧固密封、焊口不牢、喇叭口裂纹、铜管破裂、毛细管折断等都会引起泄漏。常用的检漏方法有以下几种：

(1)外观检漏：在制冷剂泄漏处往往会渗出冷冻油，即油污，可用干净的软布、软纸擦拭管路焊接处、接头连接处，观察有无油污，以判断是否泄漏。

(2)肥皂水检漏：这是最常见的一种检漏方法，用干净的毛笔将肥皂水涂抹在被检查处，若有泄漏将会出现肥皂泡。

(3)卤素灯检漏：用卤素灯检漏时，将检漏塑料管吸气口对准被检处，若发现火焰变绿，表明有泄漏。

(4)电子检漏仪检漏：用电子检漏仪检漏时，将电子检漏仪的探头对准被检处，若有制冷剂泄漏，检漏仪会发出报警声。

(5)压力表检漏：用压力表检查制冷系统的低压压力，若表压力在 0.4 MPa 以下或与正常情况相比低，表明制冷剂不足，有泄漏。

(6)测试压缩机工作电流：用钳形电流表检查压缩机电路的电流值，若所测值比正常值小，表明制冷剂不足，但需进一步检漏，确定泄漏点。

用上述方法检查出泄漏后，应进行修复、补漏和补充氟利昂。

(二)堵

堵也是制冷系统常见故障之一。制冷系统的堵有脏堵、油堵和冰堵之分，制冷系统的堵塞主要表现为脏堵。脏堵因程度不同，又有半堵和全堵两种。半堵时，制冷系统可勉强运行，全堵时制冷系统将失去制冷和热泵制热能力。制冷系统的堵塞多发生在压缩机的排气管、毛细管入口或膨胀阀的过滤网等处。

压缩机的排气管堵塞时，会导致排气压力显著升高。判断是否堵塞，可装上复合式压力表进行高压测试。干燥过滤器也是容易发生堵塞的地方，若制冷系统内杂质过多，将会使过滤网堵塞。干燥过滤器堵塞时，其进出口有明显的温差。

解决堵塞的根本办法是预防，在操作过程中应避免不洁物、水分和空气进入制冷系统。若发现堵塞，应对整个系统进行清洗或更换新的元器件、部件。

四、空调设备故障检查及排除步骤

空调设备一旦出现故障，在动手进行检修前，一定要仔细观察故障现象，并做好详细记录。

(1)首先判定是否为“假性故障”，如三相电源相序接反、空调工作温度设定不当等。

(2)观察空调设备的“故障代码”，通过“故障代码”显示的内容，进行故障原因分析和初步处理。

(3)针对故障现象列出引起该故障的各种可能原因，逐条检查、分析、处理。对空调设备的故障检查分析，可划分为三部分，即电子控制部分(又称基片)、机械控制部分和制冷系统部分。

基片部分的检查，应仔细观察电源接通瞬间空调器的表现，若未按动主操作开关，空调器便动作，或多次按动主操作开关，空调器每次动作均不同，则可能是基片故障，再结合故障代码显示内容，重点测试电源电压、复位电压和时钟信号、激励电路电压是否正常，微处理器外接热敏电阻是否损坏、电路插接件是否松动。通过以上检查一般能找到基片的故障点。

机械故障的检查，机械故障多发生在控制开关和各种继电器，如电源继电器、过载继电器和风扇继电器等。当空调器突然停机或长时间不使用重新开机不工作时，可初步判断是机械故障，应通过测试各种继电器来进一步判断故障点。

制冷系统的检查，制冷系统故障大多表现为制冷不足或不制冷(也包括热泵制热)。检修时需要一定的维修工具和器材。运用上面所介绍“看、听、摸、测、析”的方法，重点检查“漏”和“堵”。

任务实施

小王对基站空调维护需要完成以下工作：

(1)清洁室内设备表面及机柜，检查清洁空调冷凝器、蒸发器、过滤网等。

(2)测量空调设备输入交流相电压、零线对地电压等，并判断是否符合规定。

(3)检查空调设备的保护接地是否良好，并是否与通信局(站)的联合接地可靠连接。

(4)按照通信机房要求调节通信机房室内温、湿度。

(5)检查空调系统的报警功能是否正常，并检查空调系统的自动保护功能及来电自动启动功能。

(6)检查空调的进、出水管布放路由，管路接头处安装的水浸告警传感器是否完好有效，管路和制冷管道有无渗漏、堵塞现象。

(7)检查空调室内、外机周围的预留空间是否被挤占，保证送、回风畅通。

(8)检查和拧紧所有接点螺丝，尤其是空调室外机架的加固与防蚀处理情况。

(9)检查导线有无老化现象和保温层有无破损。

(10)用压力表测量空调系统的高低压等。

(11)测量出风口风速及温度。

评　价

任务实施后，对任务实施过程及任务成果进行评价，其要点及内容包括：

1. 过程考核

(1)维护工具、仪表的使用：主要考察学员能否熟练地使用压力表、万用表等仪器仪表。

(2)掌握知识的灵活程度：主要考察学员对电池性能的判断和处理方法，以及与学员的交流来综合考虑。

(3)学习态度：主要考察学员能否积极、主动、完成任务，并且是否认真。

2. 成果考核

(1)任务实施：主要考察学员对电池维护流程的熟悉程度。

(2)报告文件：任务实施后，应该提交报告文件，报告文件主要考察能否提出每个人在这次任务中实实在在的收获。

(3)在小组中发挥的作用：主要考察学员在任务实施过程中的协调能力和在小组中发挥的作用。

评价指标体系见表 4-9。通过对表 4-9 各项内容的考核，评定出学员的成绩。

表 4-9　评价指标体系

评价指标 / 学员	过程考核(50%)			成果考核(50%)		
	维护工具、仪表使用(20%)	掌握知识的灵活度(20%)	学习态度(10%)	任务实施情况(20%)	报告文件(20%)	在小组中发挥的作用(10%)

教学策略讨论

本项目建议采用先讲解后操作的方法进行教学，即首先由教师讲解，演示操作过程，然后由学员实际完成具体任务，在学员操作过程中发现问题再由老师帮助解决。同时应该注意，教师讲解的时间应较短，更多的时间留给学员自己操作，以便在实际操作中发现具体问题。实验条件允许的情况下，应该每个学员单独完成；如条件有限可以分小组完成，每组人数不超过 3 人，但是必须保证小组内每个同学都参与。

讨论小组操作时，学生分工安排。

请将讨论记录于下：

(1)讨论记录：____

(2)讨论心得记录：____________________________________

任务8 机房专用空调设备的维护

任务描述

自从老王调到某电信分公司电源维护组之后一刻也没有闲着，刚对该局的电源设备检查完，还要马上检查整个通信局的空调系统。

任务分析

该通信局是去年才建的新局，安装在机房的空调全部是专用空调。老王拿出早已制订好的空调日常维护计划表，又开始了新的工作。

相关知识

计算机房和程控交换机房等，需要严格控制房间的温度、湿度、气流速度和洁净度，并要有所需新风量，通常采用机房专用空调设备和新风风机来实现。机房专用空调设备也称为恒温恒湿空调，具有大风量、小焓差、恒温恒湿、自动化控制精度高等特点，其控制精度要求见表4-10。

表4-10 恒温恒湿空调的控制精度要求

显热比（显冷量/总冷量）	＞0.9
能效比（EER）	＞3
温度控制精度	室内温度控制范围18～30 ℃，温度调节精度为±1 ℃，控制精度应在1～3 ℃可调
湿度控制精度	室内湿度控制范围30%RH～70%RH，湿度控制精度为±5%。控制精度应在5%～10%可调

机房专用空调设备主要由六个部分组成：制冷子系统、加热子系统、供风子系统、加湿子系统、除湿子系统和控制子系统。

1. 制冷子系统

制冷子系统利用制冷剂在蒸发器、压缩机、冷凝器、膨胀阀等部件中循环流动，进行热力变化，从而为空调设备提供冷源。冷却方式主要有风冷式和水冷式两种。

2. 加热子系统

加热装置补充热量使通信机房达到温度要求，一般采用电加热管（常用低瓦数翅片式），具有过热安全保护装置；通常为三级控制，使能量得以合理利用。

3. 供风子系统

供风子系统用于保证足够大的送风量，通常由电动机、风机、空气过滤网组成。

风机一般采用离心式，电动机与风机之间采用皮带传动或直联式驱动。在风道系统设置了空气过滤装置。

新风系统一般由新风机、进风百叶、防火阀等组成。排风设备一般在消防工程中考虑。

通常机房专用空调设备处理的空气由新风和回风混合而成，新风量应能达到室内总送风量的5%，以保持室内正压，并满足有人值守时每人新鲜空气量30 m^3/h的要求。

4. 加湿子系统

在机房专用空调设备中，加湿一般采用电极式加湿器或红外线加湿器。加湿系统给通信机房增加湿度以达到湿度要求。

5. 除湿子系统

在机房专用空调设备中,常采用两种方式进行除湿,即通过降低风机转速或减小制冷剂流过室内蒸发器的面积,使流经蒸发器的空气低于露点温度,产生冷凝而除湿。

6. 控制子系统

多采用微电脑控制系统,一般由传感元器件、主控制板、辅助控制板、I/O板(接口板),以及执行元器件所组成。

控制子系统应具备以下功能:压缩机的启动及保护;温、湿度控制;冷、热切换及空调功能选择;电源保护;自动报警及告警显示;可实现遥信、遥测和遥控。

技能训练

根据已制订好的空调日常维护计划表,对空调设备各子系统进行维护。

任务实施

老王对该局机房空调的维护需要完成以下工作:

1. 空气处理机的维护

(1)清洁空气处理机表面及风机转动部件,检查皮带转动有无异常摩擦。

(2)清洁过滤器,检查滤料有无破损,透气孔有无阻塞和变形,干燥过滤器两端有无明显温差。

(3)检查蒸发器翅片有无阻塞、污痕。

(4)清除翅片水槽和冷凝水盘沉积物。

(5)检查风道等有无漏风现象。

(6)检查空调机底部水浸情况。

2. 风冷冷凝器的维护

(1)检查风扇支座基墩是否紧固;清洁电机和风叶上的灰尘、油污;检查扇叶转动有无抖动和摩擦。

(2)用钳形电流表测试风机的工作电流,检查风扇的调速机构,看是否正常。

(3)检查、清洁冷凝器的翅片有无灰尘、油污。

(4)检查电机运行状态。

3. 制冷部分的维护

(1)检测试高、低压保护装置,发现问题及时排除。

(2)用手触摸压缩机表面感受其温度,看有无过冷过热现象,发现有较大温差时,应及时查明原因并处理。

(3)观察液镜内氟利昂的流动情况,判断有无水分,是否缺液。

(4)检查制冷剂管道固定位置有无松动或震动情况。

(5)检查制冷剂管道保温层,发现破损应及时修补。

(6)检查压缩机吸、排气压力;制冷管道应畅通,发现堵塞及时排除。

4. 加湿器部分的维护

(1)清除加湿水盘和加湿罐内水垢。

(2)检查给排水管路,保证其畅通且无渗漏。

(3)检查电磁阀的动作、加湿负荷电流和控制器的工作情况,发现问题及时排除。

(4)检查加湿器电极、远红外管,保持其完好无损、无污垢。

5. 水冷却系统的维护

(1)清除冷却水池杂物及清除冷凝器水垢,确保冷却循环管路畅通。

(2)检查冷却水泵运行是否正常,水封是否严密。

(3)检查冷却塔风机运行是否正常,水流是否畅通、播撒是否均匀。

(4)检查冷却水池自动补水、水位显示及告警装置是否完好。

6. 电气控制部分的维护

(1)检查声、光报警是否正常,接触器、熔断器有无松动或损坏,发现问题及时排除。

(2)检查电加热器的螺丝有无松动,热管有无尘埃,如有松动和尘埃应及时紧固和清洁。

(3)用钳形电流表测试电机的工作电流,并分析测试电流是否正常。如果异常,应查出原因,进行排除。

(4)检查空调设备的保护接地是否良好,并是否与通信局(站)的联合接地可靠连接。

评　价

任务实施后,对任务实施过程及任务成果进行评价,其要点及内容包括:

1. 过程考核

(1)维护工具、仪表的使用:主要考察学员能否熟练地使用压力表、万用表等仪器仪表。

(2)掌握知识的灵活程度:主要考察学员对电池性能的判断和处理方法,以及与学员的交流来综合考虑。

(3)学习态度:主要考察学员能否积极、主动、完成任务,并且是否认真。

2. 成果考核

(1)任务实施:主要考察学员对电池维护流程的熟悉程度。

(2)报告文件:任务实施后,应该提交报告文件,报告文件主要考察能否提出每个人在这次任务中实实在在的收获。

(3)在小组中发挥的作用:主要考察学员在任务实施过程中的协调能力和在小组中发挥的作用。

评价指标体系见表 4-11。通过对表 4-11 各项内容的考核,评定出学员的成绩。

表 4-11　评价指标体系

评价指标 学员	过程考核(50%)			成果考核(50%)		
	维护工具、仪表使用(20%)	掌握知识的灵活度(20%)	学习态度(10%)	任务实施情况(20%)	报告文件(20%)	在小组中发挥的作用(10%)

教学策略讨论

专用空调的维护分为日常巡检和故障处理两部分。其中,日常巡检部分的教学目标为掌握日常巡检项目,包含巡检内容及巡检操作两个方面。巡检内容可采用教师讲授、分组讨论、

现场指导、现场操作等方法；故障处理部分的教学目标为能定位并排除故障。应综合运用理论讲授、模拟教学、分组讨论等方法。

结合本任务教学内容，讨论日常巡检维护类教学任务与故障处理类教学任务在选择教学方法上的不同，和教学方法选择的依据。

请将讨论记录于下：

(1)讨论记录：____

____

____

____

(2)讨论心得记录：______________________________________

____

____

____

任务9　中央空调设备的维护

任务描述

小刘是某空调厂家的售后技术服务部维护人员，主要负责中央空调系统的维护。今天刚到公司就接到本地某通信局电话，请他对该通信大楼的中央空调系统进行常规检查和维护。

任务分析

小刘接到电话，找出该通信大楼的中央空调系统的安装示意图、中央空调系统日常维护计划表及维护工具，开始了今天的工作。

相关知识

普通空调设备和机房专用空调设备都属于局部式空调系统，用以进行区域性局部空气调节。大型通信局通常采用中央空调系统。中央空调系统有集中式系统和半集中式系统两种类型。

1. 集中式空调系统

集中式空调系统将所有的空气处理设备都集中在专用的空调机房内。空气经过处理后由送风管道送入空调房间。根据送风的特点，它又可分为单风道系统、双风道系统和变风量系统。

2. 半集中式空调系统

风机盘管加独立新风系统是典型的半集中式空调系统。生产冷、热水的冷水机组、热水器和输送冷、热水的水泵等设备集中设置在空调机房内，空气处理末端设备(风机盘管机组等)则分散设置在各空调房间。经冷源(如冷水机组)降温或热源(如锅炉)加热的冷水或热水，通过水管管网分别送入各空调房间的风机盘管机组和新风机，用以对空调房间的空气进行处理，在风机盘管和新风机内完成了热湿交换任务的冷、热水又通过水管管网回到冷、热源，重新被降温或加热。

风机盘管机组由风机、肋片管式水——空气换热器和接水盘等组成，一个房间内可设置一台或多台，主要处理空调房间的循环空气。新风机对新风作预处理，可集中设置，也可分区设置，均通过新风送风管向各空调房间输送经过预处理的新风。

这种中央空调系统由冷水机组、冷却设备、热水器、水泵、水管管网、新风系统、风机盘管机组、排风设施和控制设备等组成。其中，冷水机组由压缩机、冷凝器、膨胀阀、蒸发器、制冷剂（如 R22）、控制系统和保护装置等构成，一般可向空调系统提供 5～12 ℃的冷水。冷却设备由冷却塔和冷却水泵等构成。

技能训练

根据通信大楼中央空调系统的安装示意图及日常维护计划表，对空调设备进行维护。

任务实施

小刘对该通信大楼的中央空调系统的维护需要完成以下工作：

1. 制冷机组的维护

(1)检查制冷循环回路有的制冷剂量是否足够，检察系统内有无脏污、结冰堵塞和渗漏。

(2)检查压缩机与电机运转是否正常。

(3)检查能量调节机构是否灵活严密，指示是否准确。

(4)检查润滑油泵运行状态，检查冷冻油油路是否畅通，有无泄漏及油量是否充足；检测润滑油品质、润滑油压力。

2. 制冷系统的维护

(1)检查冷媒循环回路流量是否充足；各支路分配是否均匀；压力和温度是否正常；自动补给装置是否完好；调节阀作用是否可靠；管路畅通有无破漏现象。

(2)检查冷媒循环泵运行是否正常；有无锈蚀现；水封是否严密。

(3)清洁一、二次风除尘过滤装置。

(4)检查风机电机的润滑情况及转动方向，保证足够的空气循环量。

(5)检查送、回风通道是否畅通。

3. 冷却系统的维护

(1)清除冷却水池杂物、冷凝器水垢；确保冷却循环管路畅通，无泄漏现象，各阀门动作可靠。

(2)检查冷却水泵运行是否正常，检查有无锈蚀，水封是否严密。

(3)检查冷却塔风机、播水器运行是否正常；水流是否畅通；播撒是否均匀。

(4)检查冷却水池自动补水、水位显示及告警装置是否完好。

4. 电机、配电及控制系统的维护

(1)检查各电机运行状态、轴承润滑情况、接线是否牢固，绝缘电阻应在 2 MΩ 以上，负荷电流及温升应符合要求。

(2)检查熔断器及开关规格是否符合要求，其温升不应超过标准。

5. 设备操作与运行

设备运行时，小刘应做如下工作：

(1)听：设备有无异常震动与响声。

(2)嗅：有无异常气味。

(3)摸：电机、高低压制冷管路、油路、电动控制元器件等温度是否正常（可用红外线测温仪

测量)。

(4)看:设备有无打火、冒烟、破漏现象,冷却水池水位是否合理。

评　　价

完成本任务后,对任务实施过程及任务成果进行评价,其要点及内容包括:

1. 过程考核

(1)维护工具、仪表的使用:主要考察学员能否熟练地使用压力表、万用表等仪器仪表。

(2)掌握知识的灵活程度:主要考察学员对电池性能的判断和处理方法,以及与学员的交流来综合考虑。

(3)学习态度:主要考察学员能否积极、主动、完成任务,并且是否认真。

2. 成果考核

(1)任务实施:主要考察学员对电池维护流程的熟悉程度。

(2)报告文件:任务实施后,应该提交报告文件,报告文件主要考察能否提出每个人在这次任务中实实在在的收获。

(3)在小组中发挥的作用:主要考察学员在任务实施过程中的协调能力和在小组中发挥的作用。

评价指标体系见表 4-12。通过对表 4-12 各项内容的考核,评定出学员的成绩。

表 4-12　评价指标体系

评价指标 学员	过程考核(50%)			成果考核(50%)		
	维护工具仪表使用(20%)	掌握知识的灵活度(20%)	学习态度(10%)	任务实施情况(20%)	报告文件(20%)	在小组中发挥的作用(10%)

教学策略讨论

中央空调系统结构复杂、分布范围广、多数风道分布在暗处、实际维护比较麻烦。在对本项目教学时,可以采用卡片法、演示法等方法进行教学。

结合本任务教学内容讨论,针对这样一种现场环境复杂、不便现场展开教学的教学内容,如何选择教学方法、设计教具或安排实训场景,并将讨论记录于下:

(1)讨论记录:____

____

____

____

____

(2)讨论心得记录:____

____

____

____

参考文献

[1] 蒋青泉.电信交换设备.北京:北京邮电大学出版社,2007.

[2] 蔡松伟.1000 S12 系列培训教材-计费系统.ALCATEL,1996.

[3] 邮电部电信总局.S1240 程控交换设备维护手册.北京:人民邮电出版社,1993.

[4] 杨世平,张引发,邓大鹏,等.SDH 光同步数字传输设备与工程应用.北京:人民邮电出版社,2001.

[5] 吴凤修.SDH 技术与设备.北京:人民邮电出版社,2006.

[6] 华为技术有限公司.OptiX2500 SDH 光传输系统技术手册.2003.

[7] 中华人民共和国工业和信息化部.通信局(站)电源系统总技术要求(YD/T 1051—2010).2010.

[8] 中华人民共和国工业和信息化部.通信局(站)电源系统维护技术要求 第1部分:总则(YD/T 1970.1—2009).2009.

[9] 中华人民共和国工业和信息化部.通信局(站)电源系统维护技术要求 第4部分:不间断电源(UPS)系统(YD/T1970.4—2009).2009.

[10] 中华人民共和国工业和信息化部.通信局(站)电源系统维护技术要求 第6部分:发电机组系统(YD/T 1970.6—2009).2009.

[11] 中华人民共和国工业和信息化部.通信局(站)电源系统维护技术要求 第10部分:阀控式密封铅酸蓄电池(YD/T 1970.10—2009).2009.

[12] 中华人民共和国工业和信息化部.通信局(站)电源系统维护技术要求 第2部分:高低压变配电系统(YD/T 1970.2—2009).2009.

[13] 中华人民共和国工业和信息化部.通信局(站)电源系统维护技术要求 第3部分:直流系统(YD/T 1970.3—2009).2009.

[14] 中华人民共和国工业和信息化部.防雷与接地工程设计规范(YD 5098—2005).2005.

[15] 徐曼珍.阀控式密封蓄电池及其在通信中的应用.北京:人民邮电出版社,1997.

[16] 邮电部电信总局.电信电源维护技术指标测试手册.1997.

[17] 刘希禹.通信电源与空调及环境集中监控系统.北京:人民邮电出版社,1999.

[18] 漆逢吉.通信电源.2版.北京:人民邮电出版社,2008.

[19] 漆逢吉.通信电源系统.北京:人民邮电出版社,2008.